よくわかる最新

電磁気学の基本と仕組み

大学で学ぶ電磁相互作用の最新知識

山﨑 耕造　著

秀和システム

はじめに

電磁気学としての電気、磁気、電磁波の基本法則とその仕組みについて、図を中心に数式も交えて解説します。楽しく理解を深めるために、クイズやコラムなども記載しました。

最初に電気と磁気の歴史的な経緯や電磁気学の数学的な基礎について述べ（第1章）、電荷や誘電体に伴う静電場（第2～4章）や、電流や磁性体に伴う静磁場（第5～7章）について説明します。さらに、時間的に変動する電場と磁場との相互作用としての電磁誘導（第8～9章）を説明し、電磁気学の基本方程式としてのマクスウェルの方程式と電磁波（第10～11章）についてまとめ、電磁気学の相対論的な発展などについてもやさしく解説します。

本書の内容は、大学の理工系の1～2年生が学ぶ内容ですが、物理に興味を持っている高校生にも学習可能です。また、ビジネスマンがもう一度電磁気学を理解したい場合に最適であると思われます。とりわけ、電験三種（第三種電気主任技術者試験）の受験者にも有益だと考えています。

本書は、項目ごとに説明と図との見開き2頁の構成としています。各章末には、面白いクイズ4択問題や最新のコラムを記載して読者の興味を喚起しました。また、各章の節ごとに対応するまとめのクイズも掲載して、読者の理解度を深める工夫をしました。

本書が、電磁気学や物理学に、さらに幅広い科学に興味を持ってもらう契機となれば幸いです。

2023年2月

山﨑 耕造

よくわかる

最新 電磁気学の基本と仕組み

CONTENTS

第3章 電荷と電場

第4章 誘電体

<電流・静磁場編>

第5章 直流回路

第6章 電流と磁場

第7章 磁性体

<変動電磁場編>

第8章 電磁誘導

第9章 回路と交流

＜電磁方程式編＞

第10章 マクスウェルの方程式

第11章 電磁波

COLUMN

＜基礎編＞

電磁気学の基礎

古典物理学は、「ニュートンの力学」と「マクスウェルの電磁気学」とが２本の重要な柱として体系化されてきました。第１章では、その電磁気学の歴史を概観し、電磁気学での重要な遠隔的作用を理解するための「場」の考えと、その数学的な取り扱いや、物理量の次元について説明します。

1-1 <基礎編>

電気と磁気の発見と歴史

電気力や磁気力は、古代ギリシャでも摩擦電気や磁鉱石での不思議な力として知られていました。その電磁気学の歴史をたどってみましょう。

古代ギリシャの琥珀と磁鉱石

紀元前600年頃、古代ギリシャの自然哲学者タレスは琥珀(こはく)を動物の皮でこすると、物を引きつけることを知っていたとされています。琥珀は木の樹脂が地中で長い年代で固化したアメ色の宝石であり、当時エレクトロンと呼ばれており、電気(electricity)の語源となりました。また、古代ギリシャのマグネシア地方から天然の磁鉄が発見されており、この地方の名称がマグネット(magnet) の語源となりました(**右ページ上図**)。それ以降、人類が電気や磁気の性質を解明し、それらを有効に利用するには長い年月が必要となりました。

ギルバート、フランクリンからマクスウェルへ

電気については、1752年にベンジャミン・フランクリン(米国)は凧揚げの実験で、雷の正体が電気現象であることを確かめました。また、磁気に関しては、1600年にウイリアム・ギルバート(英国)が地球は磁石であることを小さな球形磁石の実験で試みました(**右ページ下図**)。

電磁現象の物理としては、1785年にシャルル・ド・クーロン(フランス)による電気力の法則、1820年にアンドレ・マリ・アンペール(フランス)の電流の磁気作用の法則、そして、1831年にマイケル・ファラデー(英国)の電磁誘導の法則などが発見されてきました。それらは、1864年にジェームズ・クラーク・マクスウェル(英国)により電磁方程式として体系化され、1888年にはハインリヒ・ヘルツ(ドイツ)による電磁波発生の実証実験も行われました。

電磁波は現在のICT(情報通信技術)の根幹を支えています。光を含めて電磁波の伝播速度が不変であることがわかり、相対論的電気力学への糸口となりました。

MEMO　電磁気学はマクスウェル(英国)の4つの電磁方程式で体系化され、電磁波での相対性理論と、磁性体での量子論との統合・発展がなされてきました。

電気、磁気の語源

古代ギリシャ（紀元前６００年ごろ）

琥珀（エレクトロン ）での静電気

琥珀を毛皮でこすると電気が生まれることを自然哲学者タレスも知っていました。

マグネシア地方（ギリシャ・テッサリア地方）の磁鉱石

羊飼いの杖が特別な石（磁鉱石）に引き付けられました。

電磁気学の進展

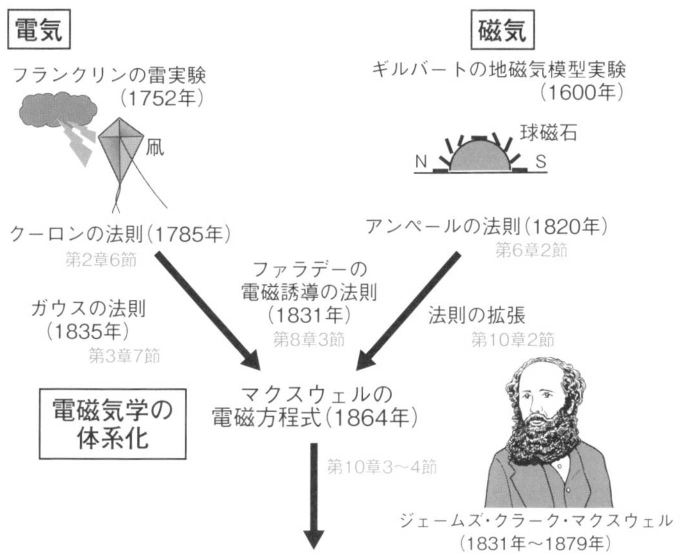

特殊相対性理論（アインシュタイン、1905年）　第11章6節
量子電磁力学（ディラック、1927年）

1-2 <基礎編>

力と場の概念

物を動かすには、物に触れて力を加えますが、電磁力では遠く離れた物にも力を加えることができます。この不思議な遠隔作用について考えてみましょう。

近接作用と遠隔作用

ニュートンが1600年代後半に万有引力を提唱したとき、多くの人はそのオカルト的とも思われる「遠隔作用による力」について信じることができませんでした。重力と同じように、電磁気力は空間を隔てて伝わります。近接力の例として、ばねによる運動があります。一方、万有引力は遠隔力か近接力かの議論がなされ、近接作用説として渦が伝わって運動するというデカルトの学説が信じられていました。あるいは、古代哲学からのエーテルによる作用とも考えられてきました。それを「場」の概念を導入して「近接力」として理解したのが、1800年代前半に電磁誘導の法則を発見したファラデーです（**上図**）。

電磁場のポテンシャルの山と谷

ばねや手で物を動かす場合には、直接物に接して力が伝わります。重力や静電気力・磁気力は真空中でも働きます。これを、空間としての「場」を介して真空中でも伝播すると理解します。正電荷があれば、その周りにポテンシャルの山をつくり、負の電荷ではポテンシャルの谷をつくります。ポテンシャルとは、その傾きが力の源となる「場」です。ポテンシャルの坂を微小正電荷は転がり落ち、微小負電荷は坂を駆け上がるとします（**下図**）。

この電気や磁気の「場」の時間的な変化が、真空中でも伝わる電磁波です。音波も遠隔的に伝わりますが、音は空気の粗密波として空気を媒介して伝わり、真空中では伝わりません。電磁場の時間変化からの電磁波と同様に、時空（重力場）の歪みの時間変化から重力波が生まれます。アインシュタインの予言から百年後の2016年に重力波の直接的な検出に初めて成功しています。

MEMO　重力や電磁力は「場」を介して物体間の相互作用が伝わります。量子力学では素粒子も「場」として取り扱われます。

近接作用と遠隔作用

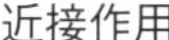

例：ばね

遠隔作用（？）

重力　重力は遠隔力か近接力か？（1600年代）

遠隔力（？）
近接力（？）
渦による力（デカルト）
エーテル（アリストテレス）

静電力　電磁力は近接作用！（1800年代）

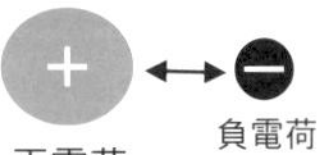

近接力
場の力（ファラデー）
光子を交換する（素粒子論）

場の山と谷による力

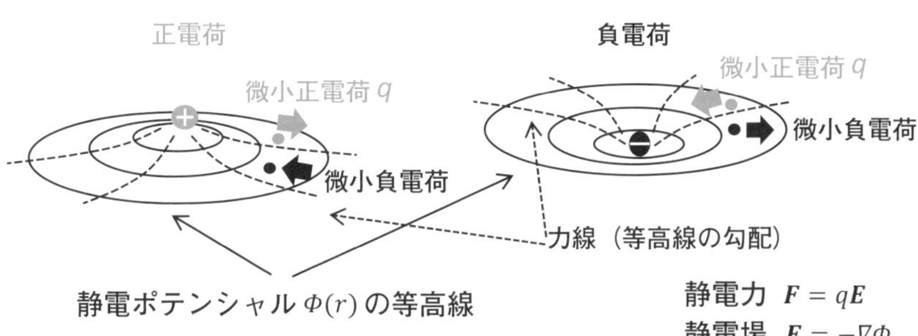

静電力　$\boldsymbol{F} = q\boldsymbol{E}$

静電場　$\boldsymbol{E} = -\nabla\Phi$

正電荷は、山形の
ポテンシャルの場を作ります。

負電荷は、谷形の
ポテンシャルの場を作ります。

微小正電荷● は山から谷へ転がり落ち、
微小負電荷● は谷から山へ駆け上がります。

1-3 ＜基礎編＞

スカラー量とベクトル量

物理学は、「物理量」の数学的関係式で表される「物理法則」を明らかにすることです。そもそも、物理量とはどのように定義されるのでしょうか？

物理量と物理法則

物理学で対象とする量は物理量と呼ばれ、単位を基準として「数値」＋「単位」で定義されます（**上図**）。たとえば、長さを2と記載しただけでは、2㎝なのか2mなのかは不明です。長さの基準を決めて（例として1m）、それとの比較で数値を定める必要があります。

スカラー、ベクトルと座標系

物理量には「大きさだけで定まる量」と「大きさと向きを持っている量」があります。前者をスカラー、後者をベクトルといい、それらが定義されている場をそれぞれスカラー場、ベクトル場と言います。たとえば、3次元空間上での原点からの位置はベクトルで表される物理量（ベクトル量）ですが、長さはスカラー量です。

3次元空間上の位置を表すのに、原点を定めての座標系（x、y、z）が用いられます。座標系として、右手系と左手系があります。どちらか一方のみを用いれば問題ありませんが、標準的には右手系が使われています。右手で、親指（x）、人差し指（y）、中指（z）の順の座標です。円柱座標（r、θ、z）や球座標（r、θ、ϕ）でも通常右手系が用いられています。普通のサイコロも右手系です（**下図**）。一般に、物理量はAのように斜体（イタリック体）で書かれます。一方、m（メートル）などの単位や点Pなどの記号は斜体文字とせずに通常の正立した文字（ローマン体、立体文字）を用います。ベクトル量の場合には$\boldsymbol{A}$のように斜体の太字で表します（高校の数学・物理まではベクトルとして矢印を用いた表記$\vec{A}$が用いられていますが、大学以降では斜体太字が一般的です）。ベクトル量の大きさはスカラー量であり$|\boldsymbol{A}|$、または、Aのように表します。$\boldsymbol{A}$の単位ベクトルは$\boldsymbol{e}=\boldsymbol{A}/A$です。

MEMO　点Pでの電場ベクトルは$\boldsymbol{E}_{\mathrm{P}}$と斜体太字ですが、物理量ではない添え字Pは立体文字としています。微分演算子dや∂も本書では厳密さを重視して立体文字としています。

物理量とスカラー、ベクトル

物理量＝数字＋物理単位

スカラー：大きさ（1次元ベクトル）
ベクトル：大きさと向き（1階のテンソル）

スカラー場	例：温度、密度、ポテンシャルなど
ベクトル	例：力、電場、磁場など
テンソル	例：応力、電磁気圧など

（＊）ベクトルは1階（添え字が1つ）のテンソルです。

3次元座標系

3次元座標 (x, y, z)

親指 (x)、人指し指 (y)、中指 (z) の方向です。

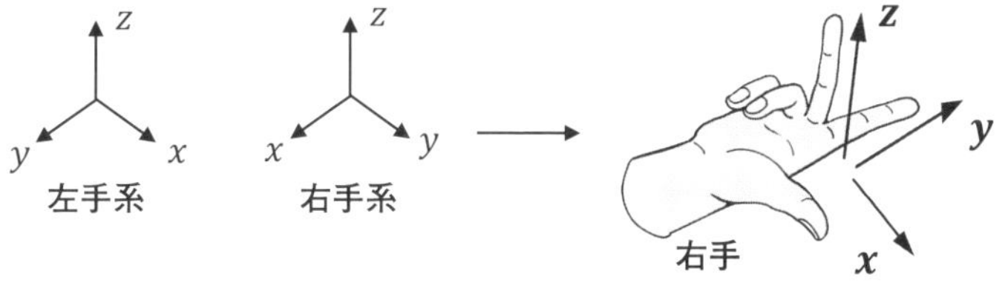

z, y, x
左手系

z, x, y
右手系

右手 z y x

基本ベクトル $\boldsymbol{e}=\frac{\boldsymbol{A}}{|\boldsymbol{A}|}$

通常は右手系座標を用います。

基本単位ベクトル $\boldsymbol{e}_x\ \boldsymbol{e}_y\ \boldsymbol{e}_z$

$$\boldsymbol{e}_x = (1,0,0)$$
$$\boldsymbol{e}_y = (0,1,0)$$
$$\boldsymbol{e}_z = (0,0,1)$$

【参考】サイコロも右手系（雌サイコロ）

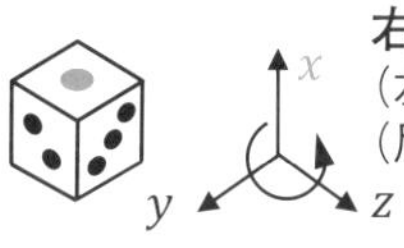

右手系
（左回り）
（反時計回り）

x y z

一天地六　東五西二　南三北四
いってんちろく　とうごさいに　なんざんほくし

1-4 <基礎編>

ベクトル場の内積と外積

スカラー量の積と異なり、ベクトル量では積の定義として、スカラー積としての内積と、直交するベクトル積としての外積とがあります。

内積（スカラー積、ドット積）

2つのベクトル$\boldsymbol{A}$と$\boldsymbol{B}$の内積を考えます。2つのベクトルのなす角をθとして、$\boldsymbol{A}$の大きさと$\boldsymbol{A}$に投影した$\boldsymbol{B}$の大きさとの積が内積（スカラー積）であり、

$$\boldsymbol{A}\cdot\boldsymbol{B}=|\boldsymbol{A}||\boldsymbol{B}|\cos\theta \qquad (1\text{-}4\text{-}1)$$

です（**上図**）。直交したベクトルでは、内積はゼロとなります。

物理との対応では、力と距離との内積としての仕事（エネルギー）があります。動かす方向$\boldsymbol{x}$と角度θの方向に力$\boldsymbol{F}$を加える仕事（エネルギー）の定義に内積が用いられています（**上図下**）。

電磁気学では、ある面d$\boldsymbol{S}$に垂直な電場$\boldsymbol{E}$の成分を示すのに$\boldsymbol{E}\cdot$d$\boldsymbol{S}$のような内積がガウスの法則で用いられます。ここで、面のベクトルとしてのd$\boldsymbol{S}$は面に対して（接線成分tではなくて）垂直な法線成分nを用いています（**3-7節**参照）。

外積（ベクトル積、クロス積）

2つのベクトル$\boldsymbol{A}$と$\boldsymbol{B}$の外積（ベクトル積）$\boldsymbol{A}\times\boldsymbol{B}$は、大きさはベクトルで作る平行四辺形の面積であり、方向は$\boldsymbol{A}$, $\boldsymbol{B}$両方に対して直交するベクトルです。外積の大きさは、なす角がθである場合

$$|\boldsymbol{A}\times\boldsymbol{B}|=|\boldsymbol{A}||\boldsymbol{B}|\sin\theta \qquad (1\text{-}4\text{-}2)$$

です。外積ベクトルを成分で書くこともできます（**下図**）。

物理学では、トルク（力のモーメント）で外積が用いられます。レンチでねじを回すトルクの解析では、動径と力との積としてのモーメントを考えます。トルクのベクトルの向きは右ねじの進む方向です。電磁気学では、ローレンツ力$q\boldsymbol{v}\times\boldsymbol{B}$やビオ・サバールの法則で外積が用いられます。

MEMO　スカラー積では交換則$A\cdot B=B\cdot A$が成り立ちますが、ベクトル積では交換則が成り立たず$A\times B=-B\times A$です。

内積（スカラー積、ドット積）

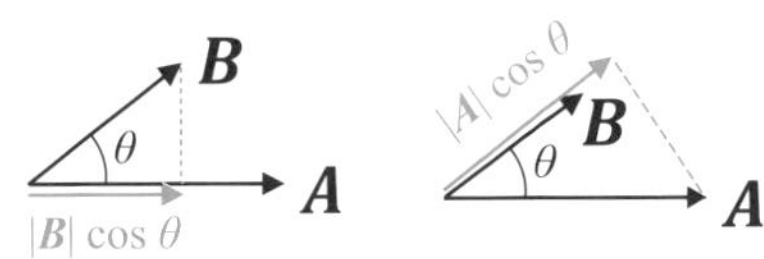

大きさと射影した大きさとの積

$$\boldsymbol{A}\cdot\boldsymbol{B}=|\boldsymbol{A}||\boldsymbol{B}|\cos\theta$$

$$\boldsymbol{A}\cdot\boldsymbol{B}=\begin{bmatrix}A_x\\A_y\\A_z\end{bmatrix}\cdot\begin{bmatrix}B_x\\B_y\\B_z\end{bmatrix}=A_xB_x+A_yB_y+A_zB_z$$

物理との対応：
仕事（エネルギー）

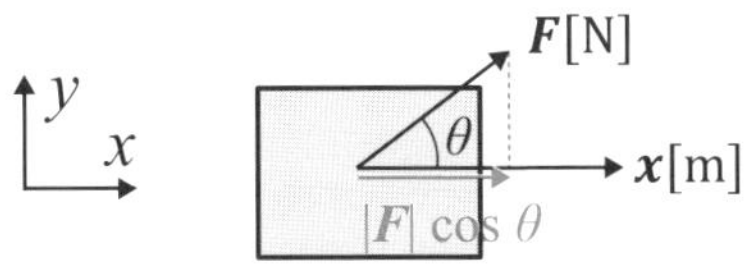

仕事　$W[\mathrm{J}]=\boldsymbol{F}\cdot\boldsymbol{x}$

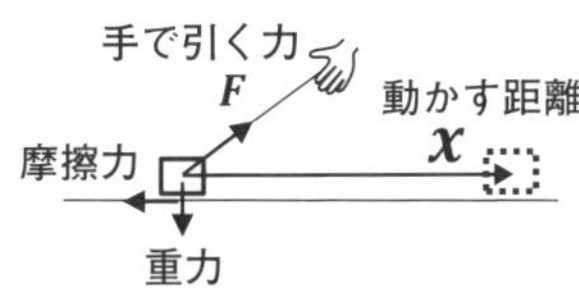

外積（ベクトル積、クロス積）

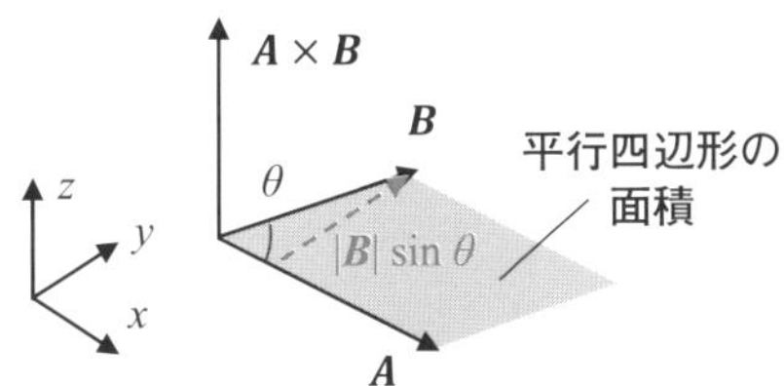

$$|\boldsymbol{A}\times\boldsymbol{B}|=|\boldsymbol{A}||\boldsymbol{B}|\sin\theta$$

$$\boldsymbol{A}\times\boldsymbol{B}=\begin{bmatrix}A_x\\A_y\\A_z\end{bmatrix}\times\begin{bmatrix}B_x\\B_y\\B_z\end{bmatrix}=\begin{bmatrix}A_yB_z-A_zB_y\\A_zB_x-A_xB_z\\A_xB_y-A_yB_x\end{bmatrix}$$

物理との対応：
トルク（力のモーメント）

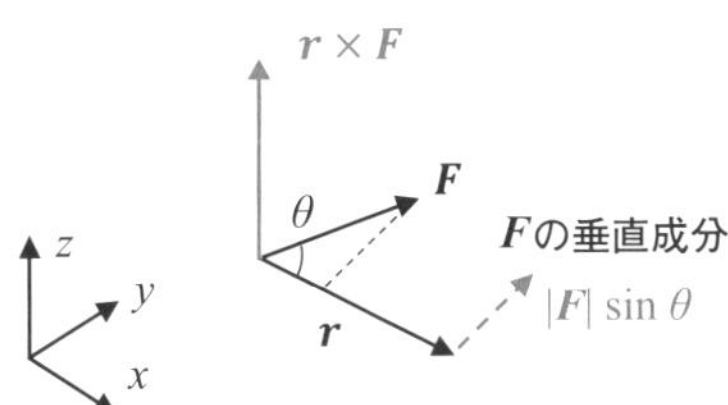

$\boldsymbol{M}[\mathrm{N}\cdot\mathrm{m}]=\boldsymbol{r}\times\boldsymbol{F}$
軸力の方向
（右ねじの方向）

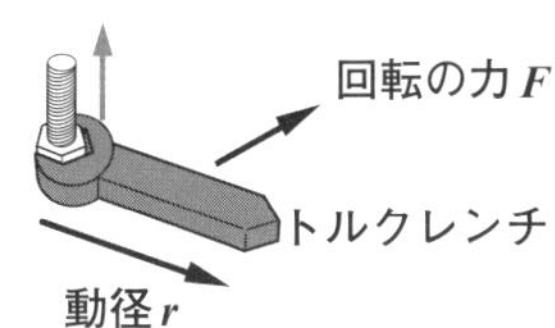

1-5 ＜基礎編＞

場の微分

関数$f(x)$の微分（微分係数）とは、関数の接線の傾きを意味しています。多変数の場合には、微分する変数以外は定数と見なす偏微分があります。

微分の定義

微分とは、ある関数の接線の傾き（変化率）を極限的に小さくして、微分係数（導関数）として求めることです（**上図**）。微分の定義は

$$f'(x) = \frac{\mathrm{d}f(x)}{\mathrm{d}x} = \lim_{\Delta x \to 0} \frac{f(x+\Delta x) - f(x)}{\Delta x} \tag{1-5-1}$$

です。これは1階微分係数（勾配）であり、$f'(x)$を更に微分することで2階微分係数（曲率）が得られます。多くの物理現象は微分方程式で表され、解析されます。

全微分・偏微分と保存則

物理量が時間tと空間$\boldsymbol{r}$の関数$f(t, \boldsymbol{r})$として定義されているとすると、

$$\frac{\mathrm{d}f}{\mathrm{d}t} = \frac{\partial f}{\partial t} + \frac{\mathrm{d}\boldsymbol{r}}{\mathrm{d}t} \cdot \frac{\partial f}{\partial \boldsymbol{r}} = \frac{\partial f}{\partial t} + (\boldsymbol{v} \cdot \nabla) f, \quad \boldsymbol{v} = \frac{\mathrm{d}\boldsymbol{r}}{\mathrm{d}t} \tag{1-5-2}$$

です。左辺のfのtに関しての全微分はラグランジュ微分（対流微分）と呼ばれ、流れに乗っての座標系での時間変化を示しています。一方、右辺第1項のfのtに関しての偏微分はオイラー微分と呼ばれ、固定座標での時間変化を示しています。一般に、物理量fの保存式は、流束$\boldsymbol{\Gamma}=f\boldsymbol{v}$とソース項$S_f$を含めて

$$\frac{\partial f}{\partial t} + \nabla \cdot \boldsymbol{\Gamma} = S_f \tag{1-5-3}$$

で与えられます。特に、ラグランジュ微分がゼロの場合は

$$\frac{\mathrm{d}f}{\mathrm{d}t} = \frac{\partial f}{\partial t} + (\boldsymbol{v} \cdot \nabla) f = \frac{\partial f}{\partial t} + \nabla \cdot \boldsymbol{\Gamma} - \boldsymbol{f} \nabla \cdot \boldsymbol{v} = 0 \tag{1-5-4}$$

であり、ソース項がゼロで、媒体が非圧縮性（$\nabla \cdot \boldsymbol{v}=0$）の場合の保存則に相当します（**下図**）。

MEMO　一変数の微分は「常微分」と呼び、多変数の場合には「全微分」や「偏微分」と呼ばれます。

微分の定義

1 階微分係数（1 階導関数）

$$f'(x) = \lim_{h \to 0} \frac{f(x+h) - f(x)}{h} = \frac{\mathrm{d}f}{\mathrm{d}x}$$

2 階微分係数

$$f''(x) = \lim_{h \to 0} \frac{f'(x+h) - f'(x)}{h} = \frac{\mathrm{d}^2 f}{\mathrm{d}^2 x}$$

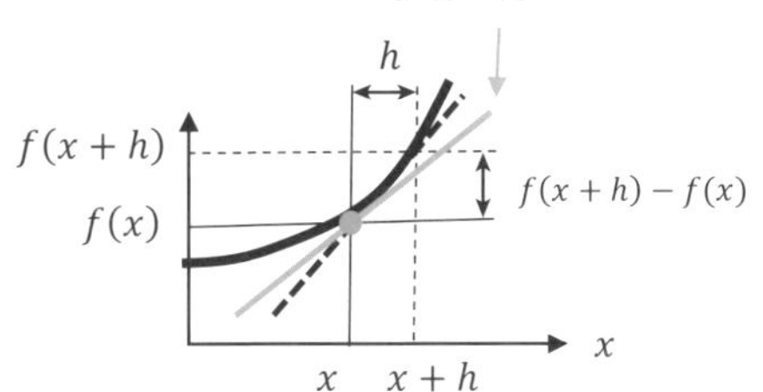

関数 $f(x)$ の 1 階微分は関数の勾配（傾き）を示し、
2 階微分は関数の曲率（傾きの変化）を示します。

全微分、偏微分と保存則

多変数の微分

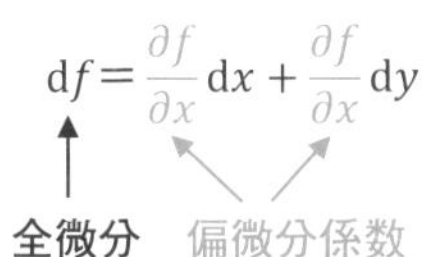

多変数関数において、
偏微分とは微分をする変数以外は
定数と見なして微分すること

ラグランジュ微分
（対流微分）

$$\frac{\mathrm{d}f}{\mathrm{d}t} = \frac{\partial f}{\partial t} + \frac{\mathrm{d}\boldsymbol{r}}{\mathrm{d}t} \cdot \frac{\partial f}{\partial \boldsymbol{r}} = \frac{\partial f}{\partial t} + (\boldsymbol{v} \cdot \nabla) f$$

固定座標での時間変化　固定時間での座標変化

オイラー微分

保存則

$$\boxed{\frac{\partial f}{\partial t} + \nabla \cdot \boldsymbol{\Gamma} = S_f}$$

流束　$\boldsymbol{\Gamma} = f\boldsymbol{v}$

$$\frac{\partial f}{\partial t} + (\boldsymbol{v} \cdot \nabla) f + f \nabla \cdot \boldsymbol{v} = \frac{\mathrm{d}f}{\mathrm{d}t} + f \nabla \cdot \boldsymbol{v} = S_f$$

$\nabla \cdot \boldsymbol{v} = 0$　：非圧縮性流体

$\nabla \cdot \boldsymbol{v} \neq 0$　：圧縮性流体

1-6 <基礎編>

場の積分

関数$f(x)$の積分は、$f(x)$とx軸との間の正負を考慮した総面積に相当します。場の積分では、微小な領域を足し合わせての線・面・体積の積分が用いられます。

積分の定義

１次元関数$f(x)$の定積分の定義は、$x_k = a + k\Delta X$、$\Delta X = (b-a)/N$として

$$F(x) = \int_a^b f(x)\mathrm{d}x = \lim_{N\to\infty} \sum_{k=0}^{N} f(x_k)\Delta x \qquad (1\text{-}6\text{-}1)$$

です。幅ΔXの短冊の刻みを細かくして足し合わせることに相当します（**上図**）。

$$\frac{\mathrm{d}F(x)}{\mathrm{d}t} = f(x) \qquad (1\text{-}6\text{-}2)$$

となる関数$F(x)$を$f(x)$の**原始関数**といい、$f(x)$を$F(x)$の**導関数**といいます。

３次元ベクトル場$\boldsymbol{A}$では、経路ベクトル線素$\mathrm{d}\boldsymbol{l}$（ベクトルは接線方向）に沿っての内積$\boldsymbol{A}\cdot\mathrm{d}\boldsymbol{l}$を足し合わせての線積分や、ある面$\mathrm{d}\boldsymbol{S}$（ベクトルは法線方向）を垂直に貫通するベクトルの成分$\boldsymbol{A}\cdot\mathrm{d}\boldsymbol{S}$を足し合わせていく面積分（法線面積分）が利用されます。

多重積分と周回積分、閉曲面積分

電磁場の解析には、特に、閉曲線Ｃの一周回りの積分（**周回線積分**）$\oint_C \boldsymbol{A}\cdot\mathrm{d}\boldsymbol{l}$や、ある体積を覆う閉曲面Ｓについての積分（**閉曲面積分**）$\oint_S \boldsymbol{A}\cdot\mathrm{d}\boldsymbol{S}$が用いられます。ここで、$\mathrm{d}\boldsymbol{l}$は曲線Ｃの接線方向、$\mathrm{d}\boldsymbol{S}$は曲面Ｓの法線方向のベクトルです。

渦の無いベクトル場では周回線積分はゼロですが、周回路Ｃを端とした曲面内の微小な渦を足し合わせて面積分することで、周回線積分と一致させることができます（**ストークスの回転定理**）。また、単純な湧き出しのないベクトル場では流入と流出が釣り合うので閉曲面積分はゼロですが、内部の微小な湧き出しを足し合わせて体積積分することで、閉曲面積分と同じになります（**ガウスの発散定理**、**下図**）。

MEMO　原始関数とは不定積分であり、導関数とは関数の微分です。

積分の定義

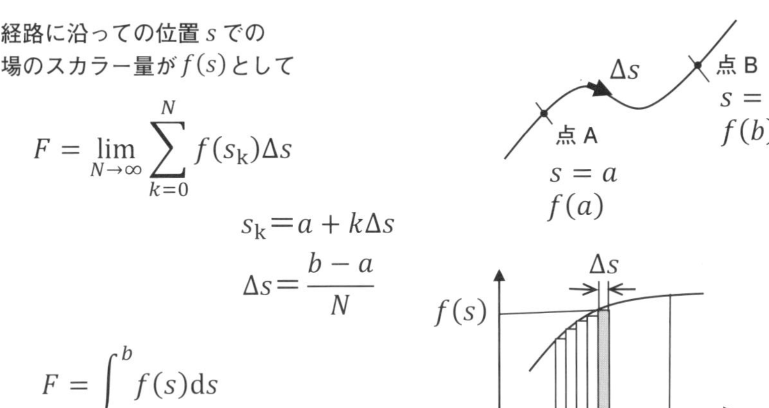

この定積分は a から b までの関数 $f(s)$ の面積に相当します。

ベクトル場の多重積分と数学定理

線積分 $\int_L \boldsymbol{A}\cdot\mathrm{d}\boldsymbol{l}$ 、面積分 $\int_S \boldsymbol{A}\cdot\mathrm{d}\boldsymbol{S}$ 、体積積分 $\int_V a\,\mathrm{dV}$

スカラー場 a
ベクトル場 $\boldsymbol{A}$

$\oint_C \boldsymbol{A}\cdot\mathrm{d}\boldsymbol{l}$ 周回線積分

ストークスの定理

$\int_S (\nabla\times\boldsymbol{A})\cdot\mathrm{d}\boldsymbol{S}$
微小な渦の面積分

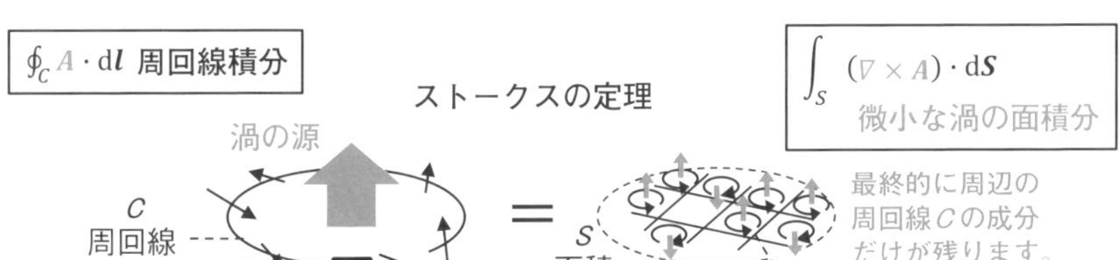

法線面素 $\oint_C \boldsymbol{A}\cdot\mathrm{d}\boldsymbol{l}$

$\oint_S \boldsymbol{A}\cdot\mathrm{d}\boldsymbol{S}$ 閉曲面積分

ガウスの定理

$\int_V (\nabla\cdot\boldsymbol{A})\,\mathrm{d}V$
微小な湧き出しの
体積積分

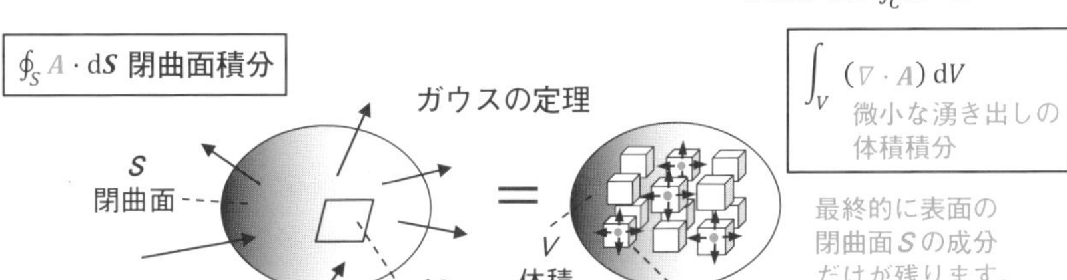

体積素 $\oint_S \boldsymbol{A}\cdot\mathrm{d}\boldsymbol{S}$

1-7 ＜基礎編＞

基本単位と物理量次元

物理単位の基本となるのは、空間、時間、質量、そして、電磁気に関連する電流です。基本単位から作られる組立単位についても考えてみましょう。

質量、時間、空間、電流

物理の基本概念は空間、質量、時間であり、基本単位はメートル（m）、キログラム（kg）、秒（s）です。電磁気学では、これに電荷の流れ（A：アンペア）を加えた4つの単位でMKSA単位系が作られます。MKSAの4つに、さらに、温度（K：ケルビン）、物質量（mol：モル）、光度（cd：カンデラ）の3つの単位を加えた7つを基本単位とする単位系は、国際単位系またはSI単位系（SI：フランス語で「国際単位」の頭文字）と呼ばれます。基本単位からはさまざまな組立単位（誘導単位ともいう）が作られます。力の単位ニュートン（N）、エネルギーの単位ジュール（J）、電圧の単位ボルト（V）などがあります。

組立単位の次元

空間の線、面、立体はそれぞれ1次元、2次元、3次元であり、国際単位系での単位はm、m^2、m^3です。長さをLとして、L、L^2、L^3と書くと、単位系に依存しない次元の概念を記述できます。長さをL（Length）、質量をM（Mass）、時間をT（Time）、そして電流をI（Intensity of electricity）と書き、物理量の組立単位が$m^a kg^b s^c A^d$のときに、物理次元を$L^a M^b T^c I^d$で表します。たとえば、国際単位系での加速度の単位はms^{-2}なので、加速度の次元はLT^{-2}です（**右頁下表**）。次元が同じ場合には物理量の和や差を求めることができますが、異なる次元の物理量の和や差を計算することができません。たとえば　3m+50cm=3m+0.5m=3.5m　ですが、3m+5kg　などはまとめることができません。物理の計算問題では、国際単位系で計算する限りは数値のみの計算を行い、最後に相当する国際単位系の単位を記入することが可能となります。

MEMO　本書では、力をF, F[N]などと表示していますが、物理量Fの単位により数値が異なるので、F[N]、F[kg重]のように角括弧[ ]で単位を指定しています。

物理量

基本概念　空間、時間、質量、電流

基本単位

MKSA 単位系　距離（m）、質量（kg）、時間（s）、電流（A）

SI 単位系　距離（m）、質量（kg）、時間（s）、電流（A）、温度（K）、物質量（mol）、光度（cd）

物理量次元

基本概念	単位名称	単位記号	次元
距離	メートル	m	L
質量	キログラム	kg	M
時間	秒	s	T
電流	アンペア	A	I

基本単位	単位名称	単位記号	定義	SI 基本単位	次元
力	ニュートン	N	J/m	$m \cdot kg \cdot s^{-2}$	LMT^{-2}
圧力	パスカル	Pa	N/m^2	$m^{-1} \cdot kg \cdot s^{-2}$	$L^{-1}MT^{-2}$
エネルギー	ジュール	J	N・m	$m^2 \cdot kg \cdot s^{-2}$	L^2MT^{-2}
仕事率	ワット	W	J/s	$m^2 \cdot kg \cdot s^{-3}$	L^2MT^{-3}
電荷	クーロン	C	A・s	s・A	TI
電圧	ボルト	V	J/C	$m^2 \cdot kg \cdot s^{-3} \cdot A^{-1}$	$L^2MT^{-3}I^{-1}$
電気容量	ファラッド	F	C/V	$m^{-2} \cdot kg^{-1} \cdot s^4 \cdot A^2$	$L^{-2}M^{-1}T^4I^2$
電気抵抗	オーム	Ω	V/A	$m^2 \cdot kg \cdot s^{-3} \cdot A^{-2}$	$L^2MT^{-3}I^{-2}$
磁束	ウェーバー	Wb	V・s	$m^2 \cdot kg \cdot s^{-2} \cdot A^{-1}$	$L^2MT^{-2}I^{-1}$
磁束密度	テスラ	T	Wb/m^2	$kg \cdot s^{-2} \cdot A^{-1}$	$MT^{-2}I^{-1}$

1-8 <基礎編>

基本単位の定義

電磁気学での基本単位としてのアンペアは、２本の電流での引き合う力から定義されます。それは、メートルを定義するときの光速の値にも関連しています。

MKSの単位の定義

長さの基本単位としてのメートル（m）は、古くは「地球の北極から赤道までの距離の千万分の1」と定められ、その後にメートル原器を基準とされてきました。現在は「光が真空中で１秒間にすすむ距離の299,792,458分の１である」と定義されています。これは真空中の光速を有効数字９桁で定義していることに相当します。

質量の基本単位キログラム（kg）の定義は、量子論の基礎となっているプランク定数を6.662606957×10^{-34}JS　と固定し定義することで光子エネルギーと静止質量からkgを定めることが2019年に決定されました。

時間の基本単位である秒（s）の定義は、平均太陽日の86,400分の1として定義されていましたが、現在は１秒の定義は原子時計を用いて「セシウム133の原子から放射される特定の光の9,192,631,770周期である」と定められています。

A（アンペア）の単位の定義

２本の平行に置かれた無限長導体A、Bにおいて、導体Bの電流I_B[A]により距離r[m]だけ離れた導体A上に生じる磁束密度$B_{A\leftarrow B}$[T]は、次のようになります。

$$B_{A\leftarrow B}[T] = \frac{\mu_0 I_B}{2\pi r} \qquad (1\text{-}8\text{-}1)$$

したがって、電流I_A[A]が流れている導体Aの1mあたりの力の大きさf_A[N/m]は

$$f_A = B_{A\leftarrow B} I_A = \frac{\mu_0 I_A I_B}{2\pi r} \qquad (1\text{-}8\text{-}2)$$

です。同様にf_Bも計算でき$f_A = f_B$であり、作用・反作用の法則が成り立っています。アンペア（A）の定義（**下図**）から、$I_A = I_B = 1$Aで$r = 1$mの場合に$f_A = f_B = 2\times10^{-7}$N/mなので、式（1-8-2）より、真空の透磁率$\mu_0$は$\mu_0 = 4\pi\times10^{-7}$T·m/Aです。一方、真空の誘電率$\varepsilon_0$の数値は光の速度から定義されています（**下図最下段**）。

MEMO　基本単位は物理定数を用いた定義に改定されてきており、長さのメートル原器は1960年に、質量のキログラム原器は2019年に役割を終えています。

基本単位のm、kg、sの定義

（定義の数値は9桁を使用）

長さ m

旧来：「地球の北極から赤道までの距離の千万分の1」

現状：「光が真空中で1秒間にすすむ距離の299,792,458分の1」

質量 kg

旧来：「水1リットル(1000 cm^3)の質量が1kg」

以前：「国際キログラム原器」、アボガドロ数利用の定義も検討

最近：プランク定数を固定定義しての質量定義に改定（2019年）

時間 s

旧来：「平均太陽日の86,400分の1」

現状：「セシウム133の原子から放射される特定の光の
9,192,631,770周期」

平行電流間の磁気力からのAの定義

電流　A

「真空中に1mの間隔で平行に置かれた無限に小さい円形断面を有する無限長の2本の直線状導体のそれぞれに電流を流し、これらの導体の1mにつき2×10^{-7}Nの力を及ぼし合う直流の電流」

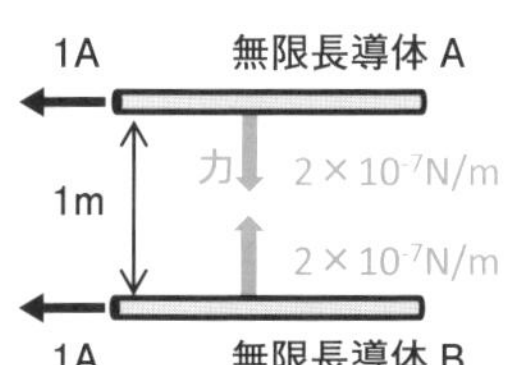

導体Bによる導体A上の磁束密度は

$$B_{\mathrm{A}\leftarrow\mathrm{B}}[\mathrm{T}] = \frac{\mu_0 I_\mathrm{B}}{2\pi r}$$

この磁場による導体Aに働く力は単位長さあたりで

$$f_\mathrm{A}[\mathrm{N/m}] = B_{\mathrm{A}\leftarrow\mathrm{B}} I_\mathrm{A} = \frac{\mu_0 I_\mathrm{A} I_\mathrm{B}}{2\pi r}$$

真空の透磁率の定義

上式に $I_\mathrm{A} = I_\mathrm{B} = 1\mathrm{A}$、$r = 1\mathrm{m}$ を代入すると、アンペアの定義より $f_\mathrm{A} = 2 \times 10^{-7}\mathrm{N/m}$ なので、

$$\mu_0 = 4\pi \times 10^{-7}\ \mathrm{T \cdot m/A}$$

真空の誘電率の定義

電磁気の波動方程式（11-1節）から、真空中の電磁波の速さは $\frac{1}{\sqrt{\varepsilon_0 \mu_0}}$ であり、これが光の速度の定義 $c=2.99792458\times10^8\ \mathrm{m/s}$ なので、

$$\varepsilon_0 = 1/(c^2 \mu_0) \simeq 8.854\times10^{-12}\ \mathrm{F/m}$$

クイズ4択問題

答えは次々ページ

クイズ1.1　右左と上下は異なる？

鏡に映る自分の像は上下がそのままですが、左右は逆になります！　鏡に映った字も反転します。理由として、どれが正しいでしょうか？（複数選択可能）

① 人間の目が左右についているから。
② 常に重力が働いているから。
③ 鏡の裏に回った自分を考えてしまうから。
④ 実は、左右も上下も逆になっていない。

クイズ1.2　電圧の物理次元は？

電荷q[C]が電圧V[V]の距離を移動するときのエネルギーはW[J]$=qV$です。あるいは、電圧V[V]と電流I[A]の積がパワーP[W]です。この関係に留意して、電圧Vの物理次元はどれが正しいでしょうか？

① $L^2MT^{-2}I^{-1}$　② $L^2MT^{-3}I^{-1}$　③ $L^3MT^{-2}I^{-1}$　④ $L^3MT^{-3}I^{-1}$

COLUMN

奇妙な遠隔力がノーベル物理学賞!?

遠隔作用としての重力や電磁力は、現在は場の近接力として理解されています。しかし、量子論の世界では、アインシュタインも認めなかった奇妙な遠隔力（?）「量子もつれ」があります。1対の電子（スピンが＋と－）を遠くに分けて移動させたとき、片方の電子のスピンを測定した瞬間に、遠くの電子のスピンが判明します。情報が光速を超えて遠隔的に伝達されることを意味します。これは「ベルの不等式」を利用してのアラン・アスペ（仏）の実験により1982年に証明され、アスペを含む3人に2022年のノーベル物理学賞が授与されました。現在、この技術は量子コンピュータで利用されています。

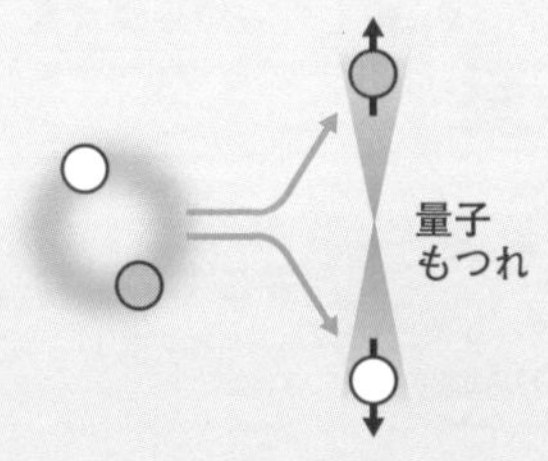

まとめのクイズ

問題は各節のまとめに対応／答えは次ページ

1-1 近代の電磁気学は、地磁気の模擬実験を行った［人名］の研究により発展し、電流は1種類の電荷流体であるとの［人名］の1流体説に始まり、歴史的に進展してきました。

1-2 重力や電気力の遠隔作用は、空間の［　　］の概念を利用して近接力として理解されてきています。これは［人名］により考案されました。

1-3 物理量は［　　］と［　　］との組み合わせで表されます。ベクトルは［　　］と［　　］とで定義されます。

1-4 ベクトル$\boldsymbol{A}=(x_A, y_A, z_A)$と$\boldsymbol{B}=(x_B, y_B, z_B)$において、内積$\boldsymbol{A}\cdot\boldsymbol{B}=$［　　］であり、外積$\boldsymbol{A}\times\boldsymbol{B}$の$x$成分は［　　］です。$\boldsymbol{A}$と$\boldsymbol{B}$との角度を$\theta$とすると、外積の絶対値は$|\boldsymbol{A}||\boldsymbol{B}|$［　　］です。

1-5 場の物理量の時間変化として、全微分の［人名］微分と偏微分の［人名］微分があります。前者は流体に乗っての座標系での時間変化であり、後者は固定座標での時間変化を示しています。

1-6 ストークスの定理では、閉曲線Cでの［　　］積分と閉曲線Cで規定される任意の閉曲面Sでの渦の［　　］積分との関係を示しています。

1-7 SI単位系の基本単位は、m（メートル）、kg（キログラム）、s（秒）、［　（　）］と、K（ケルビン）、mol（モル）、［　（　）］の7つです。これらの基本単位を用いて新たに定義されるN（ニュートン）、V（ボルト）などは［　　］単位と呼ばれます。

1-8 1m離れた二本の無限の平行電流にかかる力が単位長あたり［　　[単位]］である場合に、その電流が1Aと定義されます。SI単位系でのこの単位長あたりの力の数値は真空の透磁率μ_0の［　　］分の1です。

クイズの答え

答え1.1　どの答えも不完全

【解説】①：片目で見ても変化が無いので、該当しません。

②：重力は ③ の理由に関連していますが、主な理由ではありません。

③：心理的なこの理由がわかりやすいですが、不完全です。

④：立てかけられた鏡では正しいが、不完全です。

正確には、光の反射の現象から、鏡に対して垂直な方向が反転します。立てかけられた鏡では前後が反転し、床の鏡の上に立った場合は上下が反転します。

【参考】鏡像の問題は、3次元座標での右手系（標準）と左手系の違いにも関連します。物理現象として、磁性のスピンにプラスとマイナスの2種類があることにも関連しています。

答え1.2　②

【解説】仕事 W[J] $=q$[C] V[V] より [V] = [J/C]。仕事は力と距離の積、力は質量に加速度の積の次元なので、[J] = [Nm] = [kgm^2/s^2]。電荷は電流と時間の積なので [C] = [As]。したがって、[V] = [m^2kg/s^3A]。Vの物理次元は$L^2MT^{-3}I^{-1}$です。

あるいは別の方法として、パワーP[W] $=I$[A] V[V] より [V] = [W/A]。パワーは仕事を時間で割った次元であり、[W] = [J/s] = [kgm^2/s^3]。したがって、[V] = [$m^2kgs^{-3}A^{-1}$] であり、Vの物理次元は$L^2MT^{-3}I^{-1}$となります。

答え　まとめ（満点20点、目標14点以上）

(1-1)　ギルバート、フランクリン

(1-2)　場、ファラデー

(1-3)　数値、単位、大きさ、方向

(1-4)　$x_Ax_B+y_Ay_B+z_Az_B$、$y_Az_B-z_Ay_B$、$\sin\theta$

(1-5)　ラグランジュ、オイラー

(1-6)　周回線、面

(1-7)　A（アンペア）、cd（カンデラ）、組立（または、誘導）

(1-8)　2×10^{-7}[N/m]、2π

<電荷・静電場編>

静電気力

正または負の静止している2個の電荷の間には、電荷の符号に応じて引力または斥力が働きます。これはクーロンの法則として知られています。第2章では、定常的な電場の性質としての静電誘導や静電遮蔽について述べ、導体と絶縁体との違いについても触れます。

図解入門
How-nual

静電気力

身近な電気として摩擦電気があります。それがどうして発生するのか、どのような物質で起こりやすいのかを考えてみましょう。

摩擦電気の発生

冬の乾燥時にドアノブを触ると「バチッ」と痛みを感じたり、セーターを脱いだときに「パチパチ」と音がしたりすることがあります。これは静電気によるものです。金属製のドアノブの場合には、指がプラスに帯電していて、指を近づけるとマイナスの電荷が指の近くに集まり放電が起こります（**上図**）。プラスチックなどの絶縁物のドアノブの場合にはこの感電は起こりません。また、セルロイド製の下敷きで頭の髪の毛を摩擦すると、髪の毛を浮かび上がらせることができます。下敷きと髪の毛との摩擦で、自由電子が髪の毛から下敷きに移動して負の静電気が下敷きに溜まり髪の毛を帯電させ、この下敷きにより周りに電場のポテンシャルが作られ、正に帯電した髪の毛を浮かび上がらせるのです。

摩擦帯電のメカニズム

一般に、2つの物体をこすり合わせると、表面の分子の自由電子が移動し、移動先の物体がマイナスに、移動元の物体がプラスに電気を帯びます（**下図**）。これを摩擦電気といい、電気を帯びる事を帯電と呼びます。ガラスやプラスチックなどの絶縁体の表面をきれいにし乾燥させると帯電しやすくなり、金属のように電気を通す物体でも、周りと絶縁することによって帯電させることができます。

ガラス棒を絹のハンカチでこすると、ガラスはプラスに、絹がマイナスに帯電します。また、塩化ビニル棒を毛皮でこすると塩化ビニル棒にはマイナスの電荷がたまります。電子が離れやすい方がプラスに、電子が離れにくい方がマイナスに帯電するのです。電子の離れやすさの順位を示す摩擦帯電列表を**上図**に示しましたが、材質の表面の状態や環境に依存するので絶対的なものではありません。

MEMO　摩擦電気では、エレクトロンの語源の琥珀はマイナスで、毛皮はプラスです。これは下敷きがマイナスで髪の毛がプラスの摩擦電気に類似しています。

身近な静電気の例

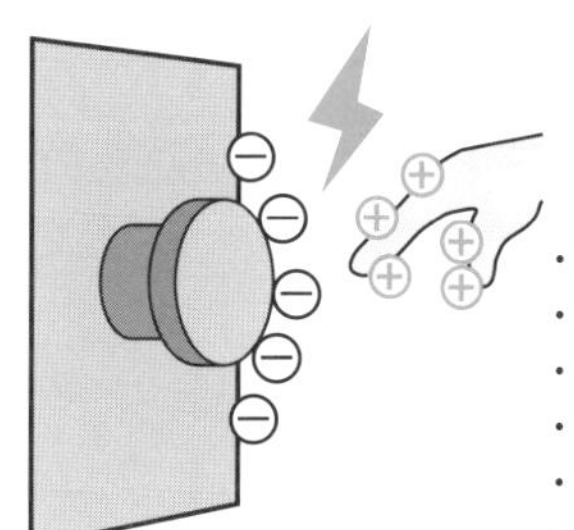

・ドアノブ（−）と手（+）での静電気
・自動車の車体（−）とキー（+）での静電気
・下敷き（−）と髪（+）の毛との摩擦
・アクリル棒（−）を毛皮（+）で摩擦
・アクリルのシャツ（−）にウールのセーター（+）
・ガラス棒（+）を絹（−）のハンカチで摩擦

摩擦帯電列表

負に帯電しやすい　　　　正に帯電しやすい

（−）←　　　　→（+）

エボナイト　シリコンゴム　テフロン　塩化ビニル　ポリエステル　アクリル　銅　硬質ゴム　琥珀　木　鋼　綿　紙　レーヨン　絹　羊毛　ナイロン　人の毛髪　雲母　ガラス　人の皮膚　空気

静電気の発生の模式図

近づける

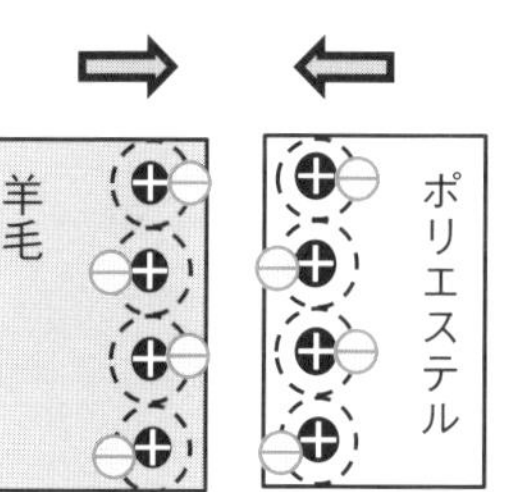

擦り合わせると
電子が移動する

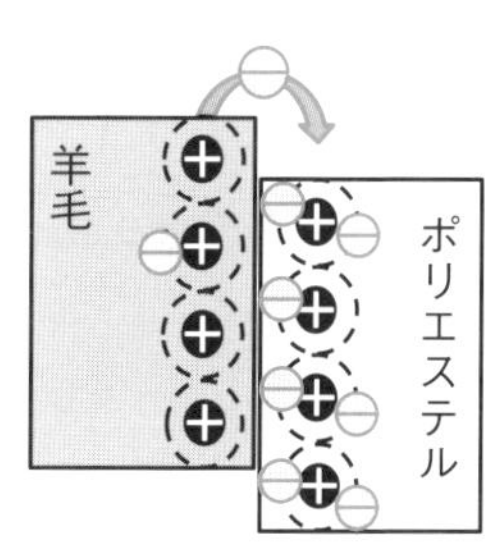

切り離すと
プラスとマイナスの
電荷が残る

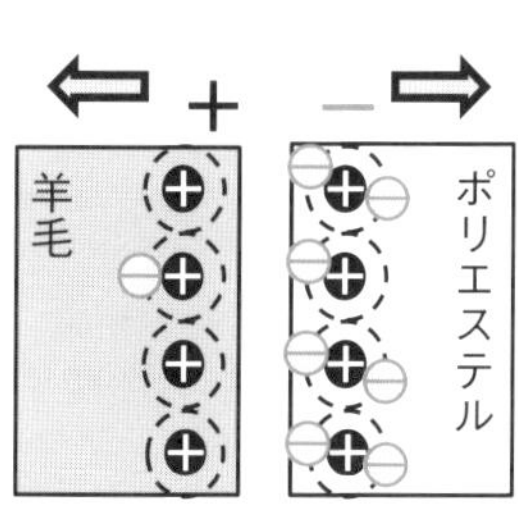

原子構造は模式的に一個の電子のみで描かれています。

2-2 <電荷・静電場編>

電荷と電荷素量

身の回りの物質の電荷は、負電荷の電子と正電荷の陽子に起因します。物質の内部構造から、電荷の量を考えてみましょう。

分子の構造と基本粒子（電子とクォーク）

静電気を発生している源を**電荷**と呼び、その電気の量を**電気量**、**電荷量**、あるいは、単に**電荷**と呼びます。電荷には正電荷と負電荷が存在します。電荷の単位は、フランスの科学者の名前にちなんでクーロン（記号はC）が使われます。クーロンは電流（A）と時間（s、秒）との積で定義されます。

上図には水分子の構造の例が示されていますが、物質は分子または原子で構成されており、負電荷$-e$[C]の電子（エレクトロン）と正電荷の原子核で構成されています。原子核は、正電荷eの陽子（プロトン）と電荷をもたない中性子（ニュートロン）から成り立っています。1個の陽子と1個の電子とでは正負は逆ですが電荷の大きさは同じであり、その電気量を**電荷素量**、あるいは**素電荷**といい

$$e = 1.602 \times 10^{-19}\ \mathrm{C} \qquad (2\text{-}2\text{-}1)$$

です。電荷の大きさはこの電荷素量eの整数倍ですが、実際には膨大な数の素電荷で構成されているので、連続量と考えて問題ありません。

陽子と中性子の電荷

物質の基本粒子（素粒子）は内部構造を持たない究極の粒子です。陽子と中性子の内部構造は、素粒子としての**クォーク**であるダウンクォーク(d)とアップクォーク(u)により構成されています。陽子は1個のdと2個のuで、中性子は2個のdと1個のuで作られています。uの電荷はプラスで$+(2/3)e$であり、dの電荷はマイナスで$-(1/3)e$なので、電荷の合計として、陽子は$+e$であり、中性子は0であることがわかります（**下図**）。実際にはクォークは核子の外に取り出すことができないので、eが電荷量の基本単位です。

MEMO　陽子や中性子のバリオン（重粒子）は3個のクォークで、メソン（中間子）は2個ないし1個のクォークで構成され、電荷$e/3$の素粒子もあります。

分子の構造と素粒子としての電子とクォーク

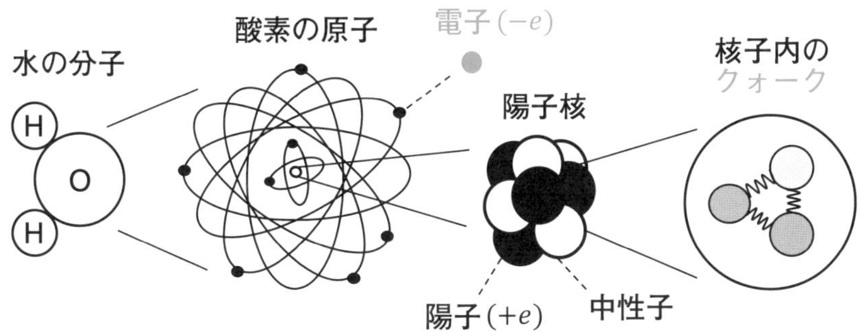

素電荷（電子または陽子）
$e = 1.60 \times 10^{-19}$ C

陽子、中性子とクォーク

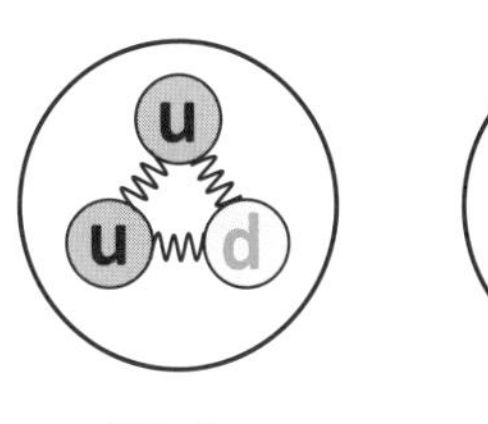

陽子

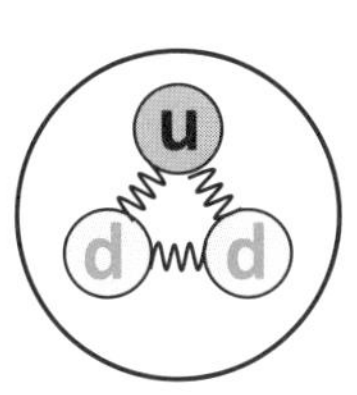

中性子

u：アップクォーク
電荷　$+\frac{2}{3}e$

d：ダウンクォーク
電荷　$-\frac{1}{3}e$

電荷　陽子　：$+\frac{2}{3}e \times 2 - \frac{1}{3}e = +e$

中性子：$+\frac{2}{3}e - \frac{1}{3}e \times 2 = 0$

2-3 <電荷・静電場編>

静電誘導と静電遮蔽

帯電体を導体に近づけると、導体内部の電圧がゼロになるように導体表面に静電気が誘起され、外部からの静電気を遮蔽することができます。

静電誘導の仕組み

帯電していない導体球（金属球）と帯電している帯電棒を考えます。導体球に帯電棒を近づけると、導体の帯電体側部分には帯電棒と逆の電荷が引き付けられ、導体球の逆側部分には帯電棒と同じ電荷が生じます（**上図左**）。この現象を静電誘導といいます。帯電棒を近づけた状態で金属球を接地すると、金属球の帯電体に対する逆側部分の電荷が無くなります。

物体が帯電しているか否かを調べるのに箔(はく)検電器が用いられます。マイナスに帯電した棒をはく検電器の金属板に近づけると、プラスの電荷が金属板表面に誘起され、金属箔にはマイナスの電荷がたまり、箔が開きます（**上図右**）。このように、正・負の何れかの帯電体を導体の片側に近づけると、導体中に帯電体の電荷と逆の電荷が集まり、導体の逆側には帯電体と同じ電荷が生じます。この場合、電荷保存により、導体の両端の正と負の電荷の絶対値は等しくなります。

静電遮蔽の仕組み

内部に正の電荷があり、接地されていない導体で外部を囲った場合、静電誘導で外部導体の内面にマイナス電荷が、外面にプラス電荷が誘導され、外部の空間にも電場が生成されます（**下図左**）。一方、外部導体が接地されている場合には、導体に囲まれた空間の外には電場は生成されません（**下図中央**）。さらに、導体の外部のみに電荷がある場合は、球殻導体の内面は同じ静電ポテンシャルなので、導体を接地しなくても導体に囲まれた空間内部では電位はゼロとなります（**下図右**）。一般に、導体で囲まれた空間の内部は、外側の空間と隔離され、外部の電場は内部に影響を及ぼしません。これらの現象を静電遮蔽といいます。

MEMO　電気的な誘導には、静電誘導と誘電分極、磁気誘導と磁気分極（磁化）、そして、変動電磁場の電磁誘導があります。

静電誘導の仕組み

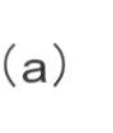

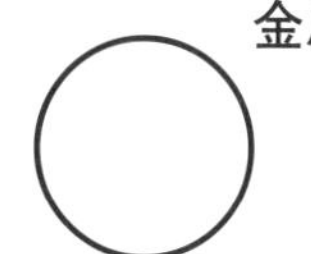

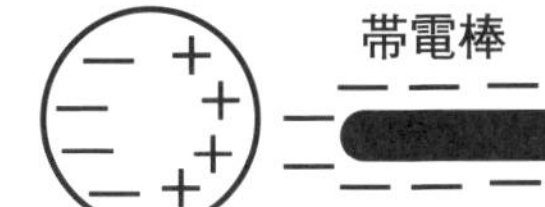

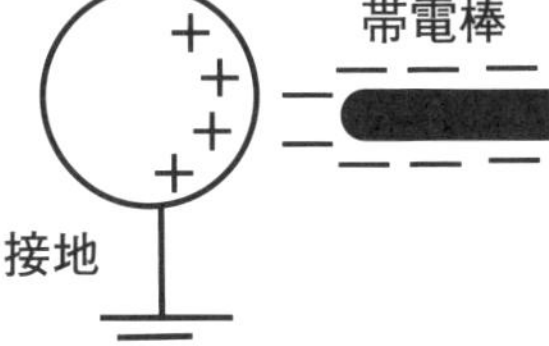

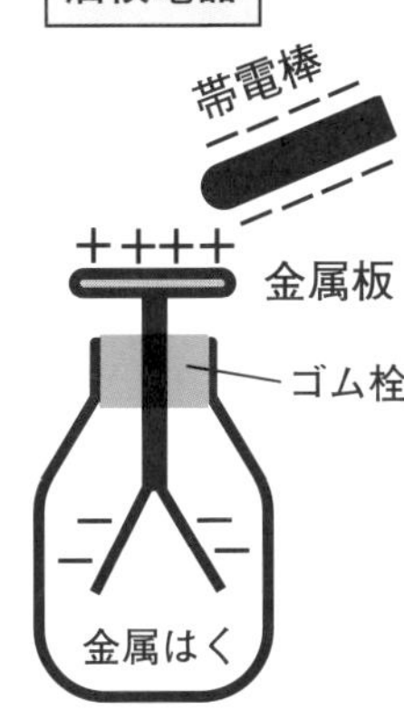

(a) 帯電体が遠くにある場合
(b) 帯電体が近くにある場合
(c) 球を接地した場合

はく検電器での静電誘導

静電遮蔽の仕組み

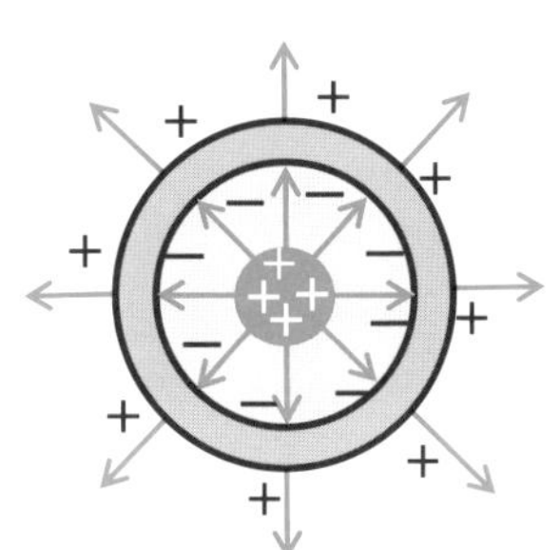

正電荷は内部で
外部導体の接地無し

外部に電場が誘起される

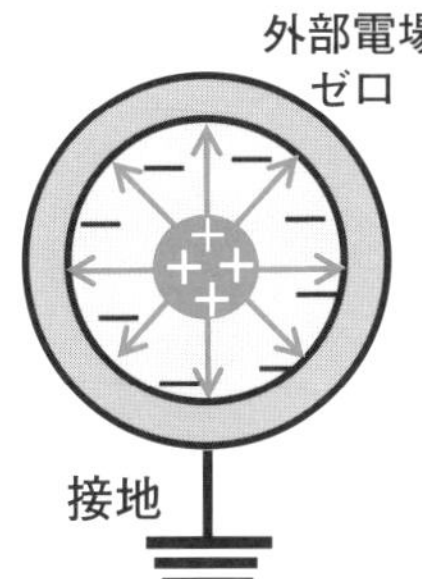

正電荷は内部で
外部導体の接地有り

外部の電場はゼロ

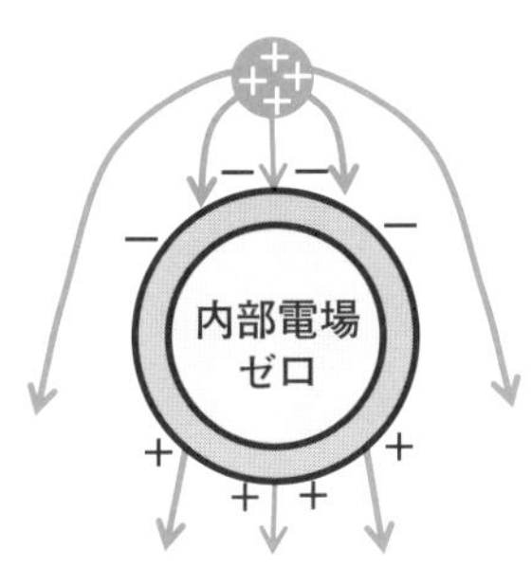

正電荷は外部

接地の有無にかかわらず
内部の電場はゼロ

2-4 <電荷・静電場編>

導体と絶縁体

電気を通す物体と通さない物体との原子構造の違いと、実際の抵抗率の違いについて考えてみましょう。

導体と絶縁体の原子構造

電気または熱を通しづらい物質を絶縁体（不導体）といいます。一方、電気（電気伝導）や熱（熱伝導）を通す物体を導体といい、電気伝導体、熱伝導体といいます。電気を通しやすいということは、自由に動く電子（自由電子、伝導電子）が多くあるということです。原子１個の内部では電子（価電子）は原子核の周りに特定のいくつかの軌道（エネルギー準位）を回っています。外側の軌道の電子ほどエネルギーが高く拘束力が弱いので自由電子となりやすくなります。多くの原子が集まった場合には、エネルギーレベルは線ではなく帯状になり（**上図**）、伝導帯と呼ばれます。価電子が充満している場合には価電子帯と呼ばれ、伝導帯と価電子帯との間が禁制帯です。価電子が自由電子となるには、禁制帯を飛び越さなければなりません。この禁制帯幅（バンドギャップ）が大きい物体が絶縁物です。

電気抵抗率と伝導帯、禁制帯

電気伝導率（導電率）は電気の通りやすさを示す率であり、$1\mathrm{m}^2$の断面積で1mの導体の抵抗が１Ωになるときは$1\,\Omega^{-1}\mathrm{m}^{-1}$です。抵抗Ωの逆数には℧（モー）の記号、あるいはS（ジーメンス）の記号が用いられるので、1℧/mまたは、1S/mとも書けます。電気の通りにくさ（電気抵抗率）は電気伝導率の逆数で定義され、単位はΩ·mです。電気抵抗率$\rho[\Omega\cdot\mathrm{m}]$または電気伝導率$\sigma[℧/\mathrm{m}]$を用いて、長さ$L[\mathrm{m}]$で断面積$S[\mathrm{m}^2]$の導体の抵抗値$R[\Omega]$は以下の式で示されます。

$$R=\frac{\rho L}{S}=\frac{L}{\sigma S} \tag{2-4-1}$$

電気抵抗率がグラファイト（$1\mu\Omega\cdot\mathrm{m}=10^{-6}\,\Omega\cdot\mathrm{m}$）と同程度かそれ以下のものが導体、$1\mathrm{M}\Omega\cdot\mathrm{m}$（$=10^{6}\,\Omega\cdot\mathrm{m}$）以上のものを絶縁体と定義され、その中間が半導体です（**下図**）。

MEMO　電気伝導率の単位は、ドイツの電気工学者エルンスト・ヴェルナー・フォン・ジーメンス（1816〜1892年）にちなんでいます。

価電子と自由電子

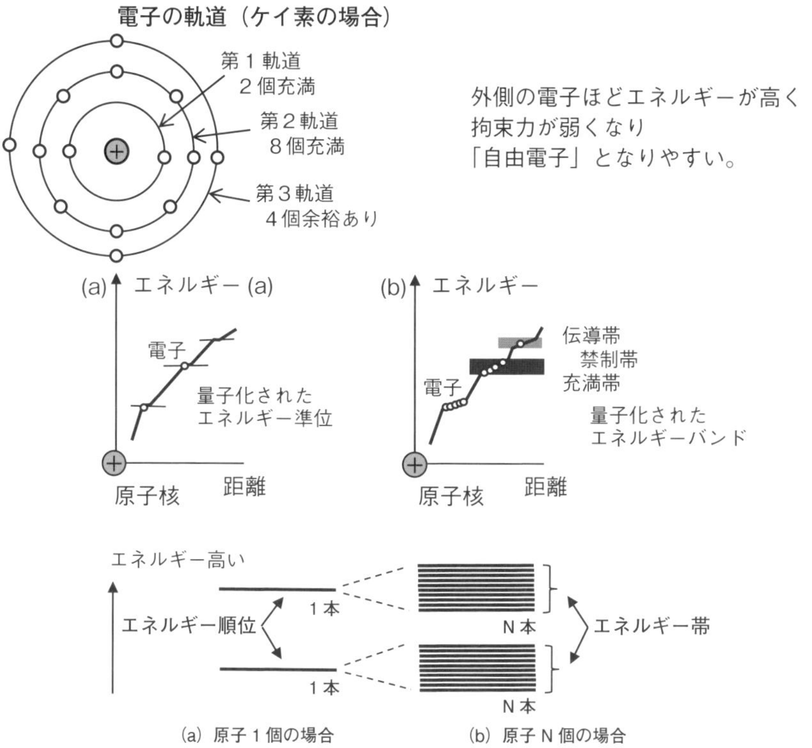

電子の軌道（ケイ素の場合）
第１軌道
２個充満
第２軌道
８個充満
第３軌道
４個余裕あり
外側の電子ほどエネルギーが高く
拘束力が弱くなり
「自由電子」となりやすい。
(a) エネルギー (a)
電子
量子化された
エネルギー準位
原子核
距離
(b) エネルギー
伝導帯
禁制帯
充満帯
電子
量子化された
エネルギーバンド
原子核
距離
エネルギー高い
エネルギー順位
１本
１本
N本
N本
エネルギー帯
(a) 原子１個の場合
(b) 原子N個の場合

価電子帯、禁制帯、伝導帯

禁制帯
伝導帯
価電子帯
伝導帯
禁制帯
価電子帯
伝導帯
禁制帯
価電子帯
導体
半導体
絶縁体
10-12
10-6
1
106
1012
電気抵抗率（Ω·m）
グラファイト

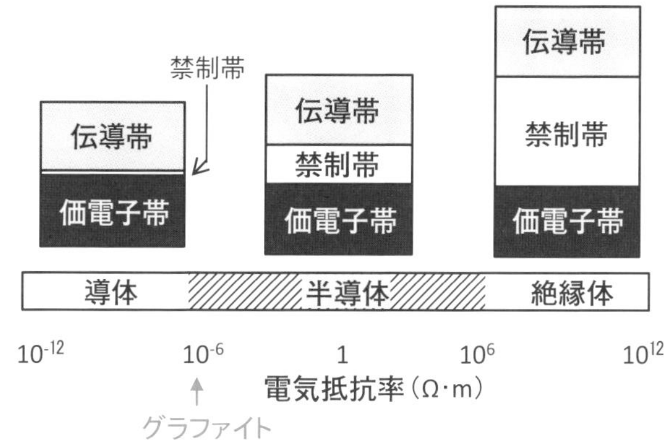

2-5 <電荷・静電場編>

質量と電荷の保存

物理の大原則として、質量（実際には質量とエネルギー）の保存則や電荷の保存則などがあります。電荷保存則は電流を用いた式で表されます。

粒子、質量、電荷の保存則

物質はマイナス電荷の電子とプラス電荷の原子核（陽子・中性子）から成り立っていて、通常は生成も消滅もしません。したがって、外部からの流入・流出がなければ、粒子保存、質量保存や、正負を含めて電荷（電気量）保存の法則が成り立ちます。たとえば、正電荷５μC（マイクロクーロン）を帯びた物体に負電荷－５μCの物体を接触させると、電荷はゼロになります。正電荷５μCに負電荷－３μCの物体を接触させた場合には、全体が２μCの正電荷となります。この電荷保存の法則はエネルギー保存の法則などとともに自然界の基本的な物理法則の１つです。

たとえば物理量としての粒子密度nの連続の式は、生成または消滅の項S_nと物理量の速度$\boldsymbol{V}$を使って定義される流束ベクトル$\boldsymbol{\Gamma}_n = n\boldsymbol{V}$とを用いて

$$\frac{\partial}{\partial t}n + \nabla \cdot \boldsymbol{\Gamma}_\mathrm{n} = S_\mathrm{n} \qquad (2\text{-}5\text{-}1)$$

の偏微分方程式で書けます。演算子∇・はダイバージェンス（発散）と呼ばれる湧き出しや吸い込みを示す項です。質量保存則では、質量密度nmを用います（**上図**）。

電荷の保存則と電流

電荷保存則では、外部からの生成・消滅の項Sはゼロとして、電荷密度$\rho_e = ne$と電荷流束密度（電流密度）ベクトル$\boldsymbol{j} = ne\boldsymbol{V}$を用いて

$$\frac{\partial}{\partial t}\rho_\mathrm{e} + \nabla \cdot \boldsymbol{j} = 0 \qquad (2\text{-}5\text{-}1)$$

で示されます。この電荷保存則は、第11章に示す拡張されたアンペール・マクスウェルの法則と電場に関するガウスの法則とから導出することができます。物質に固有な量として、電荷の他に磁気をもたらすスピンがあります。スピンの保存をベースにスピントロニクスと呼ばれる電子分野も発展してきており、磁気デバイスなどの開発が進められてきています。

MEMO　物理量での保存則は、エネルギー保存（時間反転対称性）、運動量保存（並進対称性）、角運動量保存（回転対称性）、電荷保存（ゲージ対称性）など。

粒子と質量の保存

粒子 粒子密度 n
粒子流束 $\boldsymbol{\Gamma}_n = n\boldsymbol{V}$
$$\frac{\partial}{\partial t}n + \nabla \cdot \boldsymbol{\Gamma}_n = S_n$$

質量 質量密度 $\rho_m = nm$
質量流束 $\boldsymbol{\Gamma}_m = nm\boldsymbol{V}$
$$\frac{\partial}{\partial t}\rho_m + \nabla \cdot \boldsymbol{\Gamma}_m = S_m$$

電荷 電荷密度 $\rho_e = -ne$
電荷流束 $\boldsymbol{j} = -ne\boldsymbol{V}$
$$\frac{\partial}{\partial t}\rho_e + \nabla \cdot \boldsymbol{j} = S_e$$

外部からの流入・流出項 S_n

発散項 $\boldsymbol{\Gamma}_n$

n

電荷とスピンの保存

電子の電荷とスピン

電子のスピンは、実際の回転ではなくて、固有の磁気的性質です（第７章６節参照）

電荷 技術：エレクトロニクス
半導体デバイス

$$\frac{\partial}{\partial t}\rho_e + \nabla \cdot \boldsymbol{j} = S_e$$

電荷密度 $\rho_e = ne$

電流密度 $\boldsymbol{j} = ne\boldsymbol{V}$

外部流入・流出が無いとして　$S_e = 0$

定常状態 $(\frac{\partial}{\partial t} = 0)$ では　$\boxed{\nabla \cdot \boldsymbol{j} = 0}$

電流の湧き出し、吸い込みは無しとすると　$\oint_S \boldsymbol{j} \cdot d\boldsymbol{S} = 0$

ガウスの発散定理を使って　$\int_V \nabla \cdot \boldsymbol{j} dV = \oint_S \boldsymbol{j} \cdot d\boldsymbol{S}$

したがって　$\int_V \nabla \cdot \boldsymbol{j} dV = 0$　$\therefore \nabla \cdot \boldsymbol{j} = 0$

これは、キルヒホッフの電流法則の微分形に相当します。

スピン 技術：スピントロニクス
磁気デバイス

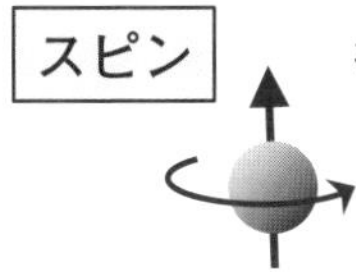

2-6 ＜電荷・静電場編＞

クーロンの法則

２個の電荷の間の静電力は、２個の電荷量の積に比例し、２点間の距離の二乗に反比例します（クーロンの法則）。これは万有引力の法則に類似しています。

点電荷／距離の逆二乗の法則

大きさを持たない理想的な点状の電荷を点電荷と呼びます。２つの点電荷を離れて置いた場合、両者にかかる静電気力（静電力、クーロン力ともいう）は、２つの電荷量の積に比例し距離の２乗に反比例します。電荷が同符号の場合には斥力となりFの値は正ですが、電荷が異符号の場合はFの値は負となり引力を表すことになります。両者にかかる力の大きさは等しく方向が逆になります（**右下図**）。これはニュートンの運動の第３法則としての作用・反作用の法則に相当します。

この距離の逆２乗則は1773年にキャベンディシュ（英国）が帯電させた同心金属球により最初に発見しましたが未発表であり、1785年にはクーロン（フランス）によりねじり秤の実験（**右上図**）により確立されました。

２つの点電荷の電気量q_1［C］、q_2［C］を距離r［m］だけ離れて置いた場合、電荷間に加わる力F［N］は

$$F = k_0 \frac{q_1 q_2}{r^2} \qquad (2\text{-}6\text{-}1)$$

です。これはクーロンの法則と呼ばれます。ここでk_0は比例定数（クーロン定数）であり、MKSA単位系では真空の誘電率ε_0を用いて

$$k_0 = 1/(4\pi\varepsilon_0) = 8.99\times10^9[\mathrm{N\cdot m^2/C^2}] \qquad (2\text{-}6\text{-}2)$$

で与えられます。たとえば、２個の1Cの電荷が1m離れている場合には、9×10^9Nの静電力となりますが、1Nは質量およそ0.1kgにかかる重力なので、90万トン（9×10^5t）の膨大な重力に相当します（**上図右**）。より現実的な電荷量の場合として、1μC（マイクロクーロン、10^{-6}C）で10cm間隔では静電力は0.9Nで90gの重りを、1nC（ナノクーロン、10^{-9}C）電荷で1cm間隔では静電力は9×10^{-5}Nで9mgの重りを持ち上げることができます。

MEMO　シャルル・ド・クーロン（1736年～1806年）はフランスの物理学者であり、SI単位系の電荷の単位に名前が用いられています。

クーロンのねじり秤の実験

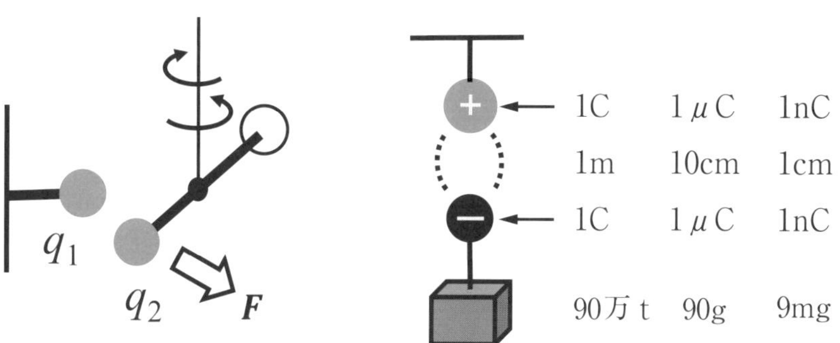

引力または斥力としての電気力

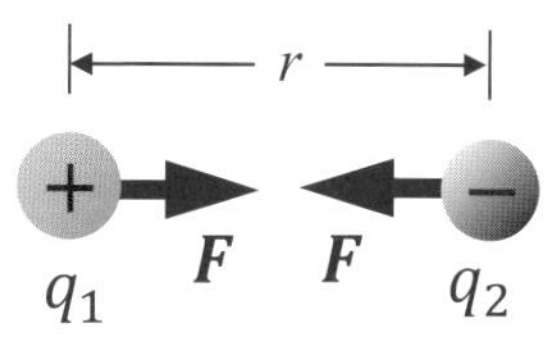

引力
（正負が異なる電荷間）

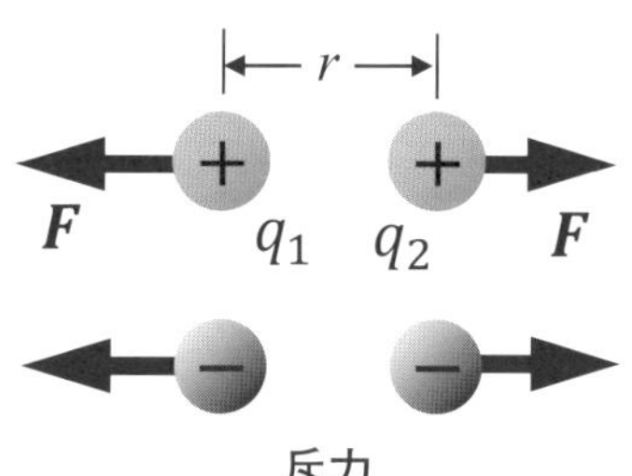

斥力
（正負が同じ電荷間）

電気力（クーロン力）

$$\boldsymbol{F} = k_0 \frac{q_1 q_2}{r^2} \mathbf{e}_\mathrm{r}$$

$$\mathbf{e}_\mathrm{r} \equiv \frac{\boldsymbol{r}}{r}$$

$\boldsymbol{F}$ ：クーロン力のベクトル[N]
q_1：第１の電荷量 [C]
q_2：第２の電荷量 [C]
r ：電荷間の距離 [m]
$\mathbf{e}_\mathrm{r}$：電荷間方向の単位ベクトル
k_0：クーロン定数 [N・m²/C²]

クーロンの法則の比例係数

$k_0 = 1/(4\pi\varepsilon_0) = 9.0 \times 10^9 [\mathrm{N \cdot m^2/C^2}]$

真空の誘電率

$\varepsilon_0 = 8.854 \times 10^{-12}\ [\mathrm{C^2/(Nm^2)}]$ または[F/m]

2-7 <電荷・静電場編>

重ね合わせの原理

2個の電荷の間の静電力はクーロンの法則で記述されますが、3個以上の電荷の間の静電力は、力の重ね合わせの原理により求めることができます。

作用・反作用の法則

ニュートン力学では、(1) 慣性の法則、(2) 運動方程式、(3) 作用・反作用の法則の3つが成り立ちます。万有引力の場合と同様に、クーロンの法則で表される電気力の場合でも、第一の電荷q_1により第二の電荷q_2にかかる力$\boldsymbol{F}_{2\leftarrow1}$は、**作用・反作用の法則**により、第二の電荷$q_2$により第一の電荷$q_1$にかかる力$\boldsymbol{F}_{1\leftarrow2}$と大きさは同じであり方向が逆です。この2つの力は内部力として、ベクトルの和はゼロとなります。

$$\boldsymbol{F}_{1\leftarrow2}+\boldsymbol{F}_{2\leftarrow1}=0 \qquad (2\text{-}7\text{-}1)$$

ベクトルの合成

3つの電荷q_1、q_2、q_3を考え、電荷q_2、q_3から電荷q_1に加わる力$\boldsymbol{F}_1$を考えてみましょう（**下図**）。まず、電荷q_2により電荷q_1に加わる静電気力$\boldsymbol{F}_{1\leftarrow2}$はクーロンの法則で表されます。同様に電荷$q_3$（図では負電荷）による電荷$q_1$に加わる静電気力$\boldsymbol{F}_{1\leftarrow3}$も計算でき、2つの静電気力のベクトル和として$q_1$に加わる力$\boldsymbol{F}_1$は

$$\boldsymbol{F}_1=\boldsymbol{F}_{1\leftarrow2}+\boldsymbol{F}_{1\leftarrow3} \qquad (2\text{-}7\text{-}2)$$

となります。これは静電気力の線形性に基づき**重ね合わせの原理**と呼ばれます。これを3次元の成分で表示すると

$$\left.\begin{aligned} x\text{ 成分}:\quad & F_{1x}=F_{1\leftarrow2x}+F_{1\leftarrow3x} \\ y\text{ 成分}:\quad & F_{1y}=F_{1\leftarrow2y}+F_{1\leftarrow3y} \\ z\text{ 成分}:\quad & F_{1z}=F_{1\leftarrow2z}+F_{1\leftarrow3z} \end{aligned}\right\} \qquad (2\text{-}7\text{-}3)$$

となります。多くの電荷がある場合も、この重ね合わせの原理により、電荷に加わる力を計算できます。

MEMO　作用・反作用の法則は、外力が無い場合の運動量保存の法則に対応しています。

クーロン力と作用・反作用の法則

異符号の電荷

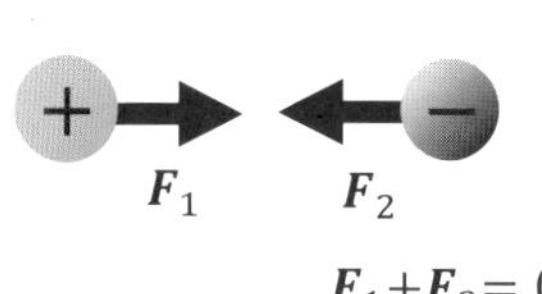

$F_1+F_2=0$

同符号の電荷

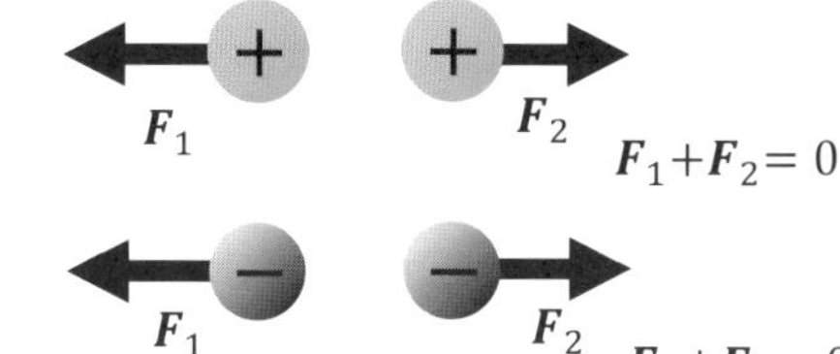

クーロン力 < 0

クーロン力 > 0

ベクトルの合成

重ね合わせの原理

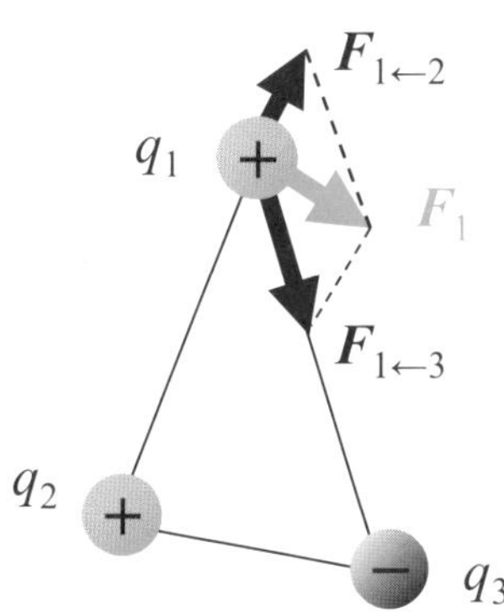

ベクトルの和（線形和）

$$F_1 = F_{1\leftarrow 2} + F_{1\leftarrow 3}$$

x成分：$F_{1x}=F_{1\leftarrow 2x}+F_{1\leftarrow 3x}$
y成分：$F_{1y}=F_{1\leftarrow 2y}+F_{1\leftarrow 3y}$
z成分：$F_{1z}=F_{1\leftarrow 2z}+F_{1\leftarrow 3z}$

クイズ 4 択問題

答えは次々ページ

クイズ2.1　長い導線の抵抗は？

銅線の電気抵抗率ρはおよそ$2\times10^{-8}\,\Omega\,\mathrm{m}$であり、1cm平方断面(断面積$10^{-4}\mathrm{m}^2$)で長さが1kmの電線が1本あります。この抵抗はどれほどでしょうか？

① 0.2μΩ　② 0.2mΩ
③ 0.2Ω　④ 0.2KΩ

クイズ2.2　クーロン力はすごい!?

1kgの質点には9.8Nの重力がかかります。この質点を1μC(マイクロクーロン、10^{-6}C)に正に帯電させて、もう一方の負の1μCの点電荷の引力で1kg重の物を浮かせます。電荷同士をおよそどれだけ近づければよいでしょうか？

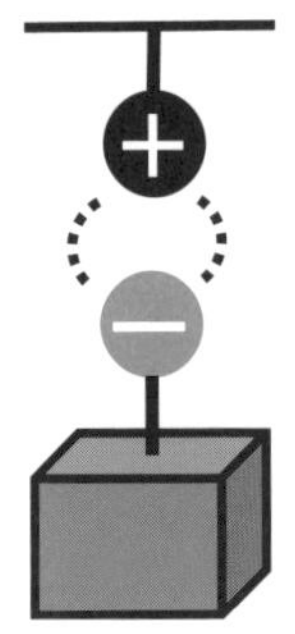

① 0.3mm　② 3mm
③ 3cm　④ 30cm

COLUMN

逆二乗則は完全に正しい!?

電磁力は万有引力と同様に距離の逆2乗則 ($\propto r^{-2}$) に従っています。フランスの物理学者クーロンは、捩じり秤の装置を用いて2つの電荷の間の力を直接的に測定し、1785年にクーロンの法則を導き出しました。電磁力を　$\propto 1/r^{2+\delta}$とすると、クーロンの実験では　$|\delta|\sim0.04$でした。実は1773年に英国のキャベンディッシュは帯電させた同心状の2つの金属球殻を用いて高い精度で実験的検証をおこない$|\delta|\sim0.02$を得ています。後にこの方法によりマクスウェルは$|\delta|\sim10^{-5}$まで精度を上げています。逆2乗則の検証実験は年々精度が上がってきており、現在では重力での逆2乗則では$|\delta|\sim10^{-9}$が、電磁力では$|\delta|\sim10^{-16}$が得られています。

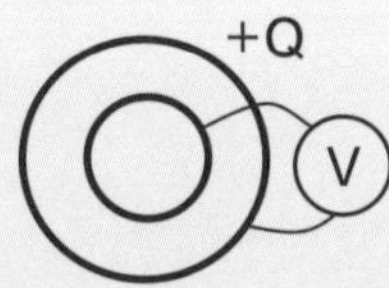

まとめのクイズ

問題は各節のまとめに対応／答えは次ページ

2-1 セルロイド製の下敷きで髪の毛を浮かび上がらせる場合には、摩擦により髪の毛から [　　] が離れやすくなり下敷きにたまり、髪の毛が [　　] に、下敷きが [　　] に帯電します。この電気を [　　] と呼びます。

2-2 電子の電荷量を $-e$ として、陽子は電荷量が [　　] の [　　] 個のアップクォークuと、電荷量が [　　] の [　　] 個のダウンクォークdから構成されています。素電荷 e は、有効数字2桁では [　　] Cです。

2-3 肉厚で空洞のある導体に電荷を近づけると、導体に逆の電荷が誘起されます。この現象は [　　] と呼ばれます。空洞の内部には静電場は侵入できないので、特に [　　] と呼ばれます。空洞内部に電荷を置いた場合には、電場が外部に漏れてしまいます。これを遮蔽するには [　　] すれば可能です。

2-4 導体とは抵抗率がおよそ [　　[単位]] 以下の物体であり、1㎜^{2}(10^{-6}m^2)の断面積の物体が [　　] mで [　　] Ω以下になる物体が基準となっています。基準の物質の例として [　　] があります。

2-5 速度 $\boldsymbol{v}$ をもつ物理量 f の保存則は、流束を $\boldsymbol{\Gamma}=f\boldsymbol{v}$、ソース項を S とすると、f の時間発展の式として [　　] と書かれます。

2-6 距離 $\boldsymbol{r}$[m]だけ離れた2つの電荷 q_1[C]、q_2[C]に加わるクーロン力 $\boldsymbol{F}$[N]は、クーロン定数 k_0 を用いてベクトル式として [　　] と表されます。MKSA単位系では、k_0 は真空の誘電率 ε_0 を用いて [　　] と書かれます。

2-7 多数の電荷からの静電力は、力の線形性からベクトル的に足し合わせて評価できます。これを [　　の原理] と呼びます。

クイズの答え

答え2.1　③

【解説】電気抵抗の公式に従って、銅線の電気抵抗率$\rho=2\times10^{-8}\,\Omega\,\mathrm{m}$、長さ$L=10^3\mathrm{m}$、断面積$S=10^{-4}\mathrm{m}^2$で、電気抵抗は$R=\rho L/S=(2\times10^{-8})\times10^3/10^{-4}=2\times10^{-1}(\Omega)$。

【参考】直感的な計算方法として、『電気抵抗率は$10^{-6}\,\Omega\,\mathrm{m}$の典型的なグラファイトでは、断面積$10^{-6}\mathrm{m}^2$（$1\mathrm{mm}^2$）で長さ1mのときに1Ωである』ことに留意してください。題意では、抵抗率が2×10^{-2}倍、断面積が10^2倍で抵抗は10^{-2}倍、長さが10^3倍なので抵抗は10^3倍。したがって、グラファイトの典型数値よりも0.2倍の抵抗なので0.2Ω。

答え2.2　③

【解説】クーロンの法則から、$F=9\times10^9q^2/r^2=9.8(\mathrm{N})$。電荷$q=10^{-6}(\mathrm{C})$より、距離$r=0.030(\mathrm{m})$。

【参考】問題文は1μCですが、1Cは非常に大きな電荷の単位です。1Cの場合には30㎞離れても1kg重の重りを持ち上げることができることになります。ちなみに、1m離れた±1Cの電荷では9×10^9Nの引力に相当し、90万トン（9×10^8kg）の質量を持ち上げることができることになります。これは世界最大級の航空母艦9隻分の膨大な重さに相当します。

答え　まとめ（満点20点、目標14点以上）

(2-1)　自由電子、正、負、摩擦電気

(2-2)　$+2e/3$、2、$-e/3$、1、1.6×10^{-19}

(2-3)　静電誘導、静電遮蔽、接地

(2-4)　10^{-6}　$\Omega\cdot\mathrm{m}$、1、1、グラファイト

(2-5)　$\partial f/\partial t+\nabla\cdot\boldsymbol{\Gamma}=S$

(2-6)　$\boldsymbol{F}=(k_0q_1q_2/r^2)\boldsymbol{e}_r$,　$\boldsymbol{e}_r=\boldsymbol{r}/r$、$1/(4\pi\varepsilon_0)$

(2-7)　重ね合わせの原理

第3章

＜電荷・静電場編＞

電荷と電場

電磁気では、空間の場の力として、電荷による電場と電流による磁場が定義されます。第３章では、電場の可視化としての電気力線を定義し、電気力線の数、電束と電束密度、電場の強さと電位、などを定義します。そして、電場に関するガウスの法則を解説します。

3-1 <電荷・静電場編>

電気力線の定義

電場を可視化する方法としてファラデーが考案した電気力線があります。正の点電荷からは、3次元的に球対称で一様に放射されます。

電気力線と等電位面

空間の電場を示すのに、格子点上の様々な場所で電場ベクトルを大きさをも含めて矢印で描くことができます。正の電荷から出発して、電場ベクトルに沿って力線を結んで負の電荷に向かう1本の線を描きます。これを電気力線といいます（**上図**）。正の点電荷からは等方に放射され、負の電荷へは等方に吸い込まれます。異符号と同符号の場合の電気力線が**下図**に示されています。電荷の正負がつり合わなくて総計が正のときには電気力線は無限遠方へ、総計が負のときには無限遠方からの力線となります。電気力線は真空中では交わったり枝分かれしたりしません。互いに離れようとし、軸方向にはゴムひものように縮もうとします。

電気力線の本数と、電場の強さの定義

電気力線の密度（間隔の逆数）はその場所の電場の強さに比例します。電荷1Cの電荷から出ている電気力線の本数は$1/\varepsilon_0$本、すなわち約1.1×10^{11}本（千百億本）と定義します。したがって、Q[C] の電荷から放射されている電気力線の数Nは

$$N = \frac{Q}{\varepsilon_0} \tag{3-1-1}$$

です。また、1m^{2}の平面に垂直に電気力線が1本通過している場合の電界の強さEを1V/mと定義します。したがって、Qの球電荷からは合計Q/ε_0本の電気力線が等方的に出ており、帯電球から半径r[m] の距離の球面の場所では、面積S[m^2] $=4\pi r^2$なので、電場強度（電界強度）E[V/m] は次のように定義されます。

$$E = \frac{N}{S} = \frac{1}{4\pi\varepsilon_0}\frac{Q}{r^2} \tag{3-1-2}$$

MEMO　1C の点電荷からは、等方的に 1.1 × 10^{11} 本（千百億本）の電気力線が放出されていると仮定します。

電荷からの電気力線

力線

正電荷からの
電気力線の湧き出し

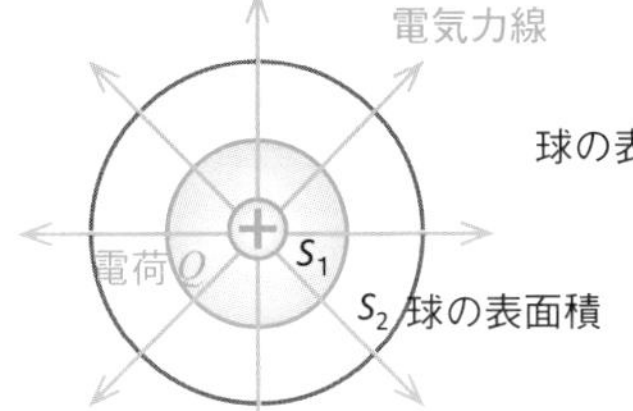

球の表面積

負電荷への
電気力線の沈み込み

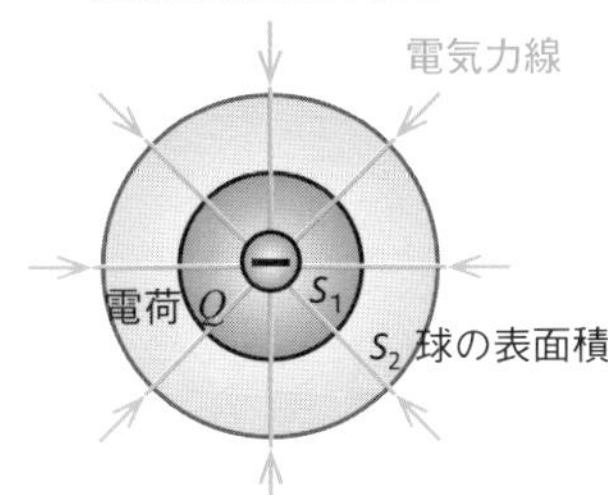

場のベクトル

電場ベクトル

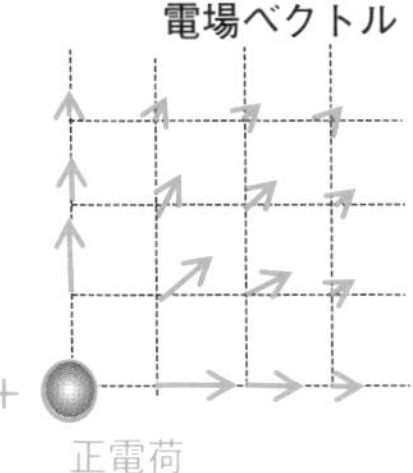

電場ベクトル

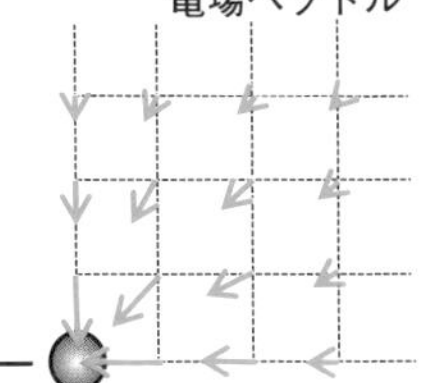

力線の数と場の強さ

電気力線の数

$$N = \frac{Q}{\varepsilon_0}$$

電荷1 Cの電荷から出ている電気力線の本数は $1/\varepsilon_0$ 本、すなわち 1.1×10^{11} 本（千百億本）

電場の強さE[V/m]

$$E = \frac{N}{S} = \frac{1}{4\pi\varepsilon_0}\frac{Q}{r^2}$$

$1\mathrm{m}^2$ の平面に垂直に電気力線が1本通過している場合の電界の強さEを1V/m

2個の電荷と電気力線

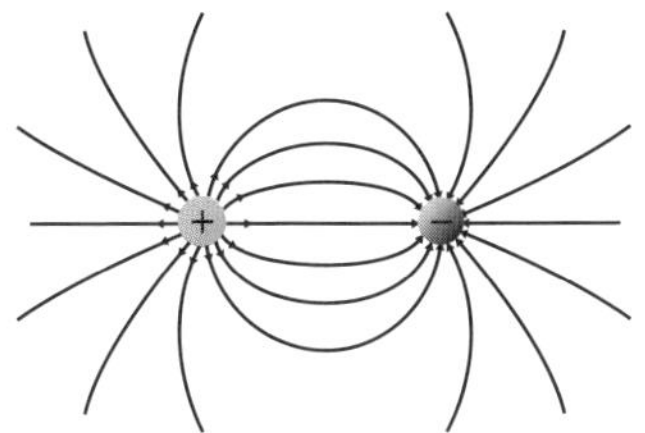

正と負の電荷
（電荷量の絶対値が等しい場合）

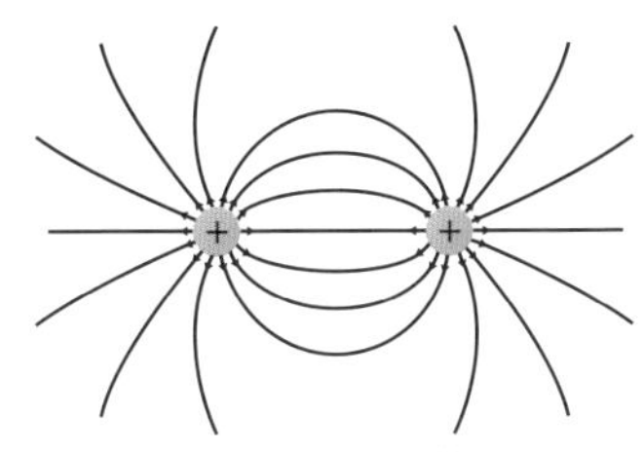

正と正の電荷
（電荷量が等しい場合）

3-2 <電荷・静電場編>

電束、電束密度と境界条件

電気力線を$1/\varepsilon_0$本（千百億本）束ねたものを電束と定義します。したがって、電束の数は電荷量クーロン数と同数であり、そこから電束密度Dが定義されます。

1クーロンからの電束／電束密度（C/m²）

電気力線を束ねたものを電束と呼びますが、1Cの電荷から放射される電束を真空中でも誘電体中でも1本とします。したがってQ［C］の電荷からはN_Φ本の電束が放射されているとすると

$$N_\Phi = Q \tag{3-2-1}$$

です。単位面積あたりの電束の数を電束密度と定義します。点電荷を中心とした半径r［m］の球の表面積はS［m²］$=4\pi r^2$なので、電荷から距離r離れた場所における電束密度D［C/m²］は、電束の数N_Φ（電荷Q）を表面積Sで割り、

$$D = \frac{N_\Phi}{S} = \frac{Q}{4\pi r^2} \tag{3-2-2}$$

と定義されます（**上図**）。真空中での電束密度Dと電場の強さE［V/m］との関係は

$$D = \varepsilon_0 E \tag{3-2-3}$$

です。ここで、誘電率$\varepsilon_0 = c^2/(4\pi \times 10^{-7}) = 8.8542 \times 10^{-12}$［C/（V·m）］を用います。比誘電率$\varepsilon_r$の物質中では誘電率が$\varepsilon = \varepsilon_r \varepsilon_0$であり、以下の通りです。

$$D = \varepsilon E \tag{3-2-4}$$

電束密度Dと電場強度Eの境界条件

物体の境界で誘電率εが不連続となる場合を考えます（**下図**）。境界面に電荷が無い場合には、**3-6節**で述べる電場に関するガウスの法則により電束の保存条件が得られ、図中の円柱表面の面積分により電束密度$\boldsymbol{D}$の法線成分D_nが連続であることがわかります。一方、電界強度（電場強度）$\boldsymbol{E}$については、**8-3節**で説明するファラデーの法則を定常状態に適用して、図中の四角形の周回積分を行うことで、電場強度$\boldsymbol{E}$の接線成分E_tが連続であることが言えます。

MEMO 「電場」や「電場の強さ」として$\boldsymbol{E}$や$\boldsymbol{D}$がともに使われますが、$\boldsymbol{E}$を電場強度（電界強度）、$\boldsymbol{D}$を電束密度、として両者を区別します。

電荷Qと電束密度D

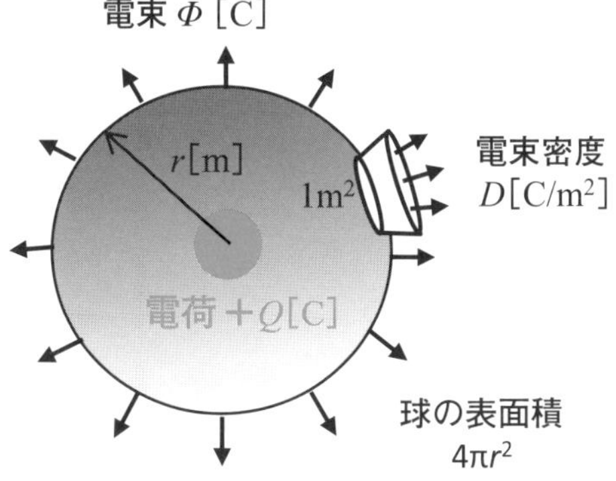

電束の数　$N_\Phi = Q$

電束　$\Phi = Q$

電束密度

$$D = \frac{\Phi}{S} = \frac{Q}{4\pi r^2} \,[\mathrm{C/m^2}]$$

Qの電荷からQ本の電束が出ており、
半径rでは電束密度Dは$Q/(4\pi r^2)$となります。

電束密度Dと電界強度Eの境界条件

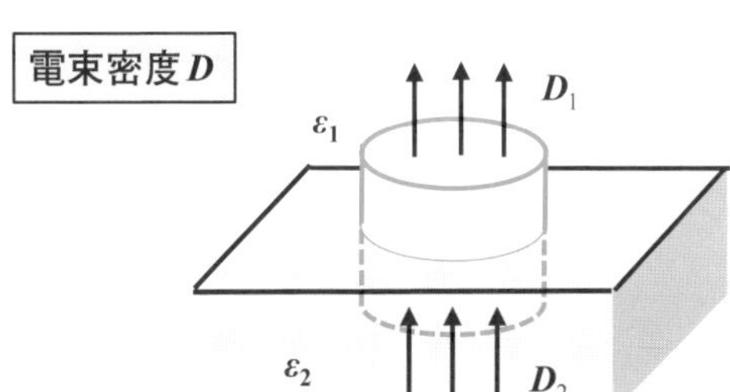

ガウスの法則

$$\int_S \boldsymbol{D} \cdot \mathrm{d}\boldsymbol{S} = Q \;(\to 0)$$

円筒での面積分

境界面には電荷が無い場合

⇩

$\boldsymbol{D}_{\mathrm{n}1} = \boldsymbol{D}_{\mathrm{n}2}$　法線方向にDが連続

電界強度$\boldsymbol{E}$

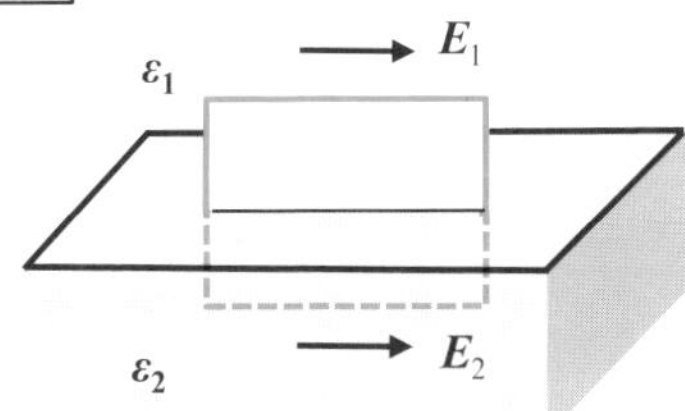

ファラデーの法則

$$\oint_C \boldsymbol{E} \cdot \mathrm{d}\boldsymbol{\ell} = \int_S \left(\frac{\partial}{\partial t}\boldsymbol{B}\right) \cdot \mathrm{d}\boldsymbol{S} \;(\to 0)$$

方形での線積分

境界では磁束変化が無い場合

⇩

$\boldsymbol{E}_{\mathrm{t}1} = \boldsymbol{E}_{\mathrm{t}2}$　接線方向にEが連続

3-3 <電荷・静電場編>

電場の定義

電荷を置いた場合に、力が働く空間を電場と呼びます。その電場の強さは、場に置いた電荷（電荷量）とそこに加わる力（場の力）で定義されます。

静電気力ベクトル

力学において、質量mのテスト粒子に重力が働く場合に、重力を$\boldsymbol{F}=m\boldsymbol{g}$と表しました。この場合には、重力が働く空間を重力場と呼び、$\boldsymbol{g}$が重力場を示す重力加速度ベクトルです（**上図**）。同様に、電荷を置いたときに静電気力（クーロン力）が作用する空間を**電場**または**電界**と呼ばれます。主に物理では「電場」が、電気工学では「電界」が使われています。電荷q[C]を置いたときに加わる電気力をF[N]とすると、**電場の強さ（電界強度）**のベクトルEとの関係は

$$\boldsymbol{F} = q\boldsymbol{E} \tag{3-3-1}$$

となります。電場の強さの単位はN/CまたはV/mが用いられます。たとえば、点電荷Q[C]の周囲には電場ができ、距離r[m]だけ離れた場所に置かれた電荷q[C]に加わるクーロン力は$\boldsymbol{F}$[N]$=k_0 qQ\boldsymbol{e}_r/r^2$なので、この点電荷$Q$の作る電場の強さ（電界強度）$E$は

$$\boldsymbol{E} = \frac{F}{q} = k_0 \frac{Q}{r^2}\boldsymbol{e}_\mathrm{r} = \frac{1}{4\pi\varepsilon_0}\frac{Q}{r^2}\boldsymbol{e}_\mathrm{r} \tag{3-3-2}$$

です（**下図右**）。ここでk_0はクーロン定数で、$\boldsymbol{e}_\mathrm{r}$は$r$方向の単位ベクトルです。

電気力線の数と電場の強さ

電荷Q[C]からは電気力線がQ/ε_0本放出（電荷が正の場合）、あるいは吸入（電荷が負の場合）されます。電気力線が密なほど電場の強さE[N/C]が強いことになりますが、1m^{2}の面を貫く電気力線の数がE本であると定義することもできます。半径rでの球の表面積は$4\pi r^2$なので、Q/ε_0を球の表面積で割った式（3-3-2）が電気力線からの電場の定義に一致しています。

MEMO　電場の単位は、クーロン力からの定義としてN/C、あるいは、静電ポテンシャルの傾きとしてV/mのいずれかが用いられます。

静電気力による電場の定義

重力場 $\boldsymbol{g}=\boldsymbol{F}/m$

電場 $\boldsymbol{E}=\boldsymbol{F}/q$

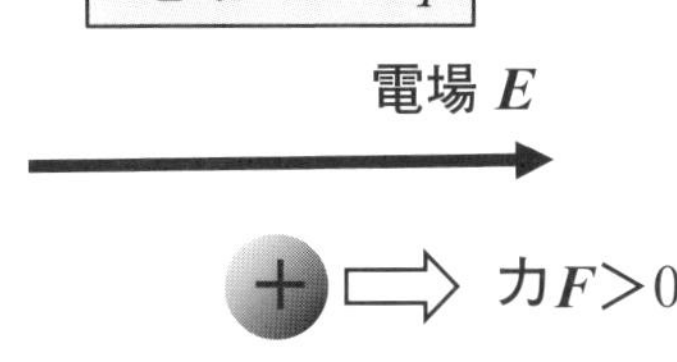

電荷 $q>0$

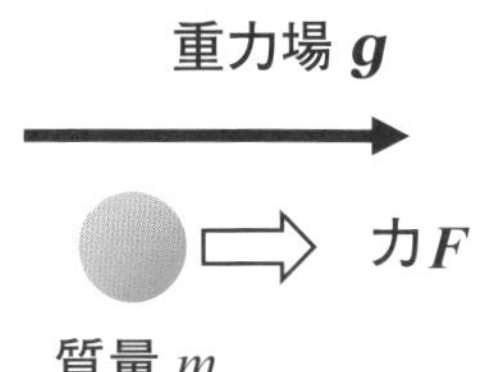

質量 m

電荷 $q<0$

重力場による質量にかかる力

電場による電荷にかかる力

重力と電気引力の比較と、場の強さの定義

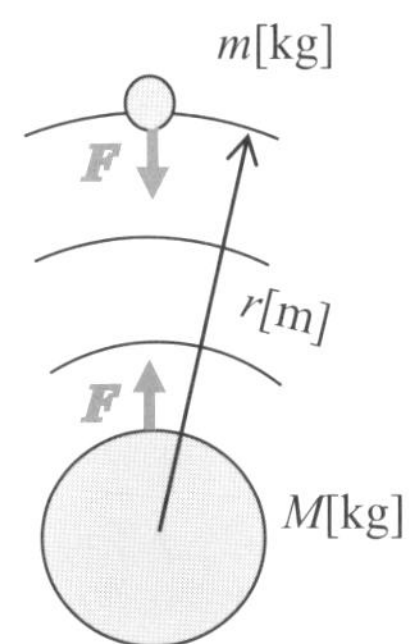

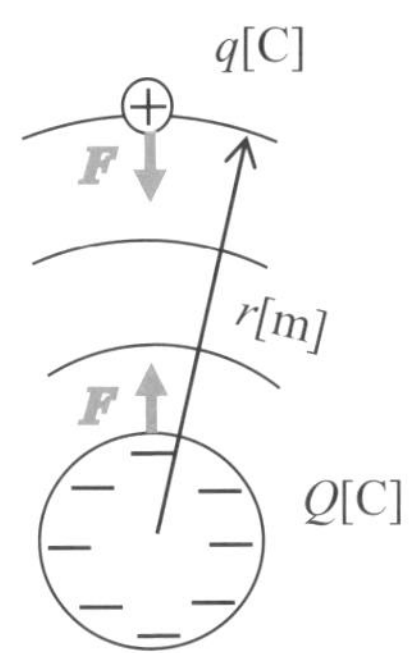

重力
万有引力の法則

$$\boldsymbol{F}=G\frac{mM}{r^2}\boldsymbol{e}_{\mathrm{r}}$$

電気力
クーロンの法則

$$\boldsymbol{F}=k_0\frac{qQ}{r^2}\boldsymbol{e}_{\mathrm{r}}$$

$$\boldsymbol{e}_{\mathrm{r}}\equiv\frac{\boldsymbol{r}}{r}$$

重力加速度 $\boldsymbol{g}$ の定義
重力 $\boldsymbol{F}=m\boldsymbol{g}$

$$\boldsymbol{g}=G\frac{M}{r^2}\boldsymbol{e}_{\mathrm{r}}$$

電界強度 $\boldsymbol{E}$ の定義
電気力 $\boldsymbol{F}=q\boldsymbol{E}$

$$\boldsymbol{E}=k_0\frac{Q}{r^2}\boldsymbol{e}_{\mathrm{r}}$$

電束密度 $\boldsymbol{D}$ の定義
電束 Q と
球の表面積 $4\pi r^2$

$$\boldsymbol{D}=\frac{Q}{4\pi r^2}\boldsymbol{e}_{\mathrm{r}}$$

3-4 ＜電荷・静電場編＞

電位の定義

静電場は重力や弾性力と同じ保存力場であり、電位（静電ポテンシャル）が定義できます。保存力や電位の定義を本節で説明します。

静電ポテンシャル（電位）と電圧（電位差）

電場の中を電荷が移動するとき、静電気力がする仕事は移動経路によらず、初めと終わりの位置だけで決まり、保存力と呼ばれます（**上図**）。仕事（エネルギー）は力と距離の積により定義されますが、保存力の場合には位置だけで定まる位置エネルギー（ポテンシャルエネルギー）として定義できます。$-E_0$[N/C]の一様電場（負の方向の電場）がある場合には、電荷q[C]に対して$-qE_0$[N]の力が働くので、基準点（$x=0$）からx[m]だけポテンシャルの山をのぼった位置に電荷があるとすると、電荷が持っている位置エネルギーの変化$\Delta U(x)$[J]は

$$\Delta U(x) = U(x) - U(0) = qE_0x = qV(x) \qquad (3\text{-}4\text{-}1)$$

です。ここで、Vは電位、または、静電ポテンシャル、クーロンポテンシャルと呼ばれ、単位はボルト（V）です。２点間の電位の差を電位差または電圧といいます。

保存力と保存場

力のベクトル$\boldsymbol{F}$が$\nabla\times\boldsymbol{F}=0$を満たすとき、力$\boldsymbol{F}$は保存力と呼ばれ、その場は保存力場と呼ばれます。その場合には、$\nabla\times\nabla U=0$のベクトルの恒等式から

$$\boldsymbol{F} = -\nabla U = (-dU/dx, -dU/dy, -dU/dz) \qquad (3\text{-}4\text{-}2)$$

となるUを定義できます。このUはFのポテンシャルまたはポテンシャルエネルギーと呼ばれます。Uにマイナスをつけて定義するのは、物体がポテンシャルの山から谷に運動するように定義するためです。電荷qにかかる力$\boldsymbol{F}$と電場$\boldsymbol{E}$との関係は$\boldsymbol{F}=q\boldsymbol{E}$なので、電場$\boldsymbol{E}$は電位（静電ポテンシャル）$V$を用いて、

$$\boldsymbol{E} = -\nabla V = (-dV/dx, -dV/dy, -dV/dz) \qquad (3\text{-}4\text{-}3)$$

と表せます。位置エネルギーの差ΔUと電位の差ΔVは$\Delta U=q\Delta V$となります。

MEMO　静電ポテンシャル（電位）Vの単位はJ/C（ジュール毎クーロン）またはV（ボルト）であり、ポテンシャルエネルギーUの単位はJ（ジュール）です。

保存力

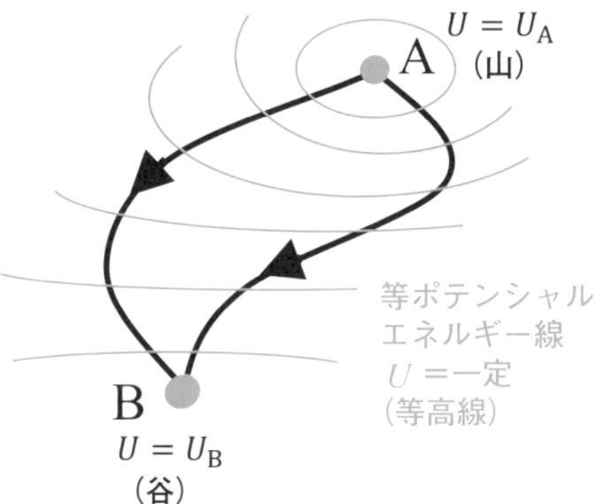

保存力 $\boldsymbol{F}$ では、
点Aから点Bに移動するための
ポテンシャルエネルギーは
移動経路に依存しません。

保存力 $\boxed{\nabla\times\boldsymbol{F}=0}$

ベクトル微分演算恒等式

$$\nabla\times\nabla U=0$$

なので、

場の力 $\boxed{\boldsymbol{F}=-\nabla U}$

と書けます。

場の力による仕事
(山から落ちる仕事)

$$\int_A^B \boldsymbol{F}(\boldsymbol{x})\cdot d\boldsymbol{l} = -\int_A^B \nabla U\cdot d\boldsymbol{l} = U_A - U_B$$

電場ポテンシャル（電位）と電圧（電位差）

保存場とは

保存力のある場であり、
場のポテンシャル V を定義できます。

保存力とは

力はポテンシャルエネルギー U で
定義できます。

$$\boldsymbol{F} = -\nabla U$$

$$\nabla\times\boldsymbol{F}=0$$

電場とは

電場は保存場

$$\nabla\times\boldsymbol{E}=0$$

$$\boldsymbol{E}=-\nabla V$$

静電気力は保存力

$$\boldsymbol{F}=q\boldsymbol{E}=-q\nabla V$$

例：$E=E_0$（一定）の場合

電気力

$$F(x)=qE(x)$$

$$F=-\frac{dU}{dx}\ ,\ E=-\frac{dV}{dx}$$

$$U=qV+C\ (積分定数)$$

電位（静電ポテンシャル）

$$V(x)-V(0)=-\int_0^x \nabla V\,dx$$

$$=\int_0^x E_0\,dx = E_0x$$

ポテンシャルエネルギー

$$U(x)-U(0)=-\int_0^x qE(x)\,dx$$

$$=\int_0^x qE_0\,dx = qE_0x$$

3-5 ＜電荷・静電場編＞

重力場と電場との比較

重力と静電力はともに保存力であり、距離の逆２乗則に従う力場を作ります。力線やポテンシャル等高線で直感的に理解することができます。

重力場と電場のポテンシャルエネルギー

一様な下向きの**重力場**（重力加速度が $-g$［m/s^2］＜0）の場合には、質量 m［kg］の物体に加わる力は $-mg$［N］です。質量に関係なく $\boldsymbol{g}$ は一定であり、重力場は $\boldsymbol{g}$ で規定できます。高さ x[m]では位置エネルギー（ポテンシャルエネルギー）は $U(x)=mgx$［J］です。同様に、一様な下向きの電場中の電荷 q[C]に加わる力は $-qE_0$［N］であると E_0［V/m］を定義し、電荷量に関係ない電気の場の大きさ（電場強度）を規定しました。位置 x［m］でのポテンシャルエネルギーは $U(x)=qE_0x$［J］です。これは、重力場と電場とが類似していることを示しています（**上図**）。ただし、重力（万有引力）では引力のみですが、電場の場合には電荷の正負により、引力も斥力も働きます。

重力と静電力のスカラーポテンシャル

重力場を表示するのに重力スカラーポテンシャル Φ_g［J/kg］があります。この負の勾配—$\nabla\Phi_g$ を用いて、重力のベクトル場と力を表します。

$$\boldsymbol{g}=-\nabla\Phi_{\mathrm{g}} \quad , \quad \boldsymbol{F}=-m\nabla\Phi_{\mathrm{g}}=-\nabla U_{\mathrm{g}} \qquad (3\text{-}5\text{-}1)$$

同様に、**静電力場**の強さを電場スカラーポテンシャル Φ_E［J/C］で表せます。

$$\boldsymbol{E}=-\nabla\Phi_{\mathrm{E}} \quad , \quad \boldsymbol{F}=-q\nabla\Phi_{\mathrm{E}}=-\nabla U_{\mathrm{E}} \qquad (3\text{-}5\text{-}2)$$

ここで、g や E を規定する式で Φ や U に負号がつけられているのは、質量 m の物体や正電荷 q の荷電粒子がポテンシャルの坂を転がり落ちる方向となるように定義されているからです。Φ の等高線は電場 E で定まる電気力線とは直交しています。ポテンシャル関数 Φ やポテンシャルエネルギー関数 U を導入することにより、目に見えない遠隔操作の力を、場の近接作用として理解することができます。

MEMO　万有引力は、反物質の場合も引力のみです。ただし、現代物理学では、宇宙の膨張力としての未知の斥力の存在も論じられています。

重力と静電力のポテンシャルエネルギー

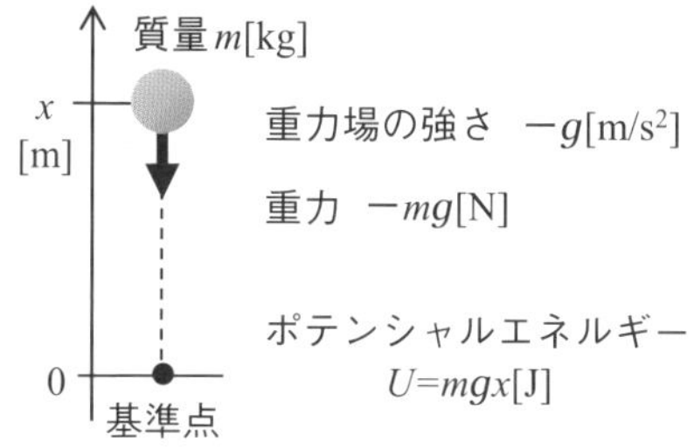

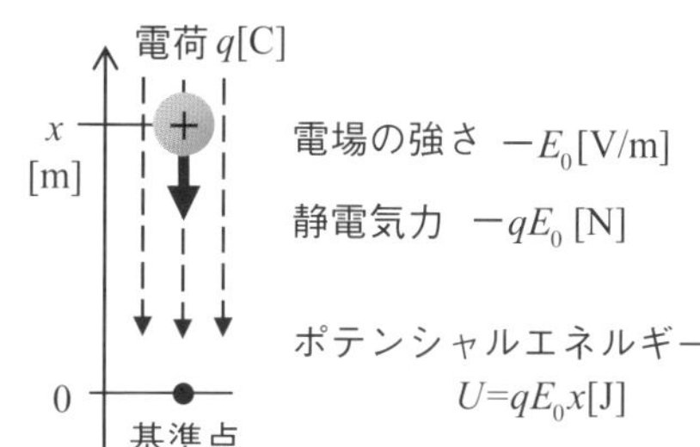

重力ポテンシャルと電場ポテンシャルの比較

	重力場	**電場**
保存力 $\boldsymbol{F}$ (=$-\nabla U$) ポテンシャルエネルギー U	$m\boldsymbol{g}$[N] $U_g=m\Phi_g$[J]	$q\boldsymbol{E}$[N] または [CV/m] $U_E=q\Phi_E$[J]
保存場のベクトル $\boldsymbol{g}$ または $\boldsymbol{E}$ (= $-\nabla\Phi$) 場のポテンシャル Φ	$\boldsymbol{g}=-\nabla\Phi_g$ 重力ポテンシャル Φ_g[m^2/s^2]	$\boldsymbol{E}=-\nabla\Phi_E$ 静電ポテンシャル Φ_E[V] または [(m^2/s^2)(kg/(A・s))]

3-6 <電荷・静電場編>

平板と球での電位

電位（静電ポテンシャル）と位置エネルギー（ポテンシャルエネルギー）の典型的な例として無限平行平板の例と点電荷の例を説明します。

無限平行平板での電位

平行平板電極での電場と荷電粒子に加わる力を考えます（**上図**）。電場の向きがx軸の負の方向の場合には、負の一定の電場（$E(x)=-E_0$）により正電荷の粒子には大きさ一定で負の方向の力が働きます。電場$E(x)$の中での電荷qのポテンシャルエネルギー（位置エネルギー）$U(x)$は、電気力$F(x)=qE(x)=-\mathrm{d}U(x)/\mathrm{d}x$であり、$U(x)-U(0)=-\int_0^x qE(x)\,\mathrm{d}x=\int_0^x qE_0\mathrm{d}x=qE_0x$です。負の電極の位置での値$U(0)$をゼロとすると$U(x)=qE_0x$であり、電極間の距離を$d$とすると$U(d)=qE_0d$であり、電極間の電位差$V=U(d)/q$は$V=E_0d$です。

点電荷の電位

電荷Q[C]を持つ点電荷から距離r[m]の点Pでの電位を求めます。無限に遠い点ではQの作用を受けないので、その場所での電位をゼロとします。1Cの電荷を無限遠からP点まで移動させるための仕事を計算し、点Pの電位を求めます。P点の電界強度E[V/m]は$Q/(4\pi\varepsilon_0r^2)$であり、微小距離dr[m]の間ではEは一定と考えて、q[C]のテスト電荷を電気力$F=qE$に逆らってdrだけ移動させるのに要する仕事dU[J]は$\mathrm{d}U=-F\mathrm{d}r=-qE\mathrm{d}r$です。したがってポテンシャルエネルギー$U(r)$は

$$U(r)=\int_0^{U(r)}\mathrm{d}U=-q\int_\infty^r E\mathrm{d}r=-\frac{qQ}{4\pi\varepsilon_0}\int_\infty^r\frac{1}{r^2}\mathrm{d}r=\frac{qQ}{4\pi\varepsilon_0 r}\quad(3\text{-}6\text{-}1)$$

です。これをテスト電荷q[C]で割ってP点の電位$V(r)$[V]が求まります。

$$V(r)=\frac{U(r)}{q}=-\int_\infty^r E\mathrm{d}r=\frac{Q}{4\pi\varepsilon_0 r}\quad(3\text{-}6\text{-}2)$$

MEMO　ポテンシャルとポテンシャルエネルギーとの区別に留意してください。電場の場合、前者の単位がVで後者がeVまたはJです。

平行平板での電場強度と電場ポテンシャル

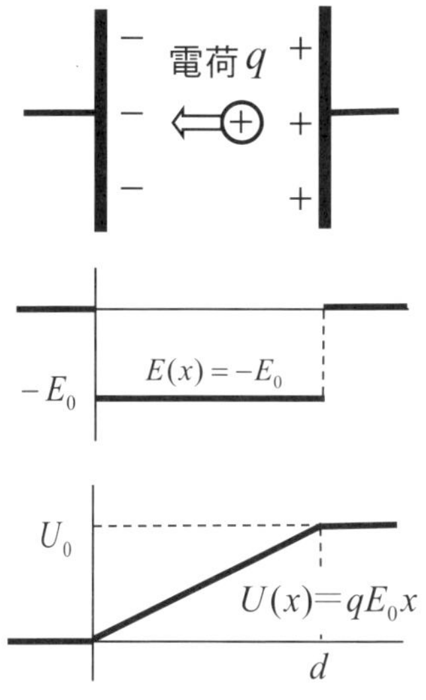

電気力

$$F(x) = qE(x)$$
$$F = -\nabla U$$
$$E = -\nabla V$$

電場

$\boldsymbol{E} = -\boldsymbol{E}_0$（一定）

ポテンシャルエネルギー

$$U(x) - U(0) = -\int_0^x qE(x)\,dx$$
$$= \int_0^x qE_0\,dx = qE_0x$$

$$\boxed{U(x) = qE_0x} \quad (0 \le x \le d)$$

静電ポテンシャル

$$\boxed{V(x) = E_0x} \quad (0 \le x \le d)$$

点電荷での電場強度と電場ポテンシャル

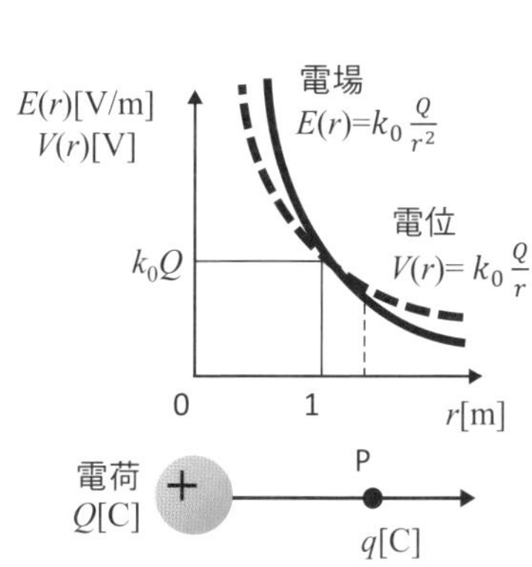

点Ｐの電荷ｑにかかる力

$$F = k_0\frac{qQ}{r^2} \qquad k_0 \equiv \frac{1}{4\pi\varepsilon_0}$$

点Ｐの電場

$$E = k_0\frac{Q}{r^2}$$

ポテンシャルエネルギー

テスト電荷を電気力 $F=qE$ に逆らって
Δr だけ移動させるのに要する仕事 ΔU[J] は

$$\Delta U= - F\Delta r= - k_0\frac{qQ}{r^2}\Delta r$$

$$U(r) - U(\infty) = -\int_\infty^r k_0\frac{qQ}{r^2}\mathrm{d}r = k_0\frac{qQ}{r}$$

$$\boxed{U(r) = k_0\frac{qQ}{r}}$$

静電ポテンシャル

$$\boxed{V(r) = \frac{U(r)}{q} = k_0\frac{Q}{r}}$$

3-7 <電荷・静電場編>

電場のガウスの法則（積分形）

電場の強さを求めるのに、電場のガウスの法則が用いられます。典型的な例として、平行平板や帯電球での電場の強さの求め方を説明します。

電荷の総和からの電気力線の法則

電荷の無い空間では電気力線は減ったり増えたりすることはありません。したがって、任意の閉曲面を通過する電気力線の本数は、閉曲面内部にある電荷の総和の$1/\varepsilon_0$になります。これは（電場に関する）**ガウスの法則**と呼ばれます。電荷Q[C]を囲む閉曲面全体Sを貫く電気力線の本数はQ/ε_0です。閉曲面をN個に分割し、i番目の面の微小面積ΔS_i[m^2]での面に垂直な電場を$E_{\perp i}$[V/m]とすると、この微小面積を貫通する電気力線の本数は$E_{\perp i}\Delta S_i$本なので、$\sum_{i=1}^{N} E_{\perp i}\Delta S_i = Q/\varepsilon_0$より

$$\int_S \boldsymbol{E}\cdot \mathrm{d}\boldsymbol{S} = \frac{Q}{\varepsilon_0} \qquad (3\text{-}7\text{-}1)$$

となります。電束密度$D(=\varepsilon E)$[C/m^2]と電荷密度ρ[C/m^3]では以下の通りです。

$$\int_S \boldsymbol{D}\cdot \mathrm{d}\boldsymbol{S} = \int_V \rho \mathrm{d}V \equiv Q \qquad (3\text{-}7\text{-}2)$$

ガウスの法則の応用例（平行平板の電場）

ガウスの法則の応用例として、面積S[m^2]の平行平板に電荷$\pm Q$[C]が帯電している場合の電場を考えます。面電荷密度σ[C/m^3]は$\sigma = Q/S$であり、**下図**のような断面積ΔSの円柱閉曲面を考えると円柱内の総電荷は$\sigma\Delta S$です。平板間内部の電場の強さE[V/m]は一定であり、外部の電場はゼロです。円柱側面の法線方向の電場成分$\boldsymbol{E}\cdot \mathrm{d}\boldsymbol{S}=0$なので、式（3-7-1）の左辺は$E\Delta S$ 、右辺は$\sigma\Delta S/\varepsilon_0$で

$$E = \frac{\sigma}{\varepsilon_0} = \frac{Q}{\varepsilon_0 S} \qquad (3\text{-}7\text{-}3)$$

が得られます。したがって、極板間の間隔をdとして、極板間電圧は$V=Ed=Qd/(\varepsilon_0 S)$となります。

MEMO　ガウスの法則は 1835 年にカール・フリードリヒ・ガウス（1777 年～ 1855 年）が発見した法則であり、電場に関する法則が基本です。

電荷の総和と電束の積分の関係（ガウスの法則）

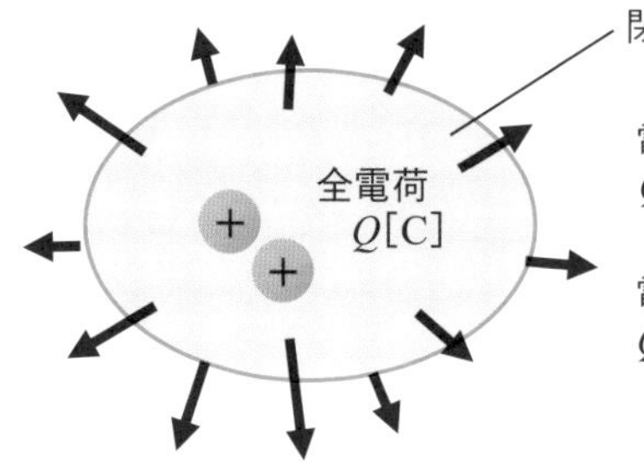

電気力線の本数
Q/ε_0[本]

電束の本数
Q[本]

電荷の総和

$$Q \equiv \int_V \rho \mathrm{d}V$$

電界強度の面積分と電気力線の数

$$\int_S \boldsymbol{E} \cdot \mathrm{d}\boldsymbol{S} = \frac{Q}{\varepsilon_0}$$

電束密度の面積分と電束の数

$$\int_S \boldsymbol{D} \cdot \mathrm{d}\boldsymbol{S} = Q$$

ガウスの法則の応用例

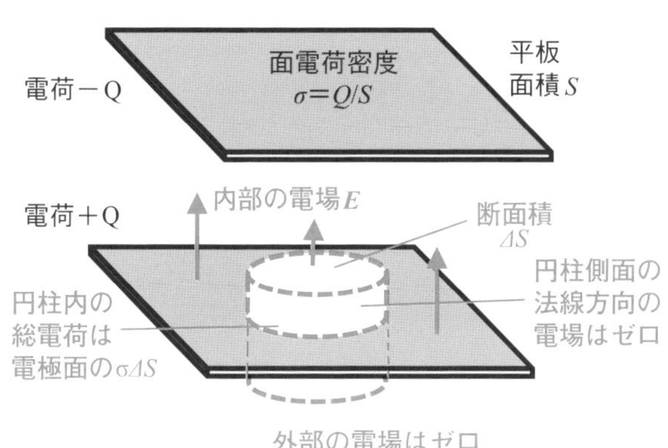

ガウスの法則

$$\int_S \boldsymbol{E} \cdot \mathrm{d}\boldsymbol{S} = \frac{Q}{\varepsilon_0}$$

↓ ↓

$E\Delta S$ 　 $\sigma\Delta S/\varepsilon_0$

したがって

$$E = \frac{\sigma}{\varepsilon_0} = \frac{Q}{\varepsilon_0 S}$$

極板間電圧 $V = Ed = \dfrac{\sigma d}{\varepsilon_0} = \dfrac{Qd}{\varepsilon_0 S}$

（d：極板間の距離）

3-8 <電荷・静電場編>

導体と鏡像法

導体が帯電すると、導体自身の電位はどうなるのでしょうか？　また、電荷の分布や電気力線はどのようになるのでしょうか？

導体の電位

導体内では自由に電子が動き、電位が一定になります。正または負に帯電すると、電荷同士はお互いに反発し合い、表面のみに電荷が分布することになり、導体内部に電場は発生しません。導体外部への電気力線は表面に対して垂直になります。電場に関するガウスの法則から、表面近くの電圧（電位差）は電荷面密度に比例することになります（**上図左**）。

離れた帯電した大小の導体球を導体棒でつないだ場合の電位、電圧について考えてみましょう（**上図右**）。導体表面の電位は両方の球で等しいので、電位Φの式から電荷量Qは半径rに比例します。したがって、面積電荷密度σは半径rに反比例するので、表面近くの電場強度Eも小さな球で大きくなり、電圧集中が起こります。

鏡像法

接地された広い導体平板と静電荷の点電荷で作られる空間の電場は、仮想の電荷を考えた鏡像法（電気影像法）で理解することができます。電気力線は点電荷から導体平板の面に垂直に作られます。この電位力線の構造は、平板の反対側に仮想の負電荷（鏡像）がある場合と同じになります。したがって、平板よりも上の空間の電位や電圧は、正負の電気双極子による静電場の解析が容易になります。任意の点に電荷を置いた場合の静電力$\boldsymbol{F}$（1Cの電荷の場合は電場強度$\boldsymbol{E}$）は、クーロン力の重ね合わせで求まります。したがって、導体板上に静電誘導により発生する面電荷は、導体面上（$z=0$）の電場強度から、ガウスの法則より求められます（**下図**）。その他、導体板に誘導される面電荷による点電荷にかかる力などが、簡便に計算できることになります。

MEMO　導体に電荷を加えると、電荷が一様に分布するのではなくて、形状に依存して電位が一定となるように電荷が分布されます。

導体と電位、電圧

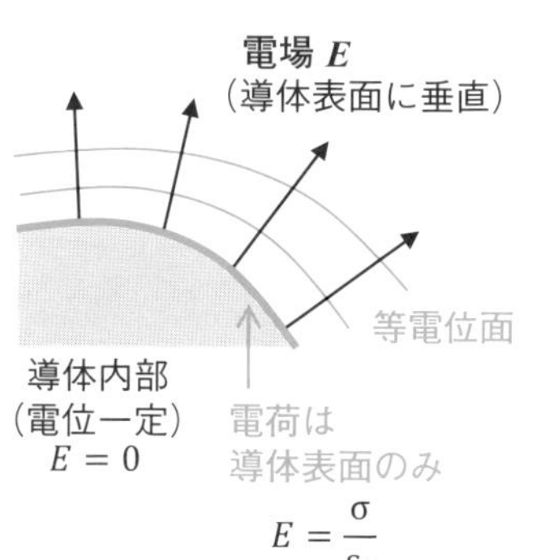

$r_1 > r_2$　　$\phi_1 = \phi_2$（導体表面）

半径 r_1　半径 r_2

導体棒　導体球小　導体球大

$Q_1 > Q_2$

$E_1 < E_2$

電圧は半径に反比例して大きくなります。

$$\phi_\mathrm{i} = \frac{1}{4\pi\varepsilon_0}\frac{Q_\mathrm{i}}{r_\mathrm{i}} \quad (i=1,2) \qquad Q_\mathrm{i} \propto r_\mathrm{i}$$

$$\sigma_\mathrm{i} = \frac{Q_\mathrm{i}}{4\pi {r_\mathrm{i}}^2} \qquad \sigma_\mathrm{i} \propto \frac{1}{\mathrm{r_i}}$$

$$E_\mathrm{i} = \frac{\sigma_\mathrm{i}}{\varepsilon_0} \qquad E_\mathrm{i} \propto \frac{1}{\mathrm{r_i}}$$

静電誘導と鏡像法

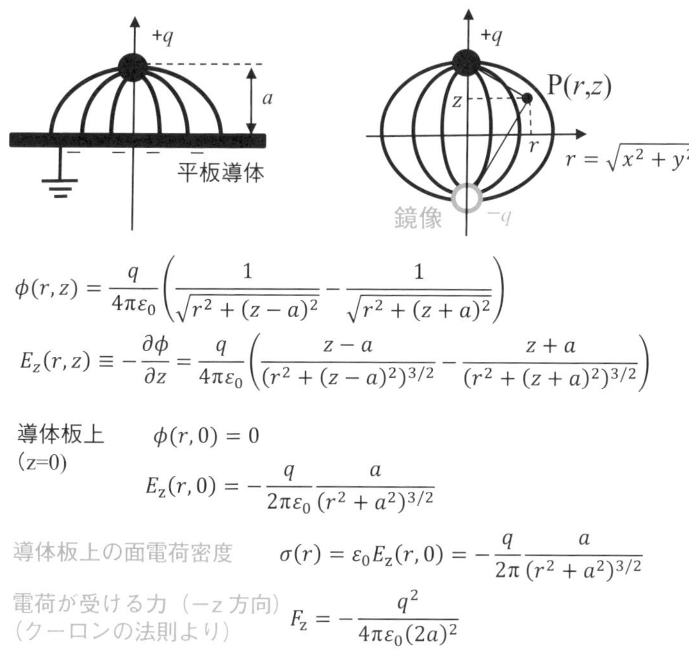

$$\phi(r,z) = \frac{q}{4\pi\varepsilon_0}\left(\frac{1}{\sqrt{r^2+(z-a)^2}} - \frac{1}{\sqrt{r^2+(z+a)^2}}\right)$$

$$E_z(r,z) \equiv -\frac{\partial\phi}{\partial z} = \frac{q}{4\pi\varepsilon_0}\left(\frac{z-a}{(r^2+(z-a)^2)^{3/2}} - \frac{z+a}{(r^2+(z+a)^2)^{3/2}}\right)$$

導体板上
(z=0)

$$\phi(r,0) = 0$$

$$E_\mathrm{z}(r,0) = -\frac{q}{2\pi\varepsilon_0}\frac{a}{(r^2+a^2)^{3/2}}$$

導体板上の面電荷密度　$\sigma(r) = \varepsilon_0 E_\mathrm{z}(r,0) = -\dfrac{q}{2\pi}\dfrac{a}{(r^2+a^2)^{3/2}}$

電荷が受ける力（−z 方向）
（クーロンの法則より）　$F_\mathrm{z} = -\dfrac{q^2}{4\pi\varepsilon_0(2a)^2}$

クイズ 4 択問題

答えは次々ページ

クイズ3.1　導体球殻による電場の変形は？

電気力線が左から右に水平な平行平板の間に、帯電していない中空の金属球殻を置きました。この場合の電気力線はどれが正しいでしょうか？

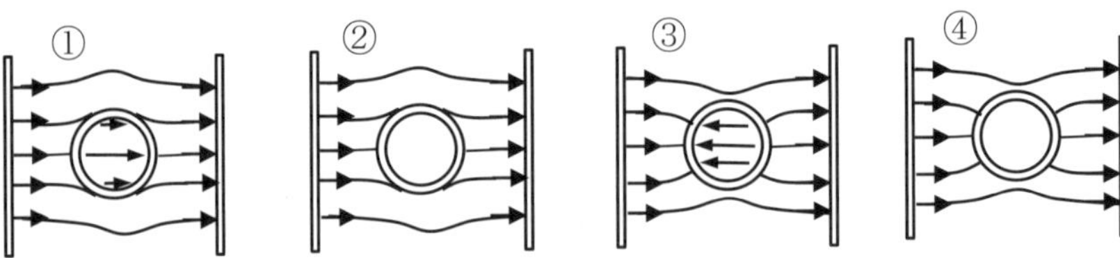

クイズ3.2　金属球の静電ポテンシャルは？

真空中に負電荷 $-Q$ を持つ半径 a の金属導体球があります。この場合の電位（静電ポテンシャル）$V(r)$ は ① ～ ④ のどれが正しいでしょうか？

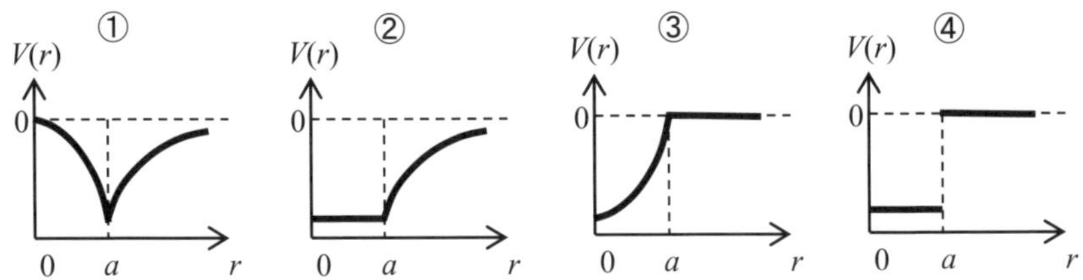

【追加クイズ】正解以外のそれぞれの帯電の状態を推定してください。

COLUMN

落雷は上昇する!?

地球の大気電場は、電離層（＋）と地表（－）との間で作られ、宇宙線により空気はイオン化していて微弱な定常電流（全体で～ 1kA）が流れています。これを維持しているのが雷雲です。雷雲の中では、冷やされた多くの氷の粒が上昇気流により上がり、重力による重さで落下を繰り返し、摩擦により静電気が発生します。雷雲の上部には大粒（＋）が、下部には小粒（－）が集まり、地上面には静電誘導が起こり、雷雲から電子による稲妻が発生します。本格的な落雷は地表から大きなイオン電流として上昇します。これは地球規模の電気回路です。

まとめのクイズ

問題は各節のまとめに対応／答えは次ページ

3-1 電場を表すのに［人名］が考案した電気力線が用いられますが、真空の誘電率をε_0として、1Cの電荷からは［　　］本の力線が出ていると定義します。これはおよそ［$10^{\square}$］本です。

3-2 真空中では電気力線を［　　］本束ねたのが電束であり、1Cからは［　　］本であり、電場強度Eと電束密度Dとの関係は［　　］です。

3-3 電場が存在する空間にq [C] の電荷を置くと、電気力$\boldsymbol{F}$ [N] が働くとき、電場の強さ（電界強度）のベクトルは［　　[単位]］です。

3-4 力の働く場で物体を動かすのに必要な仕事が経路に依存せず始点と終点だけで定まる力$\boldsymbol{F}$は［　　］と呼ばれ、∇演算子を用いて［　　$=0$］と書くことができます。あるいは、ポテンシャルエネルギーUを用いて［$\boldsymbol{F}=$　　］と書かれます。重力や静電気力が相当します。

3-5 重力加速度ベクトル$\boldsymbol{g}$は重力スカラーポテンシャルΦ_g [J/kg] を用いて［$\boldsymbol{g}=$　　[単位]］と書けます。同様に、電場$\boldsymbol{E}$は電場スカラーポテンシャルΦ_E[J/C]を用いて［$\boldsymbol{E}=$　　[単位]］と書きます。

3-6 電荷Q [C] を有する半径R [m] の球面導体においては、半径r [m] の場所での電場Eは球外部では［　　[単位]］です。無限遠でゼロとした静電ポテンシャルΦは、球内部では［　　[単位]］であり、外部では［　　[単位]］です。

3-7 電荷Qからの電気力線の本数Q/ε_0は、電荷を囲む任意の面$\boldsymbol{S}$での電場$\boldsymbol{E}$の面積分と等しくなります。これを式で書くと［　　］となります。これは［人名］の法則と呼ばれます。面電荷密度σ [C/m^2] の平行平板内部の電場E [V/m] は、この法則から［　　］であることがわかります。

3-8 正電荷近くの導体板上の誘導電荷は、反対側に仮想の［　　］を置くことで容易に計算できます。これを［　　］法と呼びます。

クイズの答え

答え3.1　④

【解説】「静電誘導」により球殻の自由電子が移動して左にマイナスが右にプラス電荷が帯電し、球殻内部では元の電場と誘導された電荷による電場とが打ち消し合ってゼロになります。この内部電場がゼロとなる事は「静電遮蔽」に相当します。球殻導体の外部の電気力線は、球殻に誘導された電荷に吸い込まれてへこむことになります。

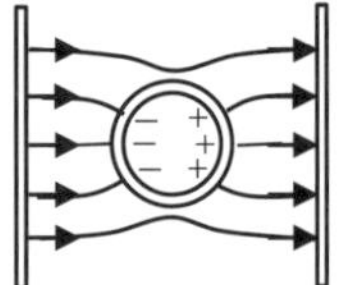

答え3.2　②

【解説】無限大で電位はゼロです。荷電粒子は表面に分布するので、そこで電位の勾配（電圧）が不連続です。導体内部には電場が無いので電位は一定であり、球の電荷が負なので球面近くでは電位は負であり、外に向かって電位は増加します。

【追加クイズ】①は球内に一様の負の体積電荷密度で帯電している場合、③は球内に一様の正の体積電荷密度で帯電していて、表面の球殻に同じ量の負の電荷が帯電して外部に電場が無い場合、④は球殻上の内部に負、外部に正の極薄の2重層ができていて内外の電場がゼロの場合に相当します。

答え　まとめ（満点20点、目標14点以上）

(3-1)　ファラデー、$1/\varepsilon_0$、10^{11}

(3-2)　$1/\varepsilon_0$、1、$D=\varepsilon_0 E$

(3-3)　$\boldsymbol{F}/q$[N/C]または[V/m]

(3-4)　保存力、$\nabla\times\boldsymbol{F}=0$、$\boldsymbol{F}=-\nabla U$

(3-5)　$\boldsymbol{g}=-\nabla\Phi_{\mathrm{g}}$[m/s^2]または[N/kg]、$\boldsymbol{E}=-\nabla\Phi_{\mathrm{E}}$[V/m]または[N/C]

(3-6)　$Q\boldsymbol{e}_{\mathrm{r}}/(4\pi\varepsilon_0 r^2)$ [V/m]，$\boldsymbol{e}_{\mathrm{r}}=\boldsymbol{r}/r$、$Q/(4\pi\varepsilon_0 R)$ [V]、$Q/(4\pi\varepsilon_0 r)$ [V]

(3-7)　$\int_S \boldsymbol{E}\cdot \mathrm{d}\boldsymbol{S}=Q/\varepsilon_0$、ガウス、$\sigma/\varepsilon_0$

(3-8)　電荷量の等しい負電荷、鏡像法（電気映像法）

第4章

<電荷・静電場編>

誘電体

真空と異なり誘電体を加えることで容量の大きなキャパシタ（コンデンサ）を作ることができます。第4章では、誘電分極について述べ、キャパシタンス（電気容量）の定義といくつかの具体例について説明して、キャパシタの回路と静電エネルギーについてまとめます。

誘電分極

導体に電場を加えると静電誘導が起こりますが、絶縁体では誘電分極が起こります。そのメカニズムと性質について考えてみましょう。

静電誘導と誘電分極

正に帯電した棒（たとえばアクリル棒）を金属（導体）球に近づけると、金属内の自由電子の一部は、帯電棒の正電荷に引きつけられ、棒に近い表面まで移動してきます。この結果、帯電棒に近い金属の表面には反対の符号の負の電荷が現れ、反対の遠い側には同じ符号の正の電荷が誘起されます（**上図**）。この現象を**静電誘導**といいます。静電誘導によって現れる正と負の電荷の量は等しくなります。

一方、電流をほとんど通さない絶縁体（たとえばガラスやプラスチック）の場合は、帯電体を近づけると、絶縁体内部では電子は原子や分子から離れることはできませんが、各原子の内部では電子が一方に偏り、正と負に分かれた形になります。このとき原子は**分極**したといいます。絶縁体の内部では正・負の電荷が打ち消されますが、帯電体に近い絶縁体の表面には帯電体と反対の電荷が現れます（**下図**）。この現象を**誘電分極**（あるいは**電気分極**）といい、現れた電荷を**分極電荷**といいます。これは絶縁体に生じる静電誘導です。絶縁体では誘電分極が起こるので、**誘電体**とも呼ばれます。分極電荷は絶縁体の外に取り出すことはできません。

物質の誘電率

電束密度 $\boldsymbol{D}$ [C/m^2] と電界強度 $\boldsymbol{E}$ [V/m] との関係は、電気分極ベクトル $\boldsymbol{P}$ [C/m^2]、電気感受率 χ_e（無次元）、比誘電率 ε_r（無次元）を用いて

$$\boldsymbol{D} = \varepsilon_0 \boldsymbol{E} + \boldsymbol{P} = (1 + \chi_e)\varepsilon_0 \boldsymbol{E} = \varepsilon_r \varepsilon_0 \boldsymbol{E} \tag{4-1-1}$$

です。物質の**比誘電率** ε_r の表を**4-6節**に示しました。空気の誘電率は厳密には真空の値と異なりますが、実質上（0.1%以下の誤差で）真空と同じとして問題ありません。比誘電率の大きなチタン酸バリウムはセラミック積層コンデンサの誘電体として使われています。

MEMO　電気感受率を χ_e [無次元] として $P=\varepsilon_0\chi_e E$ とするのではなく、χ_e [F/m] として $P=\chi_e E$ で表す場合もあります。

静電誘導（導体）

導体に帯電棒を近づける場合

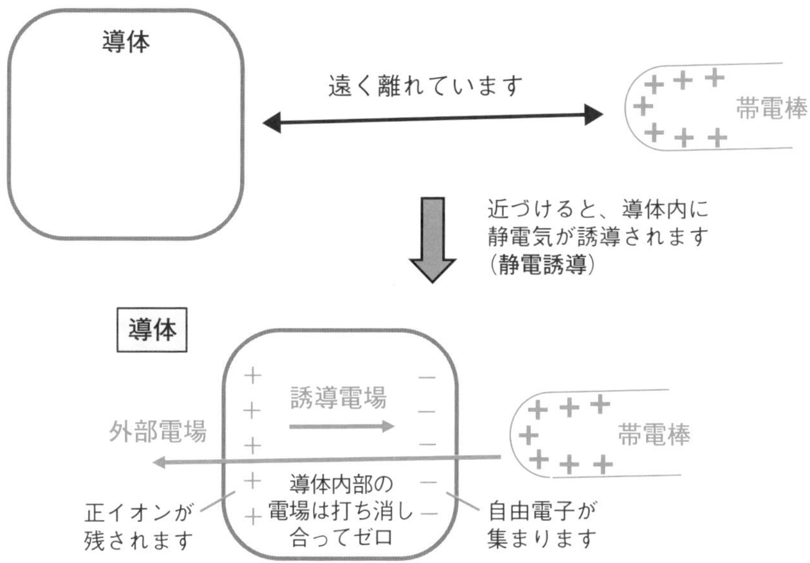

誘電分極（絶縁体）

絶縁体（誘電体）に帯電棒を近づけると、電場が生まれます。
自由電子の移動ではなく、原子の分極によるものです（**誘電分極**）。

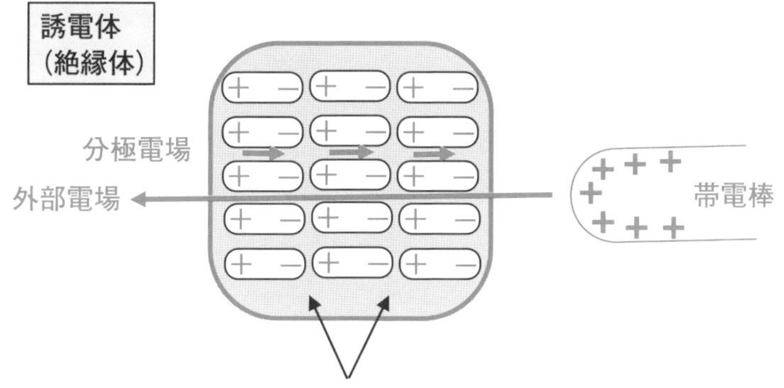

内部では正負の電荷は打ち消されて、
内部電場は小さくなります。

4-2 ＜電荷・静電場編＞

電気容量（キャパシタンス）

キャパシタ（蓄電器）として電気を蓄える性能は、キャパシタンス（電気容量）として表示されます。その定義を考えてみましょう。

電気容量の定義と単位ファラッド（F）

２個の１組の物体に正負の電荷$\pm Q$[C]を与えると物体間に電圧V[V]が誘起されます。あるいは、物体間に電圧V[V]を印加すると電荷Q[C]を貯めることができます（**上図**）。その場合、蓄積されている電気量Q[C]は物体間にかかる電圧V[V]に比例します。

$$Q = CV \tag{4-2-1}$$

ここで、比例係数Cはキャパシタの**静電容量**、**電気容量**、または**キャパシタンス**といいます。単位はクーロン毎ボルト（記号はC/V）であり、国際単位系（SI）での組み立て単位として**ファラッド**（記号F）が用いられます。

電荷を蓄える電子部品を日本では従来**コンデンサ**といい、最近は**キャパシタ**と呼ばれています。英語の語句ではコンデンス（濃縮する）やキャパシティ（収容力）が関連します。英語のcondenserは熱機関の凝縮器、復水器の意味もあるので、蓄電器の意味ではキャパシタ（capacitor）が国際的に通用します。

平行平板の電位と静電容量

平行平板のキャパシタにおける電位とキャパシタンスを、定義に沿って求めます（**上図**）。平面極板の面積をS[m^2]、２枚の平行極板の距離をd[m]として、電極の電荷が$\pm Q$[C]の場合に、電場E[V/m]はガウスの法則から求まります。電場と電位の式$\boldsymbol{E}=-\nabla V$を積分して、電位$V(x)$が求まります。したがって、両極板の電位差Vは$Qd/(\varepsilon_0 S)$が得られます。また、キャパシタンスC[F]$=Q/V$より

$$C = \varepsilon_0 \frac{S}{d} \tag{4-2-2}$$

が得られます。

MEMO　電気容量の単位はファラッド（F）であり、$1\mathrm{F}=1\mathrm{C/V}=1\mathrm{m}^{-2}\mathrm{kg}^{-1}\mathrm{s}^4\mathrm{A}^2$です。名称は英国の科学者マイケル・ファラデーに由来します。

静電容量

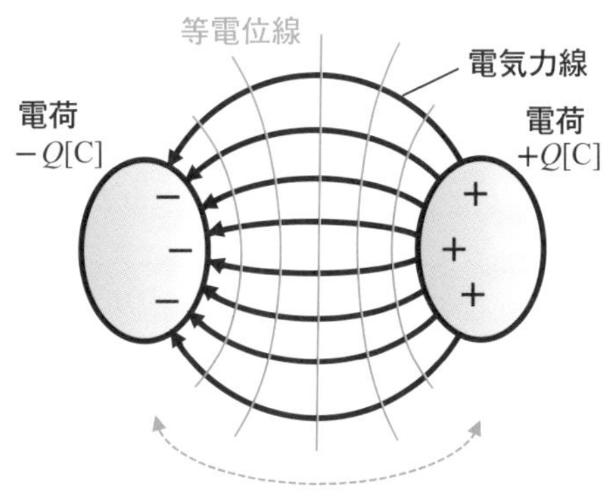

蓄積される電荷 $\pm Q$[C] は
電極間の電圧 V[V] に比例します。
その比例係数が電気容量 C です。

$$Q = CV$$

キャパシタンス（静電容量）C
の単位は、F または C/V です。

静電容量 $C[\mathrm{F}]=\frac{Q}{V}$

平行平板キャパシタの電位と静電容量

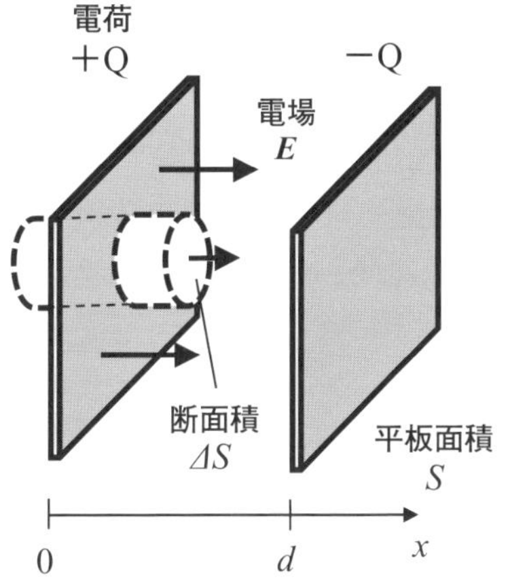

$$Q = \sigma S$$
$$V = Ed$$
$$C = \frac{Q}{V}$$

極板に垂直な円筒に
ガウスの法則を適用して

$$E\Delta S = \frac{\sigma \Delta S}{\varepsilon_0}$$

$$\therefore E = \frac{\sigma}{\varepsilon_0} = \frac{Q}{\varepsilon_0 S}$$

$\boldsymbol{E} = -\nabla V$

$V(0) = 0$　とすると

$$V(x) = -\int_0^x E(x)\mathrm{d}x = -\frac{Q}{\varepsilon_0 S}x$$

電極間の電位差（電圧）V は
マイナス電荷の電極電位 ($x=d$) を基準にして
プラス電荷の電極電位 ($x=0$) を考えて

$$V = V(0) - V(d) = \frac{Qd}{\varepsilon_0 S}$$

$$\therefore C = \frac{Q}{V} = \varepsilon_0 \frac{S}{d}$$

第4章　誘電体

いろいろな電気容量①

キャパシタの典型的な１次元構成の例として、平行平板（前節参照）の他に、同軸円筒の電気容量を考えてみましょう。

平行平板のキャパシタ

面積 S [m^2] で電極間距離 d [m] の平行平板に電荷 $\pm Q$ [C] が帯電しているとします。面電荷密度は σ [C/m^2] $=Q/S$ であり、電場に関するガウスの法則を適用して、**3-7節**のように真空中の平板間の電場強度 E [V/m] を求めることができます。

$$E = \frac{\sigma}{\varepsilon_0} = \frac{Q}{\varepsilon_0 S} \tag{4-3-1}$$

極板間電圧は電界強度に距離を掛けて V [V] $=Ed$ なので、キャパシタンス C [F] は

$$C = \frac{Q}{V} = \varepsilon_0 \frac{S}{d} \tag{4-3-2}$$

です（**上図**）。ここで、平板間距離は小さいと仮定しています（$d \ll \sqrt{S}$）。

同軸円筒のキャパシタンス

内径 a、外径 b で長さ L の細長い（$L \gg b$）同軸円筒キャパシタにおいて、内側の中心軸に電荷 $+Q$ [C] が、外側円筒に $-Q$ [C] が蓄えられるとします（**下図**）。中心軸から距離 r（$a<r<b$）における内部の電場 $E(r)$ はガウスの法則により

$$E(r) = \frac{Q}{2\pi\varepsilon_0 rL} \quad (a < r < b) \tag{4-3-3}$$

が得られ、$r=b$ の電位を基準としての電位 $V(r)$ [V] は

$$V(r) = -\int_b^r E(r)\mathrm{d}r = -\int_b^r \frac{Q}{2\pi\varepsilon_0 rL}\mathrm{d}r = \frac{Q}{2\pi\varepsilon_0 L}\log\frac{b}{r} \tag{4-3-4}$$

となります。したがって電位差 $V=V(a)-V(b)$ より電気容量 C [F] が求まります。

$$C = \frac{Q}{V} = \frac{2\pi\varepsilon_0 L}{\log(b/a)} \tag{4-3-5}$$

MEMO　同軸円筒内部の電場は $\propto 1/r$ なので、電位は対数関数で（$\log b - \log r$）に比例していて、$r \geq b$ ではゼロです。

平行平板キャパシタの電気容量

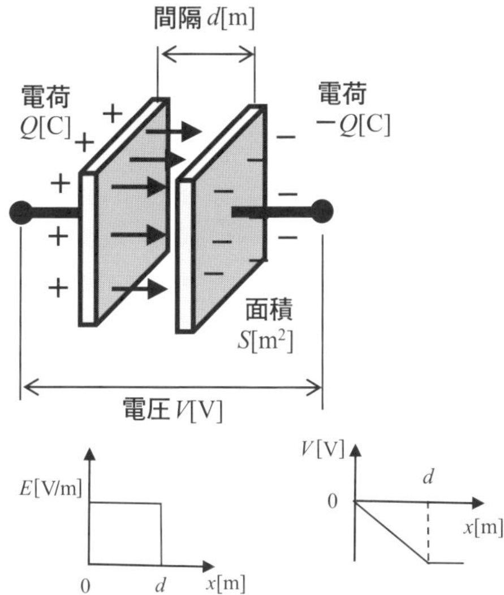

ガウスの法則から

$$E(x) = \frac{Q}{\varepsilon_0 S}$$

ポテンシャルの定義式

$E(x) = -\nabla V$ を積分して

$$V(x) = -\int_0^x E\mathrm{d}x$$
$$= -\int_0^x \frac{Q}{\varepsilon_0 S}\mathrm{d}x = -\frac{Q}{\varepsilon_0 S}x$$

したがって、極板間電位差は

$$V = V(0) - V(d) = \frac{Q}{\varepsilon_0 S}d$$

電気容量は $C = \frac{Q}{V}$ より

$$C = \varepsilon_0 \frac{S}{d}$$

同軸円筒キャパシタの電気容量

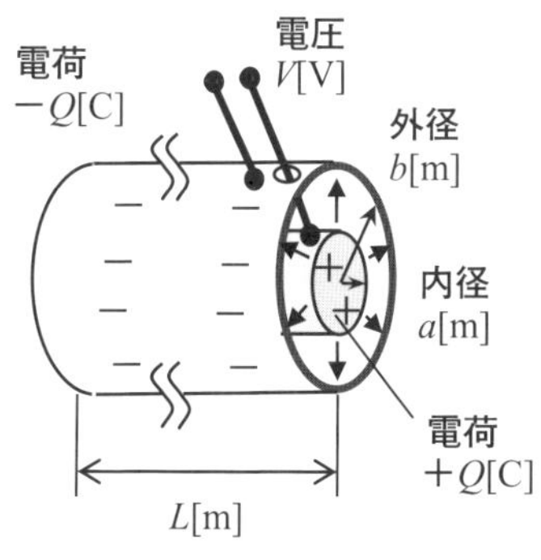

ガウスの法則から $E(r) = \frac{Q}{2\pi\varepsilon_0 rL}$

$$V(r) = -\int_b^r E\mathrm{d}r = -\int_b^r \frac{Q}{2\pi\varepsilon_0 rL}\mathrm{d}r = \frac{Q}{2\pi\varepsilon_0 L}\log\frac{b}{r}$$

極板間電位差 $V = V(a) - V(b)$

電気容量 $C = \frac{Q}{V}$ より

$$C = \frac{2\pi\varepsilon_0 L}{\log(b/a)}$$

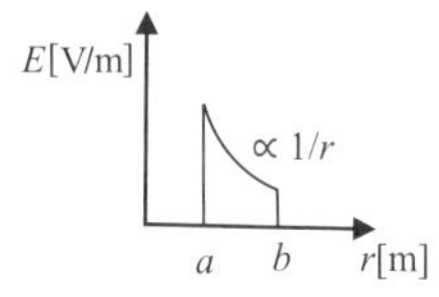

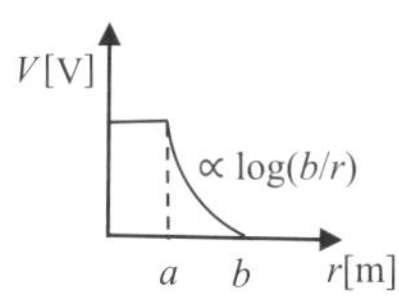

いろいろな電気容量②

導体内部の電位は一定であり、導体表面にしか電荷は存在しません。別の典型例として、孤立球、同心球殻の電気容量を考えてみましょう。

孤立球のキャパシタンス

電荷Q [C] を帯電した半径R [m] の孤立した導体球を考えます（**上図**）。半径r ($r \geqq R$) での外部電場$E(r)$ はガウスの法則から$E(r)=Q/(4\pi\varepsilon_0 r^2)$ であり、無限遠をゼロとしての電位$V(r)$ は

$$V(r) = -\int_{\infty}^{r} E(r)\mathrm{d}r = -\int_{\infty}^{r} \frac{Q}{4\pi\varepsilon_0 r^2}\mathrm{d}r = \frac{Q}{4\pi\varepsilon_0 r} \qquad (4\text{-}4\text{-}1)$$

です。したがって、孤立球の容量はC [F] $=Q/V(\mathrm{R})$の定義より求まります。

$$C = 4\pi\varepsilon_0 R \qquad (4\text{-}4\text{-}2)$$

同心球殻のキャパシタンス

半径aの球を半径bの球殻が覆うキャパシタを同心球殻キャパシタと呼びます（**下図**）。中心導体球の電荷をQ [C]、外側の球殻の電荷を$-Q$ [C] とします。半径$r=a$の導体内と$r=b$の球殻外での電場はともにゼロであり、内部の電場は

$$E(\mathrm{r}) = \frac{Q}{4\pi\varepsilon_0 r^2} \qquad (a \leqq r \leqq b) \qquad (4\text{-}4\text{-}3)$$

です。無限遠方での電位をゼロとして、半径rでの電位$V(r)$ は$-E(r)$ を積分して

$$V(a) - V(b) = \frac{Q}{4\pi\varepsilon_0}\left(\frac{1}{a} - \frac{1}{b}\right)$$

です。したがって、2つの極板の電位差$V=V(a)-V(b)$ より電気容量C [F] は

$$C = \frac{Q}{V} = \frac{4\pi\varepsilon_0 ab}{(b-a)} \qquad (4\text{-}4\text{-}4)$$

です。半径bを無限大とすると、半径aの孤立球の電気容量が得られます。

MEMO　帯電球では外部電場$\propto 1/r^2$で、外部電位は電場を積分して負号を加えて$\propto 1/r$となります。

孤立球キャパシタの電気容量

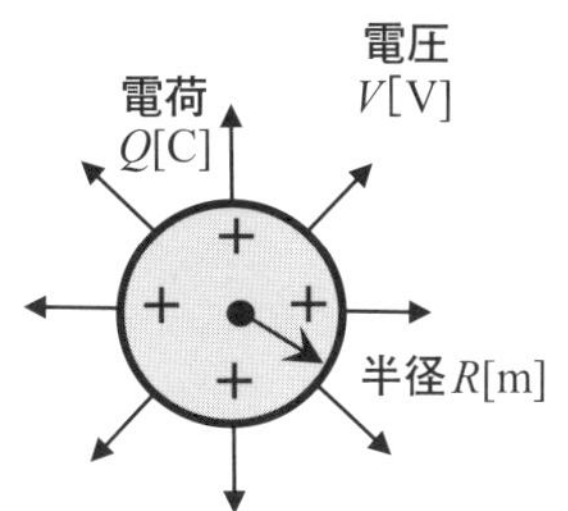

ガウスの法則から $E(r)4\pi r^2 = \frac{Q}{\varepsilon_0}$

無限遠を基準としての電位 V は

$$V = -\int_{\infty}^{R} E(r)\mathrm{d}r = -\int_{\infty}^{R} \frac{Q}{4\pi\varepsilon_0 r^2}\mathrm{d}r = \frac{Q}{4\pi\varepsilon_0 R}$$

電気容量 $C = \frac{Q}{V}$ より

$$\boxed{C = 4\pi\varepsilon_0 R}$$

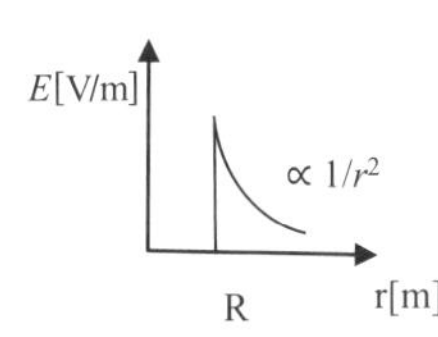

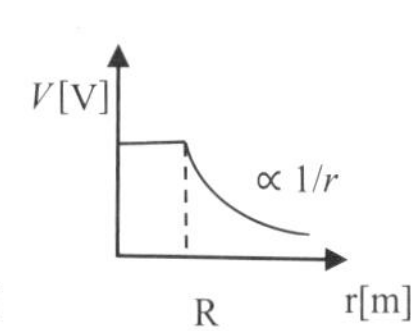

同心球殻キャパシタの電気容量

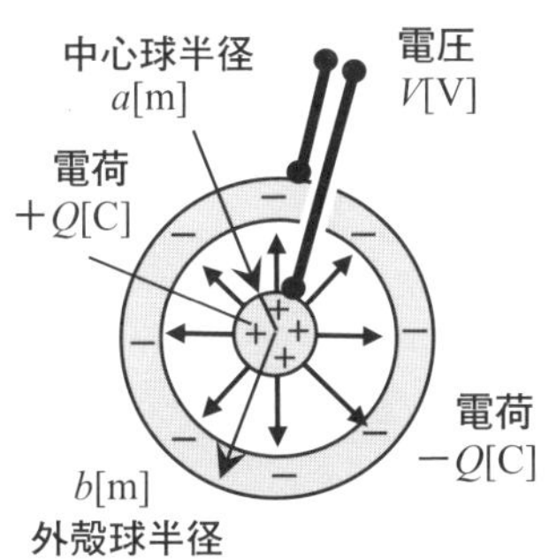

ガウスの法則から

$E(r) = 0 \quad (r < a,\ b < r)$

$E(r) = \frac{Q}{4\pi\varepsilon_0 r^2} \quad (a \leqq r \leqq b)$

電位の定義から　$V(r) = -\int_{\infty}^{r} E\mathrm{d}r$

$$\left.\begin{array}{ll} V(r) = 0 & (b < r) \\ V(r) = \frac{Q}{4\pi\varepsilon_0}\left(\frac{1}{r} - \frac{1}{b}\right) & (a \leqq r \leqq b) \\ V(r) = \frac{Q}{4\pi\varepsilon_0}\left(\frac{1}{a} - \frac{1}{b}\right) & (r < a) \end{array}\right\}$$

したがって、電極間電位差　$V = V(a) - V(b)$

電気容量 $C = \frac{Q}{V}$ より

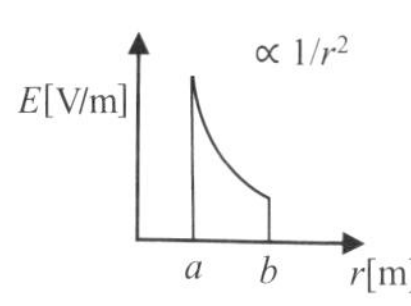

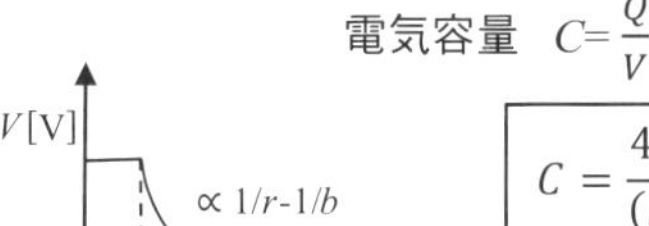

$$\boxed{C = \frac{4\pi\varepsilon_0 ab}{(b-a)}}$$

半径 b を無限大とすると、
孤立球の容量が得られます。

4-5 ＜電荷・静電場編＞

キャパシタの並列と直列

キャパシタを並列接続すると、平行平板の場合には面積を大きくしたことに相当し、容量が大きくなります。直列接続の場合はどうでしょうか？

並列回路

上図に示したように、静電容量C_1とC_2の2つのキャパシタを並列につないだ場合、端子間に電圧Vを加えると、それぞれの電荷は$Q_1=C_1V$、$Q_2=C_2V$となり、端子からみた全電荷は$Q=Q_1+Q_2=C_1V+C_2V=(C_1+C_2)V$なので**並列回路の合成静電容量**は

$$C=\frac{Q}{V}=C_1+C_2 \qquad (4\text{-}5\text{-}1)$$

です。一般的に、静電容量がC_1、C_2、C_3、・・・、C_nのn個のキャパシタを並列接続した場合の合成静電容量は以下の通りです。

$$C=C_1+C_2+C_3+\cdot\cdot\cdot+C_n=\sum_{i=1}^{n}C_i \qquad (4\text{-}5\text{-}2)$$

直列回路

下図に示したように、静電容量がC_1とC_2の2つのキャパシタを直列につないだ場合、2つのキャパシタは最初に帯電していないとして、全体に電圧Vを加えた場合、2つのキャパシタに生じる電荷は同じQであり、それぞれの電圧をV_1、V_2とすると$Q=C_1V_1=C_2V_2$です。したがって、端子間の電位差は$V=V_1+V_2=Q/C_1+Q/C_2=Q(1/C_1+1/C_2)$であり、端子からみた**直列回路の合成静電容量**は

$$C=\frac{Q}{V}=1/\left(\frac{1}{C_1}+\frac{1}{C_2}\right)=\frac{C_1C_2}{(C_1+C_2)} \qquad (4\text{-}5\text{-}3)$$

です。一般的に、静電容量C_1、C_2、C_3、・・・、C_nのN個のキャパシタを直列接続した場合の合成静電容量Cは以下の通りです。

$$\frac{1}{C}=\frac{1}{C_1}+\frac{1}{C_2}+\frac{1}{C_3}+\cdots+\frac{1}{C_n}=\sum_{i=1}^{n}\frac{1}{C_i} \qquad (4\text{-}5\text{-}4)$$

MEMO　キャパシタの並列は電圧が等しく電荷（∝容量）が和となり、直列は電荷が等しく電圧（∝1/容量）が和となります。

キャパシタの並列接続

2個の接続

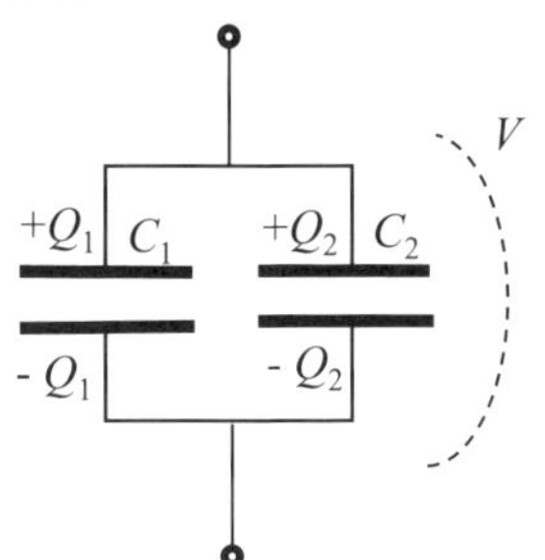

全電荷量 Q は

$$Q = Q_1 + Q_2 = C_1V + C_2V = (C_1 + C_2)V$$

合成電荷と各電荷の関係は

$$Q_1 = C_1V = \frac{C_1}{C}Q = \frac{C_1}{C_1+C_2}Q$$

$$Q_2 = C_2V = \frac{C_2}{C}Q = \frac{C_2}{C_1+C_2}Q$$

したがって、静電容量は

$$C = \frac{Q}{V} = C_1 + C_2$$

多数個の接続

$$C = C_1 + C_2 + C_3 + \cdot\cdot\cdot + C_n = \sum_{i=1}^{n} C_i$$

キャパシタの直列接続

2個の接続

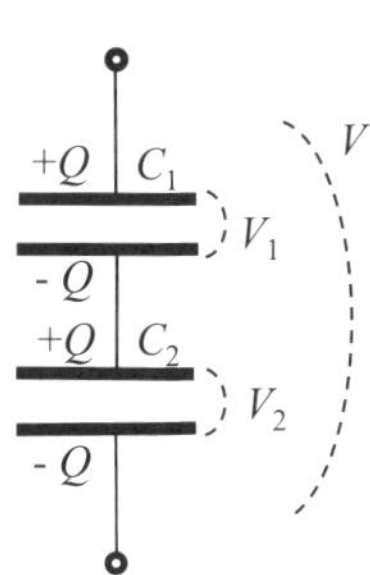

全電圧 V は

$$V = V_1 + V_2 = \frac{Q}{C_1} + \frac{Q}{C_2} = \left(\frac{1}{C_1} + \frac{1}{C_2}\right)Q$$

全電圧と各電圧の関係

$$V_1 = \frac{Q}{C_1} = \frac{C}{C_1}V = \frac{C_2}{(C_1 + C_2)}V$$

$$V_2 = \frac{Q}{C_2} = \frac{C}{C_2}V = \frac{C_1}{(C_1 + C_2)}V$$

したがって、静電容量は

$$C = \frac{Q}{V} = 1/\left(\frac{1}{C_1} + \frac{1}{C_2}\right) = \frac{C_1C_2}{(C_1 + C_2)}$$

多数個の接続

$$\frac{1}{C} = \frac{1}{C_1} + \frac{1}{C_2} + \frac{1}{C_3} + \cdots + \frac{1}{C_n} = \sum_{i=1}^{n} \frac{1}{C_i}$$

4-6 ＜電荷・静電場編＞

静電エネルギーと誘電率

キャパシタに蓄えることができる電気エネルギーは、電圧や誘電率とどのような関係にあるのでしょうか？

電荷移動の仕事

キャパシタンスC[F] のキャパシタに蓄積する電荷量を0からQ[C] まで変化させる仕事（エネルギー）を考えます。電圧は0から最終的にV[V] に変化させます。途中の電荷量がq[C] の場合には電圧v[V] は$v=q/C$であり、そのときにΔq[C] だけ電荷を増やす仕事の増分ΔW[J] は電圧と電荷の積として$\Delta W=v\Delta q=q\Delta q/C$となります（**上図左**）。したがって、キャパシタ内の**静電エネルギー**U_C[J] は0からQまでのΔWの和（三角形の面積）を計算すれば良く、図形を考えて

$$U_C = \frac{1}{2}CV^2 \quad (4\text{-}6\text{-}1)$$

となります（**上図右**）。あるいは、qに関して0からQまで$dW=vdq$を積分計算して

$$U_C = \int dW = \int_0^Q \frac{1}{C}q\,dq = \frac{1}{2C}Q^2 = \frac{1}{2}CV^2 \quad (4\text{-}6\text{-}2)$$

が得られます。

物質の誘電率

面積A[m^2] で間隔d[m] の平行平板キャパシタの場合には、極板間の空間の体積はAd[m^3] なので、単位体積あたりの**静電エネルギー密度**は　u_C[J/m^3] ＝U_C/（Ad）であり、電場の強さE[N/C] ＝V/d[V/m] を用いて、真空の場合には

$$u_C = \frac{1}{2}\varepsilon_0 E^2 \quad (4\text{-}6\text{-}3)$$

となります。キャパシタ内が**比誘電率**ε_rの物質で満たされている場合には、誘電率εは$\varepsilon=\varepsilon_r\varepsilon_0$であり

$$u_C = \frac{1}{2}\varepsilon E^2 \quad (4\text{-}6\text{-}4)$$

となります。物質の典型的な比誘電率を**右下表**に示しました。

MEMO　空気の比誘電率は 1.00057 であり、真空と同じと考えて問題ありません。紙は 2.0 ～ 2.6、水は 80 です。

キャパシタの電気エネルギー

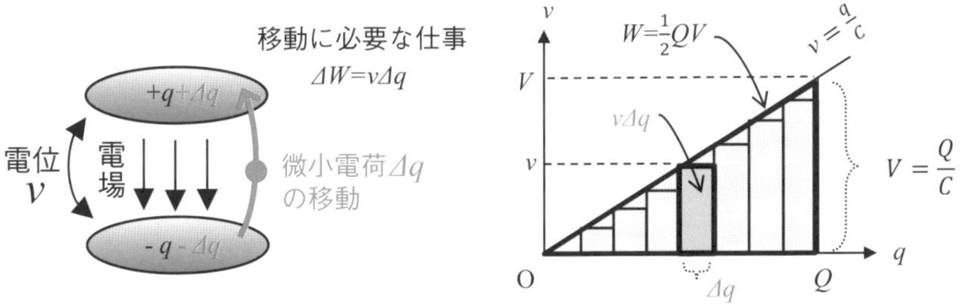

物質の比誘電率

誘電率　$\varepsilon = \varepsilon_r \varepsilon_0$

真空の誘電率　$\varepsilon_0 = \dfrac{1}{\mu_0 c^2} = 8.85 \times 10^{-12}$ F/m

物質名	比誘電率 ε_r
真空	1.00000
空気	1.00059
紙、ゴム	2.0 ～ 3.0
雲母	7.0 ～ 8.0
アルミナ（Al_2O_3）	8.5
水	80
チタン酸バリウム	～ 5000

厳密には空気の誘電率は真空の誘電率よりも１万分の６ほど高い値ですが、通常は真空と同じと仮定して問題ありません。

平行平板電極に加わる力

キャパシタ内部にはプラスとマイナスの電荷が蓄積されており、お互いに引き合っています。この引き合う力は電荷（電荷量）の２乗に比例します。

電場エネルギーによる吸引力

広い平行平板電極のキャパシタでは、電気量$\pm Q$ [C] が変化しない場合には内部の電場E [V/m] は電極間距離d [m] に依存せず一定値$E=Q/(\varepsilon_0 A)$でした。このキャパシタの両電極間にはF [N] の力が働いているとします。引力に抗して、一方の電極板をΔx [m] だけ遠ざけたとすれば、このときの仕事量は$F\Delta x$ [J] となります。また、Δx [m] 動いた部分の両極間の体積の変化は$S\Delta x$になるので、この間の空間のエネルギーの変化量は$u_C S\Delta x$です（**上図**）。ここで$u_C=(1/2)\varepsilon_0 E^2$は電場のエネルギー密度であり、電場の圧力に相当します。エネルギー保存から$F\Delta x+u_C S\Delta x=0$なので、平行平板キャパシタに加わる力が求まります。

$$F=-u_C S=-\frac{\varepsilon_0}{2}\frac{V^2}{d^2}S=-\frac{Q^2}{2\varepsilon_0 S}\ \text{[N]} \tag{4-7-1}$$

ここで、平行平板の静電容量は$C=\varepsilon_0 S/d$であり、$Q=CV$、$V=Ed$を用いています。平行平板間の力（値が負なので吸引力）は、板の面積と電圧の２乗に比例し、板の間隔dの２乗に反比例します。あるいは電荷の２乗に比例します。

電場中の吸引力

電極に加わる力は、電場中の電荷に働く力$F=qE$からも評価できます。１枚の平行平板での電圧は両側に$E/2$であり（**下図**）、自分自身の平板からの電場は力に寄与しません。したがって、一方の電極による電場が、他方の帯電した電極の電場を引き付ける力として、

$$\boldsymbol{F}=-\frac{1}{2}Q\boldsymbol{E} \tag{4-7-2}$$

と書くこともできます。これは式（4-7-1）と同じです。

MEMO　静止流体のエネルギー密度は任意の面での圧力に相当し、等方的です。一方、電磁場の圧力（マクスウェルの応力）は非等方です。

平行平板キャパシタでの仕事

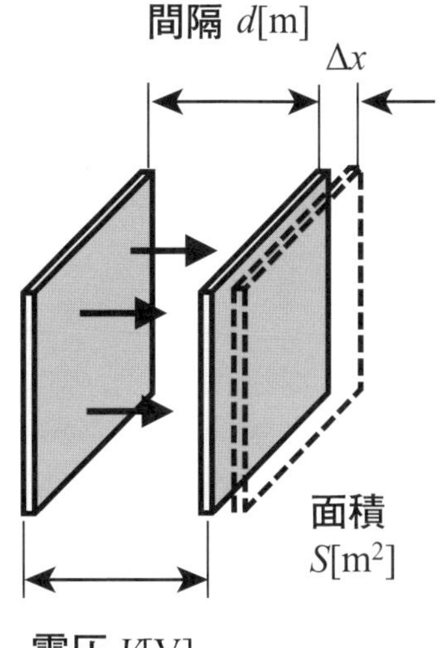

$$u_C = (1/2)\varepsilon_0 E^2$$

$$\Delta U_C = u_C S \Delta x$$

$$F\Delta x + u_C S \Delta x = 0$$

$$F = -u_C S = -\frac{\varepsilon_0}{2}\frac{V^2}{d^2}S = -\frac{Q^2}{2\varepsilon_0 S}$$

無限平板での電場

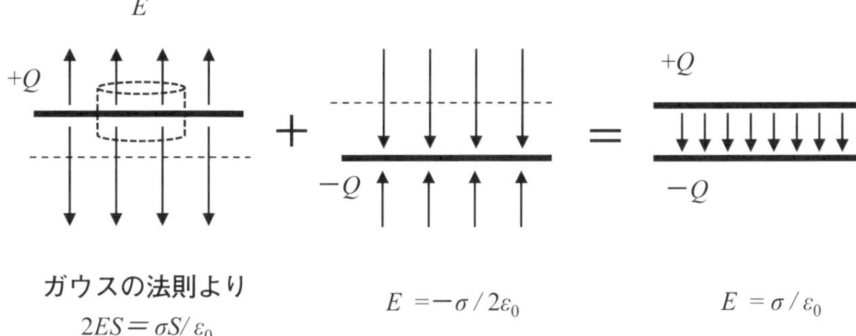

ガウスの法則より

$$2ES = \sigma S/\varepsilon_0$$

$$E = \sigma/2\varepsilon_0$$

$$E = -\sigma/2\varepsilon_0$$

$$E = \sigma/\varepsilon_0$$

１枚の電極による電圧と、他方の電極による電圧との和が平行平板の内部の電圧となります。

誘電体キャパシタ

キャパシタの電気容量を増やすには、電極間に誘電率の大きな誘電体を挿入することです。この場合には、キャパシタ内部の電圧はどうなるのでしょうか？

容量は比誘電率に比例

平行平板キャパシタの極板間が真空の場合と、誘電体で満たされている場合との比較を行います。真空の場合（**上図左**）の静電容量は

$$C_0 = \frac{\varepsilon_0 S}{d} \qquad (4\text{-}8\text{-}1)$$

であり、電荷$\pm Q_0$を持つ場合には、極板間の電圧V_0、電場E_0はそれぞれ

$$V_0 = \frac{Q_0}{C_0}, \quad E_0 = \frac{V_0}{d} = \frac{Q_0 d}{\varepsilon_0 S} \qquad (4\text{-}8\text{-}2)$$

です。ここで、極板間に比誘電率ε_r（$\varepsilon_r>1$）の**誘電体**を挿入すると、誘電体の分子は分極するので（**上図右**）キャパシタの電気容量CはC_0のε_r倍となります。

$$C = \varepsilon_r C_0 \qquad (4\text{-}8\text{-}3)$$

電荷量一定と電圧一定との違い

極板の電荷が変化せず$Q=Q_0$の場合には、極板間の電圧Vや、内部電場の強さE（$=V/d$）は$1/\varepsilon_r$倍になり小さくなります。蓄積エネルギーも$W=(1/2)Q^2/C$から真空時のエネルギーW_0の$1/\varepsilon_r$倍と小さくなります。

$$Q=Q_0 \text{ の場合} : V = \frac{V_0}{\varepsilon_r}, \ E = \frac{E_0}{\varepsilon_r}, \ W = \frac{W_0}{\varepsilon_r} \qquad (4\text{-}8\text{-}4)$$

外部電源を利用して$V=V_0$（一定）とした場合には、電気容量Cがε_r倍となるので蓄積される電荷量Qもε_r倍となりますが、内部電場は変化せずに、蓄積エネルギーは$W=(1/2)CV^2$からε_r倍と大きくなります。

$$V=V_0 \text{ の場合} : \ Q = \varepsilon_r Q_0, \ E = E_0, \ W = \varepsilon_r W_0 \qquad (4\text{-}8\text{-}5)$$

MEMO　誘電体を挿入すれば蓄積エネルギーが減る場合があります（電荷一定の場合）。

真空と誘電体の平行平板キャパシタの比較

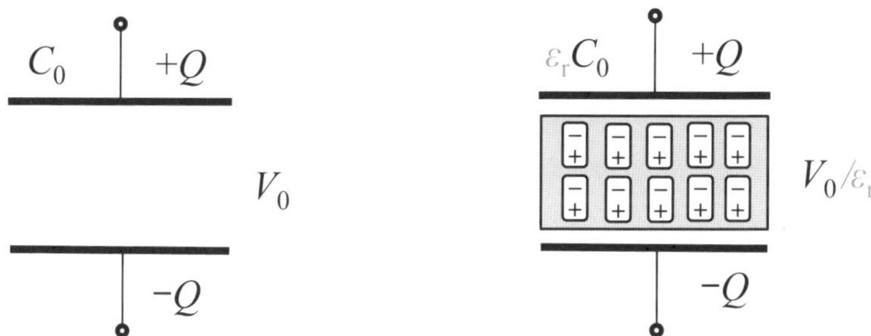

C_0
$+Q$
V_0
$-Q$
$\varepsilon_r C_0$
$+Q$
V_0/ε_r
$-Q$
真空の平行平板キャパシタ
誘電体の平行平板キャパシタ

誘電体の効果

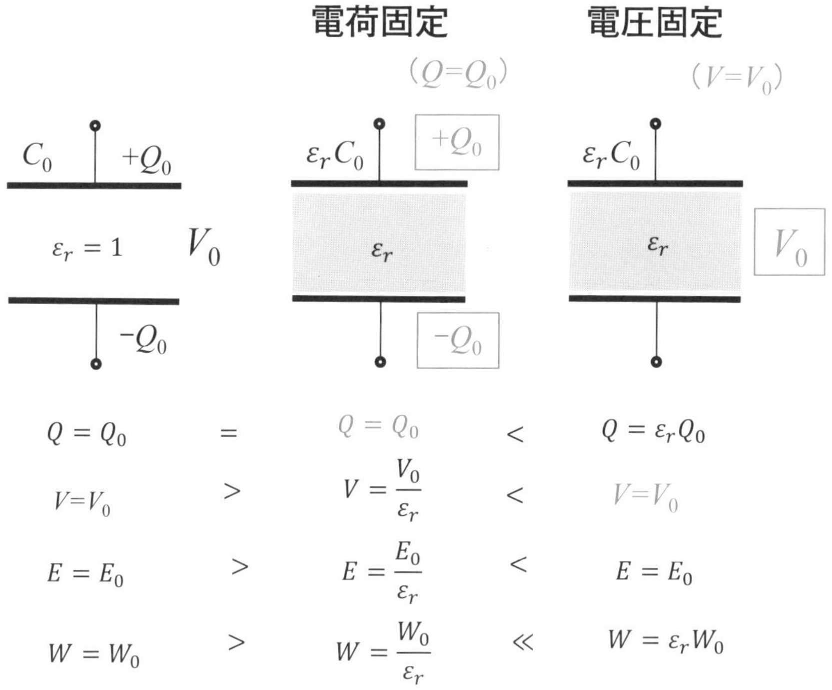

電荷固定
電圧固定
$(Q=Q_0)$
$(V=V_0)$
C_0
$+Q_0$
$\varepsilon_r = 1$
V_0
$-Q_0$
$\varepsilon_r C_0$
$+Q_0$
ε_r
$-Q_0$
$\varepsilon_r C_0$
ε_r
V_0
$Q = Q_0 \quad = \quad Q = Q_0 \quad < \quad Q = \varepsilon_r Q_0$
$V = V_0 \quad > \quad V = \frac{V_0}{\varepsilon_r} \quad < \quad V = V_0$
$E = E_0 \quad > \quad E = \frac{E_0}{\varepsilon_r} \quad < \quad E = E_0$
$W = W_0 \quad > \quad W = \frac{W_0}{\varepsilon_r} \quad \ll \quad W = \varepsilon_r W_0$

クイズ 4 択問題

答えは次々ページ

クイズ4.1　キャパシタのエネルギーは保存される？

静電容量が同じキャパシタが2個あります。片方には電荷±Qが蓄えられており、電荷が無い片方のキャパシタに図のように接続しました。キャパシタに蓄えられている全エネルギーは最終的にどうなるでしょうか？

① 保存される
② かすかに減少する
③ 半分になる
④ 4分の1になる

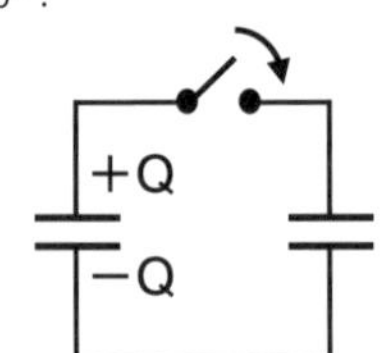

クイズ4.2　誘電体を挿入すると？

極板面積Sで極板間距離dの電気容量C_0の平行平板の空気キャパシタを考えます。空気の比誘電率はほぼ1です。

(1) 空気キャパシタの右半分（面積$S/2$）を比誘電率ε_rの誘電体を挿入した場合、電気容量はC_0のおよそ何倍か。

① $1+\varepsilon_r$　② $(1+\varepsilon_r)/2$　③ $\varepsilon_r/(1+\varepsilon_r)$　④ $2\varepsilon_r/(1+\varepsilon_r)$

(2) 空気キャパシタの下半分（間隔$d/2$）に誘電体を挿入した場合、電気容量はC_0のおよそ何倍か。

① $1+\varepsilon_r$　② $(1+\varepsilon_r)/2$　③ $\varepsilon_r/(1+\varepsilon_r)$　④ $2\varepsilon_r/(1+\varepsilon_r)$

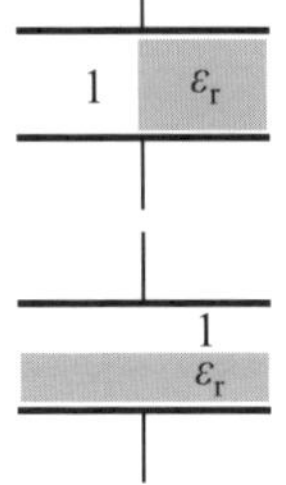

COLUMN

電気二重層キャパシタを活用する!?

身近な情報機器には電池などの電源が利用されています。電気二重層キャパシタ（EDLC）では、活性炭と電解液を接触させて電圧を加えると電気二重層が作られ、蓄電が可能です。蓄電容量はアルミ電解コンデンサの千倍から十万倍ほどですが、二次電池の10分の1倍程度です。化学反応を利用しての二次電池では充放電可能回数は千回程度ですが、EDLCでは10万回以上です。急速な充放電も可能なので、環境発電など、さまざまな分野での利用が期待されています。ただし、電荷と電圧が直線的に比例して降下しますので、留意が必要です。

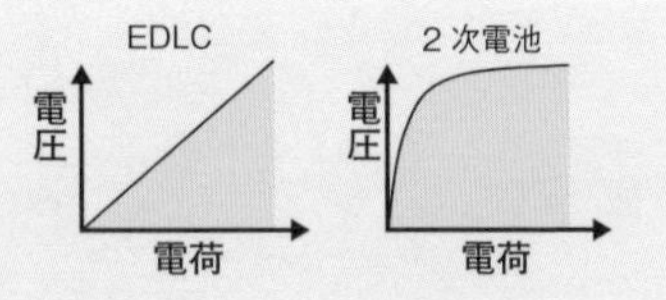

まとめのクイズ

問題は各節のまとめに対応／答えは次ページ

4-1 電束密度 $\boldsymbol{D}$ と電場強度 $\boldsymbol{E}$ との関係は、真空の誘電率を ε_0 として電気分極ベクトル $\boldsymbol{P}$ を用いて、［　　　］と書けます。電気感受率を χ_e とすると、$\boldsymbol{P}$ と $\boldsymbol{E}$ の関係は［　　　］です。

4-2 物体間に電圧 V[V]を印加すると電荷が $\pm Q$[C]となる場合に、静電容量 C は［　　　[単位]］で定義されます。

4-3 面積 S [m²] で電極間距離 d[m]が狭い平行平板キャパシタにおいて $\pm Q$[C]の電荷がある場合には電場強度 E は［　　　[単位]］であり、キャパシタンス C は［　　　[単位]］となります。また、内径 a、外径 b で長さ L の細長い ($L>>b$) 同軸円筒キャパシタの内部の電場強度 $E(r)$ は［　　　[単位]］であり、したがって、静電容量は［　　　[単位]］です。

4-4 電荷 Q[C]を帯電した半径 R[m]の球殻の電位 $V(r)$ は、無限遠をゼロとして［　　　[単位]］であり、キャパシタンス C は［　　　[単位]］と表されます。

4-5 静電容量 C_1 と C_2 の2つのキャパシタの並列の合成容量は［　　　］であり、直列の合成容量は［　　　］です。

4-6 容量 C[F]のキャパシタに電圧 V[V]を印加した場合のキャパシタ内の静電エネルギー U_c は［　　　[単位]］です。その場合の電場を E[V/m]とすると、単位体積あたりの静電エネルギー密度 u_c は［　　　[単位]］です。

4-7 電気量 $\pm Q$[C]の平行平板キャパシタの内部電場が E[V/m]のとき、片方の平板からの電場は［　　　］なので、極板に加わる力は［　　　[単位]］となります。

4-8 空気中で容量 C_0 のキャパシタに比誘電率 ε_r の誘電体を挿入すると、静電容量は［　　　］となります。その場合、電荷一定の場合には電場強度は［　　　］倍で蓄積エネルギーは［　　　］倍です。電圧一定では、電場強度は［　　　］倍で蓄積エネルギーは［　　　］倍です。

クイズの答え

答え4.1　③ 半分

【解説】接続前は、エネルギーは $W_0=(1/2)CV_0^2=(1/2)(Q^2/C)$。接続後は、電荷保存則により左右ともに電荷は $Q/2$ なので、$W_1=2\times(1/2)[(Q/2)^2/C]=(1/4)(Q^2/C)=W_0/2$。

【参考】キャパシタのエネルギーの半分は、振動する大電流の励起による電磁波発生や抵抗によるジュール熱として最終的に失われます。

答え4.2　(1) ②　(2) ④

【解説】

(1) キャパシタを左右半分にして考えると、右は電位容量 $C_0/2$、左は $\varepsilon_r C_0/2$ となり、2つのキャパシタの並列接続とみなして、合成容量は $(1+\varepsilon_r)C_0/2$ であり、C_0 の $(1+\varepsilon_r)/2$ 倍。

(2) キャパシタを上下半分にして考えると、上は電位容量 $2C_0$、下は $2\varepsilon_r C_0$ となり、2つのキャパシタの直列接続とみなして、合成容量は $2C_0\times 2\varepsilon_r C_0/(2C_0+2\varepsilon_r C_0)=2\varepsilon_r C_0/(1+\varepsilon_r)$ となり、C_0 の $2\varepsilon_r/(1+\varepsilon_r)$ 倍。

【参考】ε_r が≫1のときには、(1)の答え→ $\varepsilon_r/2$、(2)の答え→2です。
極限では、並列の場合に容量の大きな $\varepsilon_r C_0/2$ が全体のキャパシタンスに、直列の場合には逆に容量の小さな $2C_0$ が全体のキャパシタンスとなります。

答え　まとめ（満点20点、目標14点以上）

(4-1)　$\boldsymbol{D}=\varepsilon_0\boldsymbol{E}+\boldsymbol{P}$、$\boldsymbol{P}=\chi_e\varepsilon_0\boldsymbol{E}$（または $\boldsymbol{P}=\chi_e\boldsymbol{E}$、68頁のMEMO参照）

(4-2)　Q/V [C/V] または [F]

(4-3)　$Q/(\varepsilon_0 S)$ [V/m]、$\varepsilon_0 S/d$ [F]、$Q/(2\pi\varepsilon_0 rL)$ [V/m]、$2\pi\varepsilon_0 L/(\log(b/a))$ [F]

(4-4)　$Q/(4\pi\varepsilon_0 r)$ [V/m]　、$4\pi\varepsilon_0 R$ [F]

(4-5)　C_1+C_2、$C_1C_2/(C_1+C_2)$

(4-6)　$(1/2)CV^2$ [J]、$(1/2)\varepsilon_0 E^2$ [J/m³]

(4-7)　$E/2$、$-(1/2)QE$ [N]（負号は引力の意味）

(4-8)　$\varepsilon_r C_0$、$1/\varepsilon_r$、$1/\varepsilon_r$、1、ε_r

第5章

＜電流・静磁場編＞

直流回路

身近な小型電子機器には電池を用いたさまざまな回路が用いられています。第５章では、電流と抵抗についての物理的描像について触れ、回路の基本となるオームの法則や消費電力についてまとめます。抵抗の合成や回路網でのキルヒホッフの法則についても説明します。

5-1 <電流・静磁場編>

電流と電気抵抗

荷電粒子が連続的に移動する時の電荷の流れを電流といいます。陽極から陰極への正の電荷の流れの向きを電流の正の方向としています。

導体と電解質溶液内の電流

ある断面を微小電荷ΔQ[C]が微小時間Δt[s]の間に流れたとき、電流I[A]は$\Delta Q/\Delta t$であり、微分式で

$$I = \frac{\mathrm{d}Q}{\mathrm{d}t} \tag{5-1-1}$$

です。電流の単位はMKSA基本単位としてのアンペア(記号はA)です。

金属導体では負電荷($-e$)を持つ自由電子が存在し、電流の実体は自由電子の流れであり、金属導体内での電流の流れの方向は電子の流れの方向と逆となります。一方、導体と異なり、陽イオンや陰イオンが含まれている電解質溶液内では、電圧を加えるとプラス・マイナスの両方のイオンが電流の流れを担います。気体放電でも正のイオンと負の電子がともに移動しますので、電子だけが電流の担い手とは限りません(**上図**)。

抵抗と抵抗率

断面積S[m^2]で長さL[m]の金属導体に電圧を加えると、自由電子は**下図**のように他の電子や原子と衝突しながら全体として電圧と反対の方向に動きます。電圧V[V]に対して電流I[A]の流れづらさを$R=V/I$で表します。Rは電気抵抗または単に抵抗と呼ばれ、単位はオーム(記号はΩ)が用いられます。抵抗R[Ω]は、Lを2倍にすると2倍になり、Sを2倍にすると半分になるので

$$R = \rho\frac{L}{S} \tag{5-1-2}$$

と書けます。ここで、比例定数ρ[Ω・m]は電気抵抗率または抵抗率あるいは比抵抗と呼ばれ、物質の種類に依存します(次節参照)。

MEMO　電気抵抗率ρ [Ω・m]の逆数は電気伝導率(導電率)σ [S/m]であり、単位はジーメンス毎メートルです。

物質内の電流

金属導体内の電流	電解質内の電流	放電管内の電流
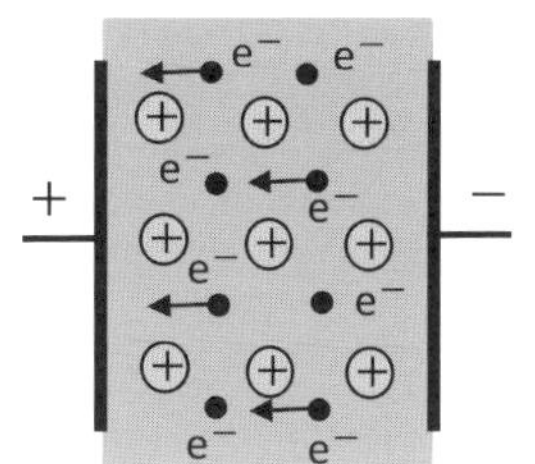	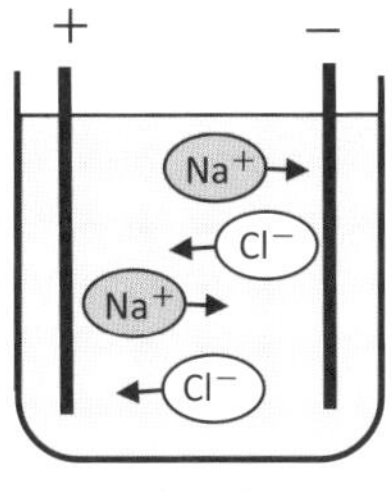	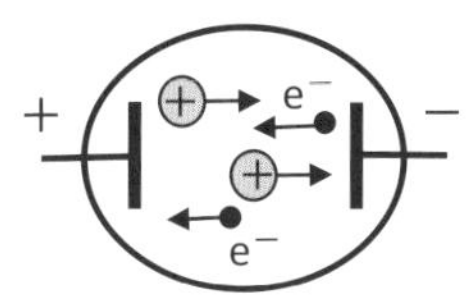
（固体）	（液体）	（気体）
原子核イオンは動かず、自由電子が右から左へ移動し、電流は左から右に流れると定義されます。	食塩水の場合では、陽イオン原子と陰イオン原子がともに移動します。	陰極から放出される電子が気体を電離し、正イオンと負の電子がともに移動します。

$$I = \frac{\mathrm{d}Q}{\mathrm{d}t}$$

電流は正電荷の時間変化率

金属導体中の自由電子の動き

自由電子の動きと電流（電圧 V が加えられた時）

電子は他の電子や原子と衝突しながら、全体として電場の向きと逆方向に動きます。

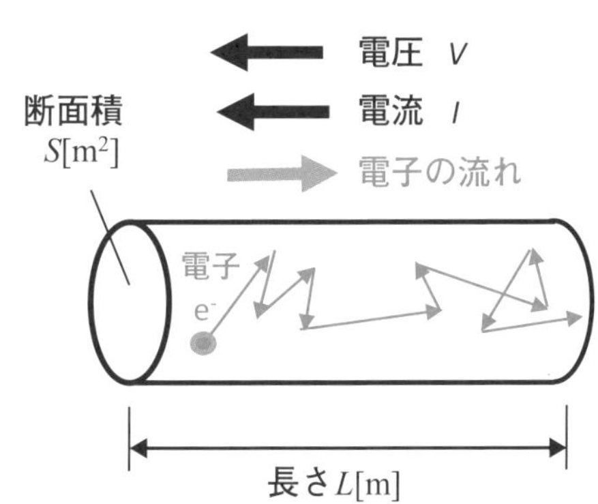

電気抵抗

$$R[\Omega] = \rho\frac{L}{S}$$

$\rho[\Omega\cdot\mathrm{m}]$ は電気抵抗率または抵抗率、

ρ には温度依存性があります（第５章４節参照）

5-2 <電流・静磁場編>

オームの法則

回路での法則として（電圧）＝（抵抗）×（電流）はよく知られていますが、この物理的な描像を説明します。

オームの法則

導体の両端に電圧V[V]を加えると、電圧に比例する電流I[A]が流れます。これは1826年にオームにより発見された法則（オームの法則）であり

$$V = RI \tag{5-2-1}$$

です。（**上図左**）。ここで比例係数Rは前節で述べた電気抵抗であり、単位はオーム（記号はΩ）が用いられます。ギリシャ文字のオメガΩが用いられるのは、人名の頭文字Oでは数字のゼロとの区別が難しいからです。抵抗器（抵抗）の記号は国際規格では**上図右**の長方形記号が用いられています。

ミクロ的な解釈

導体の材質、断面積S[m^3]や長さL[m]により、流れる電流I[A]の大きさが異なります。1個の電子（電気量は$-e$[C]）が速度v[m/s]で動いているとします。導体内の電子密度をn[m^{-3}]として、時間Δt[s]の間に導体断面を通過する電子は$nv\Delta tS$個であり、$-env\Delta tS$[C]の電気量が流れます。これは、電気量$-I\Delta t$に等しいので、電流Iと電流密度j[A/m^2]は

$$I = envS \ , \quad j = \frac{I}{S} = env \tag{5-2-2}$$

です。一方、導体の両端間に電圧V[V]を加えた場合、電場強度は$E=V/L$であり、1個の電子に加わる力は$eE=eV/L$です（**下図**）。電子は導体中のイオンや不純物による抵抗力κv[N]（κは比例定数）を受けるので、電気力eEと抵抗力κvとがつりあって運動が決まります。したがって、速度$v=eE/\kappa=eV/(\kappa L)$となり、

$$\frac{V}{I} = \frac{\kappa}{ne^2}\frac{L}{S} \ （一定） \tag{5-2-3}$$

が得られます。これはオームの法則のミクロ的な解釈と言えます。

MEMO　自由電子に加わる抵抗力は速度に比例します。雨粒の空気抵抗と類似しています。ロケットのような高速では速度の２乗に比例します。

オームの法則と抵抗

オームの法則

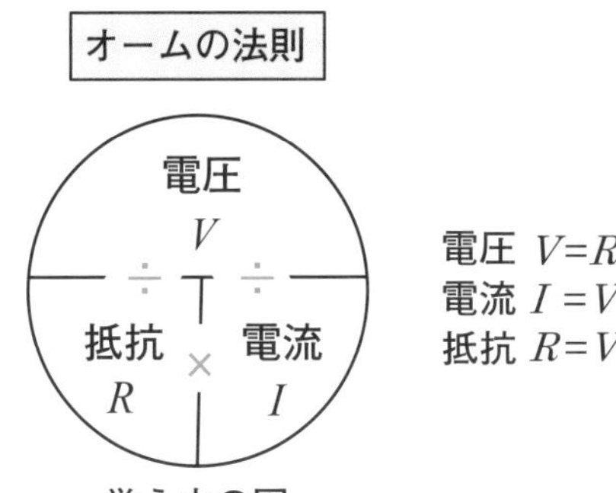

覚え方の図

電圧 $V=R\times I$
電流 $I=V\div R$
抵抗 $R=V\div I$

抵抗の記号

新 JIS 記号
国際 IEC 規格

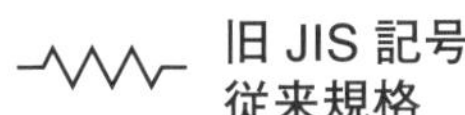
旧 JIS 記号
従来規格

金属導体中の電子に加わる電気力と抵抗力

(オームの法則のミクロ的解釈)

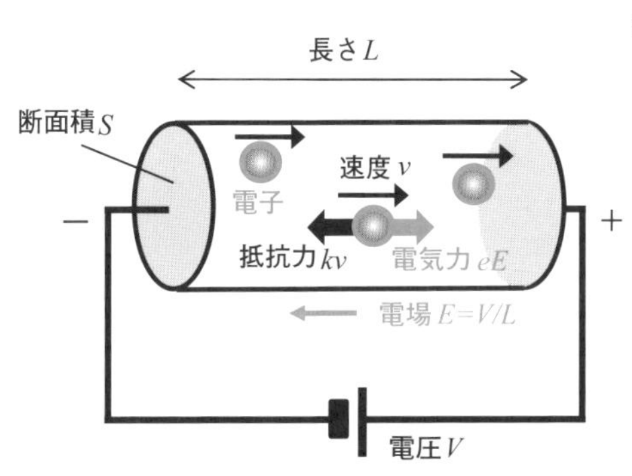

電気力 eE と抵抗力 κv とが釣り合います。

$$eE = \kappa v \quad \therefore v = \frac{eE}{\kappa}$$

抵抗力は電子の速度に比例し
比例係数を $\boldsymbol{\kappa}$ とします。

ここで　電圧　$V = EL$
電流　$I = nevS$
電流密度　$j = nev$

$$\therefore\ I = ne\left(\frac{eE}{\kappa}\right)S = \left(\frac{ne^2S}{k}\right)E$$

抵抗　$R = \dfrac{V}{I} = \left[\dfrac{k}{ne^2}\right]\dfrac{L}{S}$

抵抗率　$\rho = \dfrac{E}{j} = \boxed{\dfrac{k}{ne^2}}$

↑
物質の性質だけで定まります。

5-3 <電流・静磁場編>

電力とジュール熱

抵抗のある導体に電流を流したときに生じる熱はジュール熱と呼ばれ、電流の２乗に比例した電力消費がなされます。

電力と電力量

電源から電流I[A]がΔt[s]の時間だけ流れた場合に、Q[C] $= I\Delta t$の電荷が流れたことになります。電源に電圧V[V]がかかっていた場合には、電源がΔt[s]の間にした仕事はW[J] $= QV$です。単位時間あたりの仕事Pを仕事率、またはパワーといい、P[W] $= W/\Delta t$と定義でき

$$P = VI \tag{5-3-1}$$

であり、単位はワット（記号はW）です。電源による仕事率を電力といい、電源の仕事（エネルギー）を電力量といいます。たとえば、100Vで1Aの機器の電力は100Wであり、これを1秒間だけ利用すると電気量は100J（ジュール）となります。特に、1kWの電力を1時間（3600秒）利用する仕事の実用単位としてキロワット時（kWh）が使われています。$1\mathrm{kWh} = 3.6 \times 10^6 \mathrm{J}$です。

ジュール熱

回路の抵抗R[Ω]に電流I[A]が流れて抵抗の両端の電圧がV[V]の場合には、消費電力Pは、オームの法則$V = RI$を用いて $P = VI = RI^2 = V^2/R$ となります。電源から外部回路にP[W]の仕事率が加えられたことになります。抵抗に加えられた電力は熱となりますが、通電時間をt[s]として、

$$W = Pt = VIt = RI^2 t = \frac{V^2}{R} t \tag{5-3-2}$$

をジュール熱といい、単位はJ（ジュール）です。身近な例として、暖房用のセラミックヒーターやIH（誘導加熱）調理器にこのジュール熱が利用されています。

MEMO　ジェームズ・プレスコット・ジュール（1818年～1889年）により、式（5-3-2）の$P \propto I^2$が発見され、ジュールの法則と呼ばれています。

電力と電力量

電力（W）＝電力（V）×電流（A）

$$P = VI = RI^2 = \frac{V^2}{R}$$

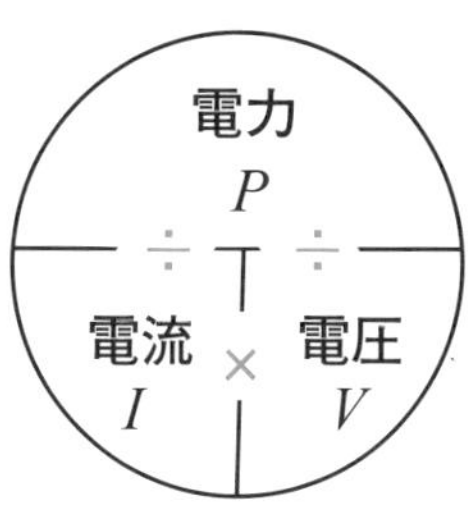

P、I、V の相関図

電力　$P = I \times V$
電流　$I = P \div V$
電圧　$V = P \div I$

電力量 U（Wh）＝電力 P（W）×時間 t（h）

$$U = Pt = VIt = RI^2t = \frac{V^2}{R}t$$

$1\ \mathrm{kWh} = 3.6 \times 10^6\ \mathrm{J}$
1kW の電力を 1 時間使う電力量

$1\ \mathrm{Ws} = 1\ \mathrm{J}$
1W の電力を 1 秒使う電力量

$1\ \mathrm{cal} = 4.184\ \mathrm{J}$
1g の水を 1℃上げる熱量

ジュール熱

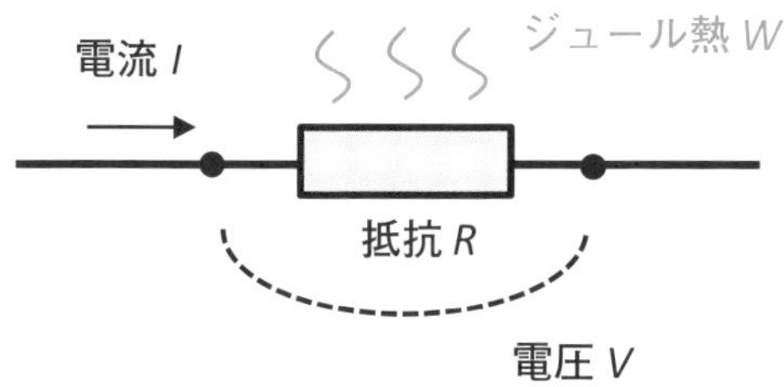

ジュール熱

$$W = Pt = VIt = RI^2t = \frac{V^2}{R}t$$

W [J]　ジュール熱
P [W]　電力
V [V]　電圧
I [A]　電流
R [Ω]　抵抗値
t [s]　通電時間

1 cal = 4.2 J ：水 1g の温度を 1℃上げる熱量

5-4 <電流・静磁場編>

電流と水流の回路比較と抵抗

電気回路の電圧や電流を、水路モデルの水圧や水流と比較することで、見えない電気の流れを理解しやすくなります。

電流と水流の閉回路

電気回路での電圧と電流の関係は、高い所から管で水を流す場合の水路の水圧と水流に似ています（**上図**）。高所の高さが2倍になると水圧（電圧）は2倍となり、管の細さ（抵抗に関連）が同じであれば、水流（電流）も倍増します。水路では低い所の水を高い所にくみ上げるのはポンプの役割ですが、電気回路では電源としての電池に相当します。オームの法則で電圧と電流が比例するように、水圧と水流は比例関係が成り立ちます。その比例係数が抵抗です。

電気抵抗率と温度依存性

管の断面積を2倍にすると、抵抗が半分になり、水流（電流）は2倍になります。また、抵抗部分に相当する絞った管の長さを増やした場合には、水流が流れにくくなることが予想されます。電気回路の電気抵抗では、導体の断面積をS［m^2］、長さをL［m］とすると、抵抗R［Ω］はLに比例してSに反比例します。

$$R = \rho \frac{L}{S} \qquad (5\text{-}4\text{-}1)$$

ここで、比例定数ρ［Ω・m］は**電気抵抗率**（**抵抗率**または**比抵抗**）と呼ばれます。記号はギリシャ文字のρ（ロー）です。特に電気抵抗率は物質の種類と温度Tとに依存します。基準温度T_0［℃］からの変化として、近似的に

$$\rho = \rho_0(1+\alpha(T-T_0)) \qquad (5\text{-}4\text{-}2)$$

が成り立ちます。ここでα［1/℃］は**温度係数**です。電子は他の電子や原子と衝突しながら動くので、温度が高いと陽イオンの振動が激しくなり、自由電子の移動が邪魔されるからです。ρ_0やαの数値例は**右頁の表**に示しましたが、実際には材料中の不純物の有無などにより変化します。

MEMO　導体とは逆に、半導体では温度が高くなると抵抗率が低くなります。エネルギー準位のバンドギャップを超えて流れる自由電子が増えるからです。

水流と電流の回路比較

水流回路

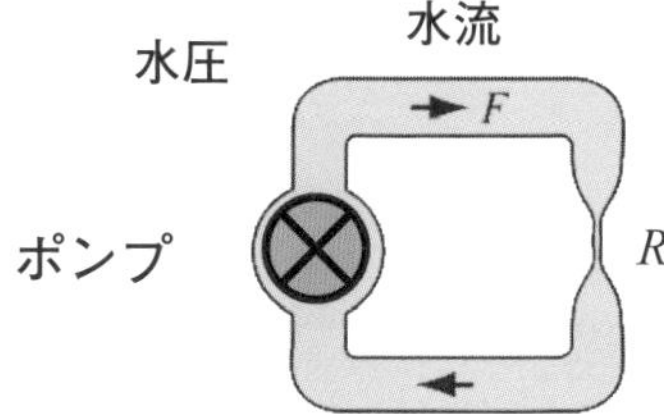

ポンプによる水圧で
水流を作ります。

電流回路

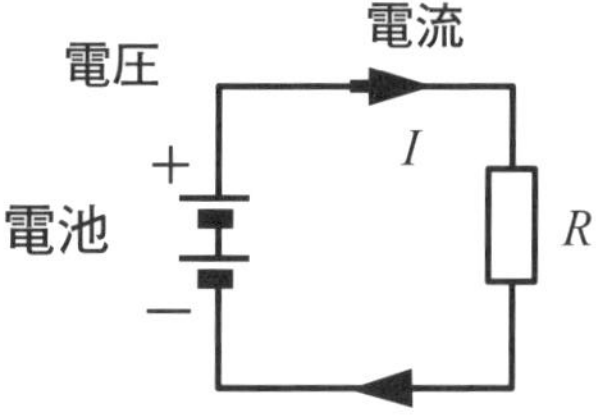

電池による電圧で
電流を作ります。

抵抗の形状依存と抵抗率の温度依存

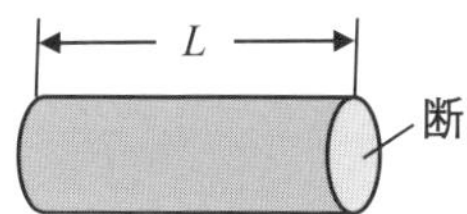

抵抗　$R = \rho \frac{L}{S}$

$\rho[\Omega \cdot \mathrm{m}]$ は電気抵抗率

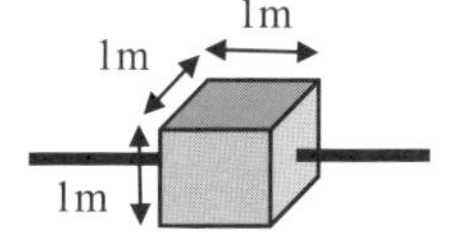

抵抗率 $\rho[\Omega \cdot \mathrm{m}]$

1m 立方体の抵抗値 $R[\Omega]$ に相当します

（L=1m、S=1×1m^2 で　$R=\rho$）

抵抗率の温度変化

$$\rho = \rho_0 (1+\alpha (T-T_0))$$

導体の温度が上がると、背景の原子などの運動が大きくなり、抵抗が増えます。

物質の種類	0℃での抵抗率 ρ_0 [×10^{-8} Ω·m]	温度係数 α [×10^{-3} /℃]
銅	1.55	4.4
鉄	8.9	6.5
タングステン	4.9	4.9
ニクロム	107	0.21

鉄の抵抗率は銅の6倍ほどなので、同じ長さで同じ抵抗とするには、銅の6倍の断面積の太い導体が必要となります。

5-5 ＜電流・静磁場編＞

抵抗の合成

水路の流量では、絞った管が２個並列にあれば２倍流れ、２か所直列にあれば流量は半分になります。電気回路のイメージも同様です。

直列合成抵抗

２つの抵抗 R_1、R_2 を直列につないだ場合（**上図**）には、流れる電流 I を一定とすると、抵抗 R_1 での電圧の低下は $V_1=R_1I$ であり、抵抗 R_2 での電圧の低下は $V_2=R_2I$ です。合計の電圧降下 V は $V_1+V_2=(R_1+R_2)I$ となります。したがって直列抵抗の合成抵抗 R は $RI=V$ より

$$R = R_1 + R_2 \tag{5-5-1}$$

となります。一般的に、抵抗 R_1、R_2、R_3、・・・、R_n の n 個の抵抗を直列接続した場合の合成抵抗 R は以下の通りです。

$$R = R_1 + R_2 + R_3 + \cdots + R_n = \sum_{i=1}^{n} R_i \tag{5-5-2}$$

並列合成抵抗

一方、２つの抵抗 R_1、R_2 を並列につないだ場合（**下図**）には、抵抗 R_1 に流れる電流は $I_1=V/R_1$ であり、抵抗 R_2 に流れる電流は $I_2=V/R_2$ なので、全電流 I は $I_1+I_2=(1/R_1+1/R_2)V$ です。これから並列抵抗の合成抵抗 R は $V/R=I$ より

$$\frac{1}{R} = \frac{1}{R_1} + \frac{1}{R_2} \tag{5-5-3}$$

$$\therefore\ R = \frac{R_1R_2}{R_1+R_2} \tag{5-5-4}$$

となります。一般的に、抵抗 R_1、R_2、R_3、・・・、R_n の n 個の抵抗を並列接続した場合の合成抵抗 R は以下の通りです。

$$\frac{1}{R} = \frac{1}{R_1} + \frac{1}{R_2} + \frac{1}{R_3} + \cdots + \frac{1}{R_n} = \sum_{i=1}^{n} \frac{1}{R_i} \tag{5-5-5}$$

MEMO　抵抗の直列は電流が等しく電圧（∝抵抗）が和となり、並列は電圧が等しく電流（∝ 1/ 抵抗）が和となります。

抵抗の直列接続

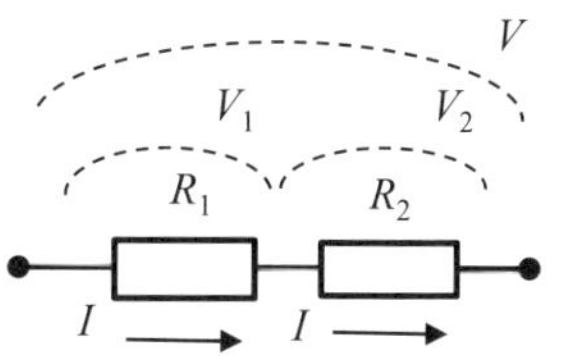

長さLを2倍にすると
抵抗Rは2倍になります $R=\rho\frac{L}{S}$

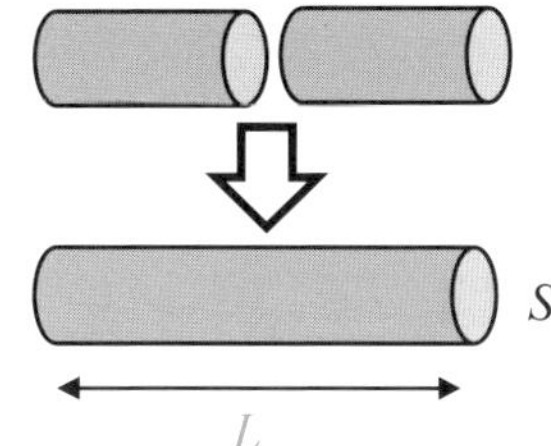

$$V = V_1 + V_2 = R_1 I + R_2 I = (R_1 + R_2) I$$

$$\therefore R = V/I = R_1 + R_2$$

多数個の接続

$$R = R_1 + R_2 + R_3 + \cdot\cdot\cdot + R_n = \sum_{i=1}^{n} R_i$$

抵抗の並列接続

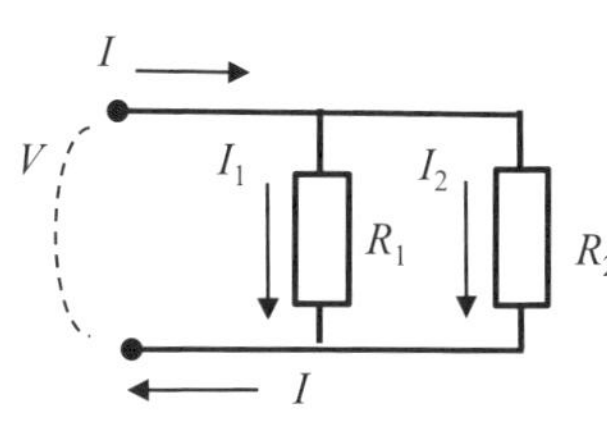

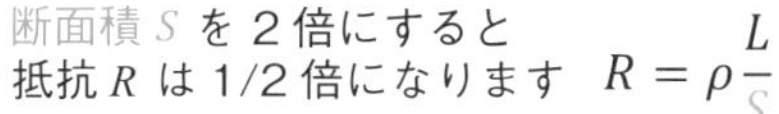

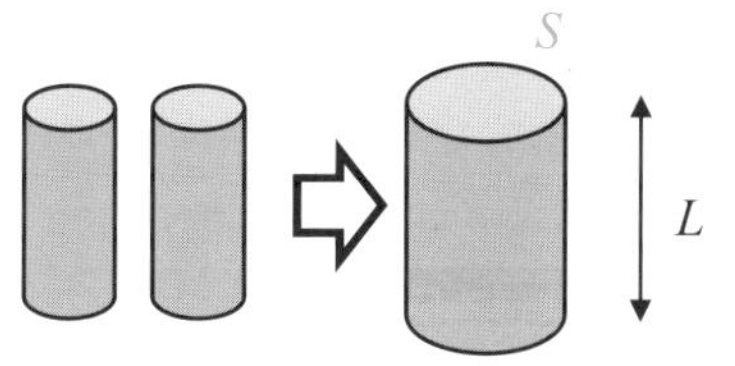

$$I = I_1 + I_2 = \frac{V}{R_1} + \frac{V}{R_2} = \left(\frac{1}{R_1} + \frac{1}{R_2}\right) V$$

$$\therefore \frac{1}{R} = \frac{I}{V} = \frac{1}{R_1} + \frac{1}{R_2}$$

多数個の接続

$$\frac{1}{R} = \frac{1}{R_1} + \frac{1}{R_2} + \frac{1}{R_3} + \cdots + \frac{1}{R_n} = \sum_{i=1}^{n} \frac{1}{R_i}$$

電源回路

回路の電源として電池が利用されます。乾電池や蓄電池は化学電池ですが、電池の内部抵抗を考えて外部回路への電流、電圧を考える必要があります。

電池の種類

電池とは化学反応や物理反応を利用してエネルギーを電力に直接変換する機器の総称であり、さまざまな電池があります（**上図**）。電気を生み出す化学電池としての乾電池は1次電池と呼ばれ、電気を蓄える蓄電池は2次電池と呼ばれます。化学エネルギーを利用しての電池として水素を利用する燃料電池もあります。物理反応を用いる電池としては太陽電池や熱電池があり、半導体素子を用いて光や熱から電気へのエネルギー変換を行います。

起電力と内部抵抗

電池が持っている電圧E[V]を起電力といい、電池の正極と負極の間の電圧（端子間電圧）をV[V]とすると、電流が流れていない場合には$V=E$ですが、一般的には$V<E$となります。電池内部には**下図**のように内部抵抗r[Ω]があると考えることができ、電流I[A]が流れるとrI[V]の電圧降下が起こり、端子電圧は

$$V = E - rI \tag{5-6-1}$$

となります。内部抵抗ゼロの理想的な電源では、外部抵抗がゼロの場合には膨大な電流が流れる事になりますが、実際には内部抵抗により、E/r[A]が可能な最大電流値となります。

電池に限らず、通常の安定化電源の場合でも同様な等価回路を考えることができます。定電圧電源の場合には**下図**のように電圧源と小さい内部抵抗（出力インピーダンス）とを直列で考えます。一方、定電流電源では、電流源に大きな出力インピーダンスを並列に組み入れた等価回路を考えることができます。

MEMO　レモンの果実などに銅板（＋）と亜鉛板（－）を刺してフルーツ電池が作れます。ボルタの電池と同じく酸性電解液を用いた化学電池です。

電池の種類

電池：あるエネルギーを直流の電気エネルギーに変換する機器

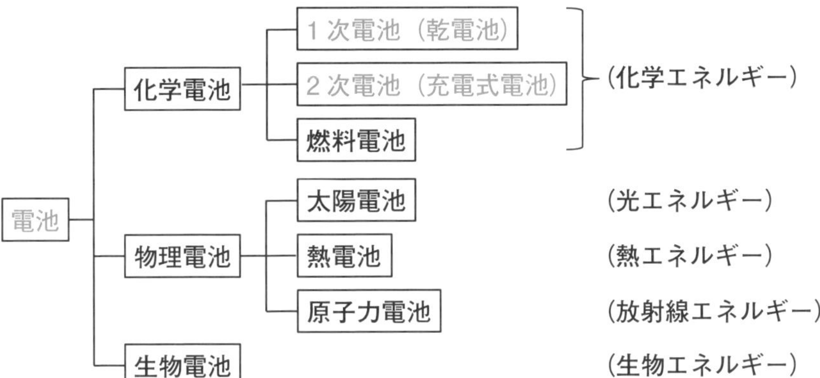

電池の起電力と内部抵抗

電池と抵抗の回路

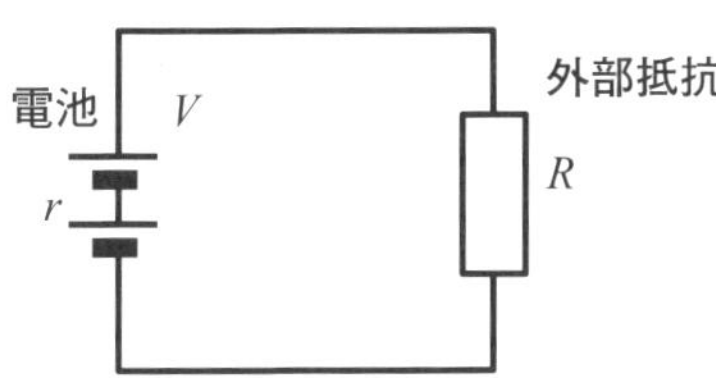

電池の内部抵抗が無い場合、外部抵抗Rがゼロでは電流は無限大!?

内部抵抗rは必ずあり、電流は無限大にはならず、最大電流は（起電力）÷（内部抵抗）です。

電池と等価回路

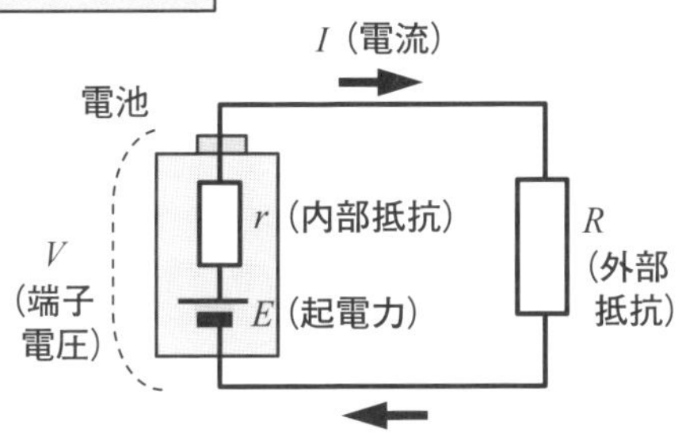

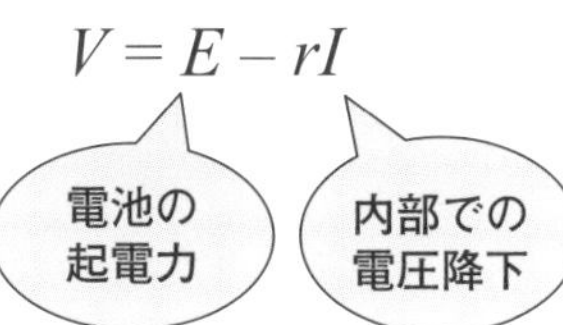

$$V = E - rI$$

キルヒホッフの法則

多数の抵抗や電源が含まれる複雑な回路（回路網）の計算には、電荷保存則とオームの法則とを一般化したキルヒホッフの法則が用いられます。

第一法則（電流法則）

電流は電荷の流れであり、電荷保存の法則が常に成り立つので、電流の流入・流出に関する法則が得られます。『回路網の任意の1点に流れ込む電流の総和は、流れ出す電流の総和に等しい』がキルヒホッフの第1法則であり、キルヒホッフの電流法則とも呼ばれます。流れ込む電流を正（または負）、流れ出る電流を負（または正）として

$$\sum_i I_i = 0 \tag{5-7-1}$$

と書くことができます（**上図**）。

第2法則（電圧法則）

回路網で任意の閉経路について、i番目の端子間の電位差V_iは、電池などの起電力E_iの他にオームの法則による電圧降下R_iI_iを含めて計算することができます。したがって、『回路網中の任意の閉じた経路に沿って1周したとき、起電力の総和は電圧降下の総和に等しい』が得られます。これはキルヒホッフの第2法則であり、キルヒホッフの電圧法則とも呼ばれます。閉じたループでの時計回りの電圧の向きを正に選び、反時計回りの電位差は負として、

$$\sum_i V_i = 0 \tag{5-7-2}$$

となります（**下図**）。

ここでの電気回路では直流回路を想定して、図中のRは抵抗としていますが、交流回路へ適用する場合には、複素数表示を用いて純粋な抵抗の他にインダクタンス、キャパシタンスを含めたインピーダンス（電圧と電流の比）に拡張して考えることができます。

MEMO　ロシアの物理学者グスタフ・キルヒホッフ（1824年～1887年）が1845年に発見した法則です。

キルヒホッフの電流法則（第１法則）

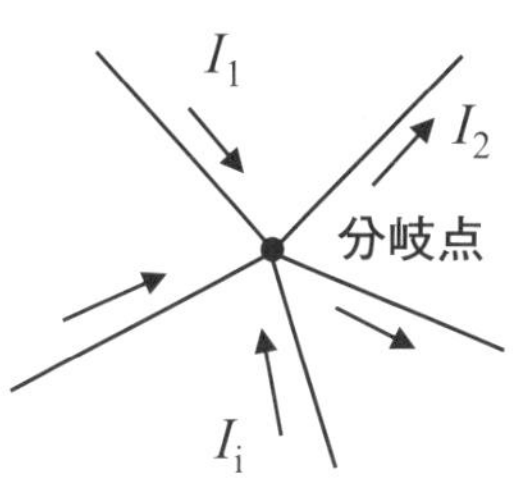

ある分岐点に流入または流出するｉ番目の電流をI_iとして、電流の流入・流出の和はゼロです。

ただし、流入電流を正（または負）、流出電流を負（または正）とします。

$$\sum_i I_i = 0$$

電荷保存の法則に相当します。

キルヒホッフの電圧法則（第２法則）

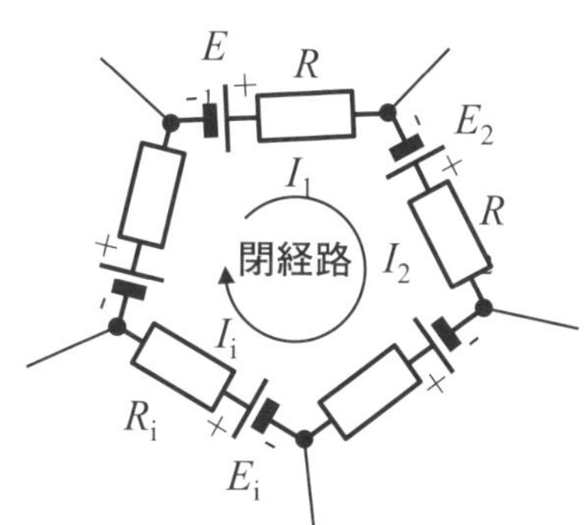

ｉ番目の分岐点間電圧 V_i は

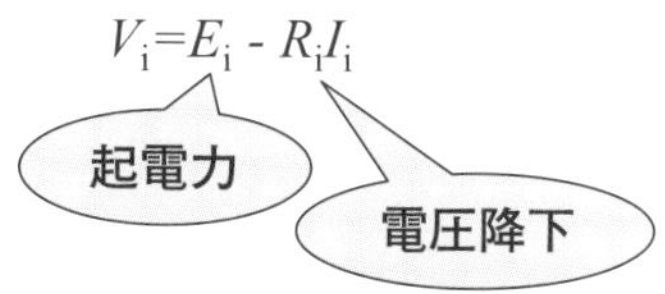

任意の一回りの閉じた経路ではこれらの電圧の和はゼロです。
ただし、時計回りの電圧（電位差）は正とし、逆方向は負とします。

$$\sum_i V_i = 0$$

オームの法則に相当します。

クイズ 4 択問題

答えは次々ページ

クイズ5.1　正立方体回路の抵抗は？

一辺の抵抗rの針金で図のような正立方体を作り、その対角頂点間に電圧Vを加えました。各部に流れる電流を考慮して、合成抵抗を求めてください。

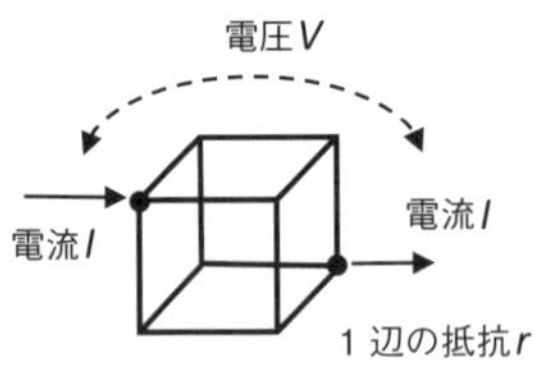

① $(2/3)\,r$　② $(5/6)\,r$　③ r　④ $(7/6)\,r$

クイズ5.2　電池の直列と並列の接続はどうなる？

1.5Vの電池3個を図のように接続しました。外部負荷を接続しない場合のAB間の電圧はいくらになるでしょうか？

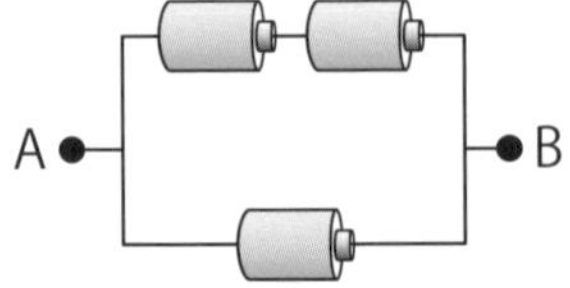

① 3V
② 2.25V(3個の半分)
③ 2V
④ 1.5V

COLUMN

エジソン電球からＬＥＤ電球へ!?

白熱電球は1879年にトーマス・エジソンによって発明されました。木綿の糸に煤を塗布した電球の寿命は40時間程度でしたが、その後、日本の竹の炭からできたフィラメントが用いられ、後にタングステンに変更されました。一般的な白熱電球のねじ込み式口金のサイズはE26(直径26mm)ですが、このEはエジソンの頭文字です。現在では、白熱電球はLED(発光ダイオード)電球への交換が進められています。消費電力の削減の他に、紫外線や赤外線が少なく食品や美術品などに安全なこと、暖色や中間色、寒色などが選べること、発熱が少なくエアコンの電力低減が可能なことのメリットがあげられます。

E26（Edison Screw）

白熱電球　LED電球

まとめのクイズ

問題は各節のまとめに対応／答えは次ページ

5-1 電流I[A]と電荷Q[C]との関係式は［　　　］です。断面積S[m^2]で長さL[m]の抵抗R[Ω]の物質の電気抵抗率は［　　[単位]］で定義されます。

5-2 電圧V[V]、電流I[A]そして抵抗R[Ω]の関係式はオームの法則［　　　］で表され、ミクロ的には1個の［　　　］に加わる［　　　］力と電子が動く場合の［　　　］に比例する［　　　］力との釣り合いから導出できます。

5-3 電圧V[V]で電流I[A]が流れるとき、電力Pは［　　[単位]］です。また、抵抗R[Ω]に電流I[A]が流れた場合の電力は［　　[単位]］であり、時間t[分]の電力量（電気エネルギー）は［　　[単位]］です。このエネルギーは熱にかわりますがこの熱は［　　　］と呼ばれます。

5-4 電気回路を水流路にたとえると、水圧ポンプが［　　　］であり、水流の抵抗が［　　　］に対応します。電気抵抗の場合、温度依存性があり、銅の場合には25℃の温度上昇があると、抵抗はおよそ［　　　］%ほど増加します。

5-5 2つの抵抗R_1、R_2の直列の合成抵抗は［　　　］であり、並列の場合の合成抵抗は［　　　］です。

5-6 電池の持っている電圧（開回路）電圧E[V]は［　　　］と呼ばれ、電流I[A]が流れている内部抵抗がr[Ω]の電源の端子電圧は［　　　］です。

5-7 キルヒホッフの電流法則は［　　　］の法則に対応し、キルヒホッフの電圧法則は［　　　］の法則の拡張に相当しています。

クイズの答え

答え5.1　②

【解説】全電流をIとするとき、対称性から各辺を流れる電流は図のように最初は$I/3$に分かれ、さらに半分の$I/6$に分かれ、それが集まって$I/3$になりIに戻るので、キルヒホッフの法則により1つの回路に沿って3か所の電圧降下を足すと$V=(I/3)r+(I/6)r+(I/3)r=(5/6)Ir$です。したがって、全抵抗は$(5/6)r$。

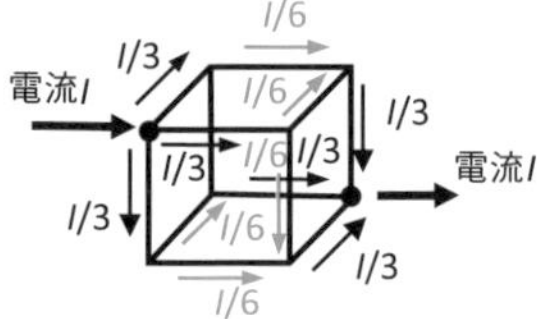

答え5.2　③

【解説】電池の端子電圧Vは起電力Eと内部抵抗rで決まります。上方回路は起電力$2E$、抵抗$2r$、下方回路は起電力E、抵抗rです。外部抵抗は接続されてないので、内部電流をIとして閉じた時計回りの回路を考えると　$2E-2rI-E-rI=0$、ゆえに　$I=E/(3r)$。したがって、AB間の上方回路から$V=2E-2rI=4E/3=2$[V]、あるいは、下方回路から$V=E+rI=4E/3=2$[V]。

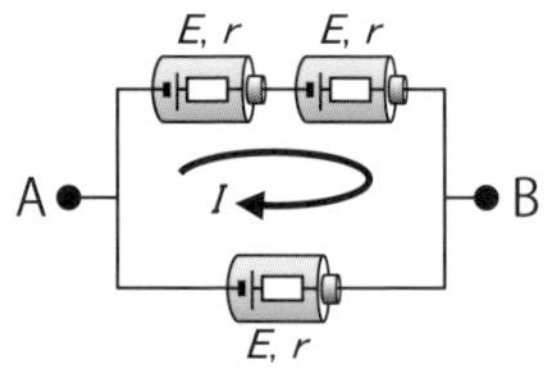

【注意】電池の内部電力消費が起こるので、このような接続はしないように。

答え　まとめ（満点20点、目標14点以上）

(5-1)　$I=\mathrm{d}Q/\mathrm{d}t$、$RS/L$ [Ω・m]

(5-2)　$V=RI$、自由電子、電気（力）、速度、抵抗（力）

(5-3)　VI [W]、RI^2 [W]、$60tRI^2$ [J]、ジュール熱

(5-4)　電圧電源、電気抵抗、10

(5-5)　R_1+R_2、$R_1R_2/(R_1+R_2)$

(5-6)　起電力、$E-rI$

(5-7)　電荷保存、オーム

＜電流・静磁場編＞

電流と磁場

電荷の流れとしての電流があると、そこに磁場が生まれます。第6章では、電流と磁場との基本法則としてのアンペールの法則について述べ、電線や荷電粒子に働く磁気力を説明します。一般的なビオ・サバールの法則と磁場に関するガウスの法則についても触れます。

6-1 <電流・静磁場編>

電流の作る磁場

磁石と帯電体との間に力が働くのではないかと、歴史的にさまざまな実験がなされ、電荷が動くことで磁場を生むことがわかってきました。

エルステッドの実験

動いていない電荷と磁石とはお互いに力を及ぼしませんが、電荷が動くと相互作用が現れます。電流が流れると北を指していた磁針が東や西に振れ（**上図**）、磁場が発生していることを、1820年にエルステッド（デンマーク）が発見しました。この電流による磁気作用の実験が、電場と磁場との学問的統一の契機となりました。

直線電流の作る磁場

同じ1820年に、フランスのアンペールにより電流と磁場との関係がさらに明らかにされてきました。電流を流すと、電流方向をねじの進む方向として、右ねじの回る向きに磁場が生じます。電流のまわりの磁界強度H、あるいは磁束密度Bは、電流からの距離に反比例して弱くなります。無限長の直線コイルの場合には、電流I[A]からの距離をr[m]として磁界強度H[A/m]、磁束密度B[T]は

$$H=\frac{I}{2\pi r}、\qquad B=\frac{\mu_0 I}{2\pi r} \tag{6-1-1}$$

です（**下図**）。ここで、磁界強度（磁場強度）Hの単位はアンペア毎メートル（記号A/m）、磁束密度Bの単位はテスラ（記号はT）または、ウェーバー毎平方メートル（記号Wb/m^2）です。$\mu_0=4\pi\times10^{-7}$[T･m/A]は真空の透磁率であり、A（アンペア）を定義する時の人為的な定数です。真空中では$B=\mu_0 H$です。

磁場（の強さ）というときには磁束密度Bを指すことも多くありますが、電場に関する電場の強さEと電束密度Dとの対比で、磁荷に関連する磁場の強さHと電荷の流れ（電流）に関連する磁束密度Bが定義されます。真空中（空気中）での電磁場を考える場合には、EとBとを用いるのが一般的です（**7-4節**参照）。

MEMO　一般的にH、Bがともに「磁場」「磁場の強さ」として用いられますが、Hを磁場強度（磁界強度）、Bを磁束密度と区別します。

エルステッドの実験（1820年）

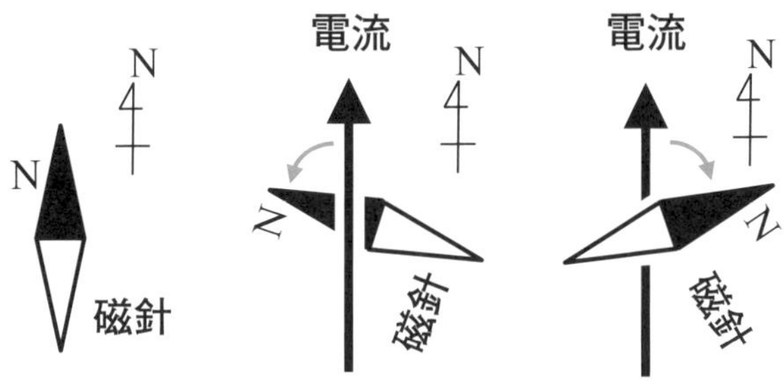

北を指していた磁針が、電流（電荷の流れ）を上に通すと西に、下に通すと東に動くことが確認されています。

直線電流の作る磁場

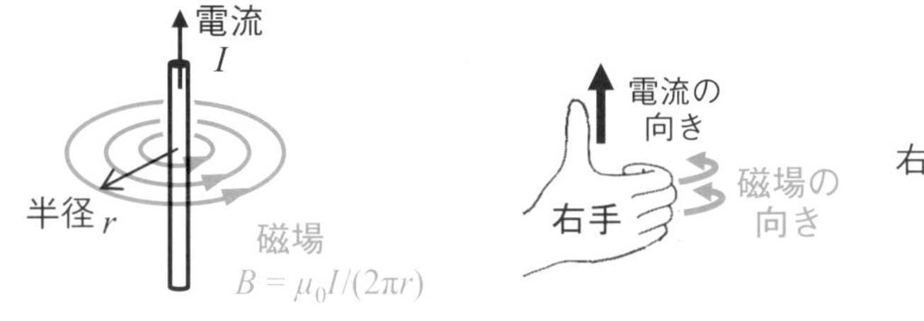

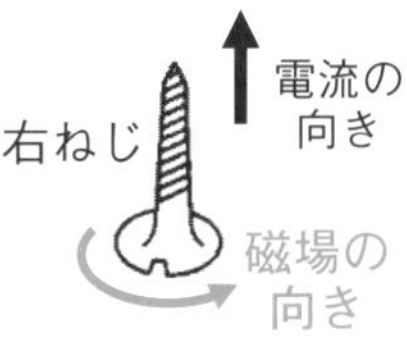

磁場の右手の法則　　右ねじの法則

電流I[A]により磁場は右ねじの方向に生成されます
半径r[m]での磁界強度Hと磁束密度Bは

$$H\,[\mathrm{A/m}] = \frac{1}{2\pi}\frac{I}{r}$$

$$B\,[\mathrm{T}] = \frac{\mu_0}{2\pi}\frac{I}{r}$$

1 A/m = 1 N/Wb
1 T = 1 Wb/m^2

アンペールの法則

電流を囲む任意の線に沿っての磁場の積分は、その閉曲線を貫通する電流の総和に比例することが、アンペールにより明らかにされてきました。

電流による磁場の強さ

無限に長い直線導線に電流I[A] を流した場合には、半径r[m] の場所では同心円の右回りの磁場（磁場Bは一定）ができます。この場合には、周長$2\pi r$と磁束密度B[T] との積が、この円を通る電流Iと透磁率μ_0との積に等しくなります。

$$2\pi rB = \mu_0 I \tag{6-2-1}$$

より一般的には閉曲線Cに関して微小距離$\Delta \boldsymbol{l}$とその場所での磁束密度$\boldsymbol{B}$との積（ベクトルの内積）の総和が閉曲線Cで囲まれた任意の曲面Sを貫く全電流値Iと透磁率μ_0との積に等しいことが言えます。

$$\textstyle\sum_C \boldsymbol{B}\cdot\Delta\boldsymbol{l} = \sum_C \boldsymbol{j}\cdot\Delta\boldsymbol{S} = \mu_0 I \tag{6-2-2}$$

ここで、$\boldsymbol{j}$は電流密度、$\Delta\boldsymbol{S}$はSの面素（ベクトルの向きは面の法線方向）です。これは周回積分を用いて

$$\oint_C \boldsymbol{B}\cdot d\boldsymbol{l} = \int_S \boldsymbol{j}\cdot d\boldsymbol{S} = \mu_0 I \tag{6-2-3}$$

と書けます。この関係式がアンペールの法則です。

この法則は任意の形状のコイルに対して適用可能であり、任意の閉曲線Cを貫通する電流の総和Iを用いて計算できます（**図**）。電流は保存されるので、電流を囲む閉曲線Cを境界としたどのような曲面で計算しても総電流値は同じ値となります。磁場の向きは、磁場の右手の法則や右ねじの法則で得られます。

無限長の直線電流I[A] による半径r[m] の場所での磁束密度B[T] や磁界強度H[A/m] については前節の式（6-1-1）に記載しましたが、アンペールの法則を単純に適用した式（6-2-1）から容易に導出されます。具体的な数値を用いた計算式は**右図下**に記載しています。

MEMO　アンペール（フランス、1775年～1836年）の法則で得られる磁場の方向は、右手による右ねじの法則で得られます。

アンペールの法則（1820年）

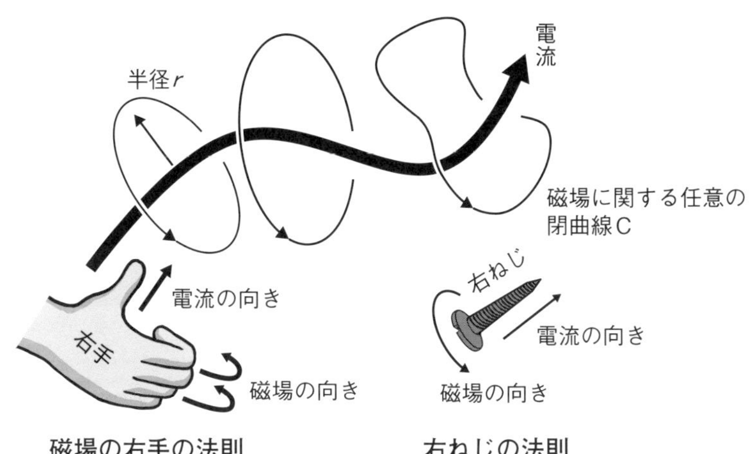

アンペールの法則

電流を取り囲む任意のループに沿った各点の磁場を足し合わせた総和は電流値に比例します。

$$\oint_C \boldsymbol{B} \cdot \mathrm{d}\boldsymbol{l} = \int_S \boldsymbol{j} \cdot \mathrm{d}\boldsymbol{S} = \mu_0 I$$

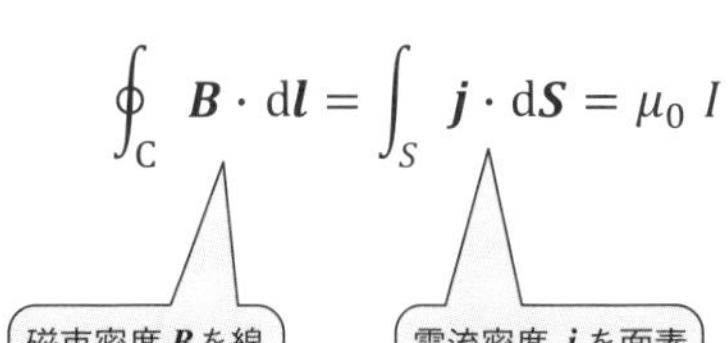

C：閉曲線
S：閉曲線 C で囲まれた曲面
$\mathrm{d}\boldsymbol{l}$：Cの線素ベクトル（m）
$\mathrm{d}\boldsymbol{S}$：Sの面素ベクトル（m^2）
$\boldsymbol{B}$：磁束密度ベクトル（Wb/m^2またはT）
$\boldsymbol{j}$：電流密度ベクトル（A/m^2）
I：曲面 S を貫く総電流（A）
μ_0：真空の透磁率（H/m）

具体的な計算式

磁束密度　$B\,[\mathrm{T}] = \dfrac{\mu_0}{2\pi}\dfrac{I}{r} = 2 \times 10^{-7}\dfrac{I[\mathrm{A}]}{r[\mathrm{m}]}$

磁界強度　$H\,[\mathrm{A/m}] = \dfrac{1}{2\pi}\dfrac{I}{r} = 0.159\dfrac{I[\mathrm{A}]}{r[\mathrm{m}]}$

6-3 <電流・静磁場編>

電流に働く磁気力

磁場中で導体に電流を流すと、磁場強度と電流値とに比例した力が垂直にかかります。力の方向は、よく知られたフレミングの左手の法則でわかります。

電流が磁場から受ける力

一様な磁場中での電流を有する導線にかかる電磁力の大きさF[N]は、磁場の磁束密度B[T]と電流の大きさI[A]の積に比例し、磁場中の導体の長さL[m]に比例します。**上図左**のように、電流が磁場の向きと直角に流れる場合には、

$$F = IBL \ \text{[N]} \qquad (6\text{-}3\text{-}1)$$

です。**上図右**のように電流と磁場とがθ[°]の角をなしているときには、導体に働く力Fは次式となります。

$$F = IBL\sin\theta \quad \text{[N]} \qquad (6\text{-}3\text{-}2)$$

より一般的に、ベクトルの外積を用いて

$$\boldsymbol{F} = (\boldsymbol{I}L)\times\boldsymbol{B} \quad \text{[N]} \qquad (6\text{-}3\text{-}3)$$

と書けます。人差し指の向きを磁場$\boldsymbol{B}$の向き、中指を電流$\boldsymbol{I}$の向きとすると、力$\boldsymbol{F}$の向きは親指の方向です。これは**フレミングの左手の法則**と呼ばれます。親指から『$\boldsymbol{F}\cdot\boldsymbol{B}\cdot\boldsymbol{I}$』、あるいは、中指から『電・磁・力』と暗記し、$\boldsymbol{F}$の向きを求めることができます。実は、フレミングの左手の法則も右手の法則も、右手の手のひらの方法（**8-8節**）で、より簡便に力の方向を求めることができます。

磁力線の磁気圧

この磁場による力は、一様な磁場と電流による同心円磁場との合成で下方の磁力線が密になり、磁気圧が大きくなって上方に押されると考えることもできます（**下図**）。磁束線はゴムバンドのように軸方向には縮まろうとする張力が働き、同時に垂直方向には押し広げようとする圧力が働きます。これは磁場の強さの２乗に比例した力となります。

MEMO　２本の平行に置かれた電流は、磁石のようにお互いに引き合います。２本の無限長導体の力は、アンペアの単位の定義に使われています（1-7節）。

一様磁場中の電流導体にかかる力

磁場と電流が直交

$F = IBL$

力F

磁束密度 B

L

90°

長さL

電流I

磁場と電流との角度がθ

$F = IBL\sin\theta$

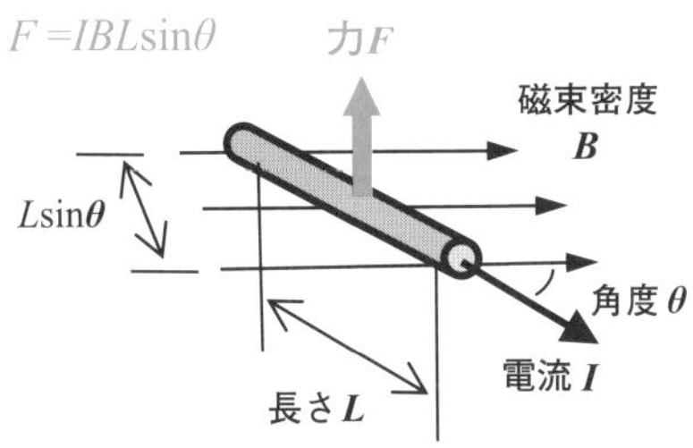

ベクトルの外積表示では $\boldsymbol{F} = L\boldsymbol{I} \times \boldsymbol{B}$

フレミングの左手の法則

力の方向は、
「右手のひらの方法」でも得られます（第８章８節）。
（こちらの方が簡便です）

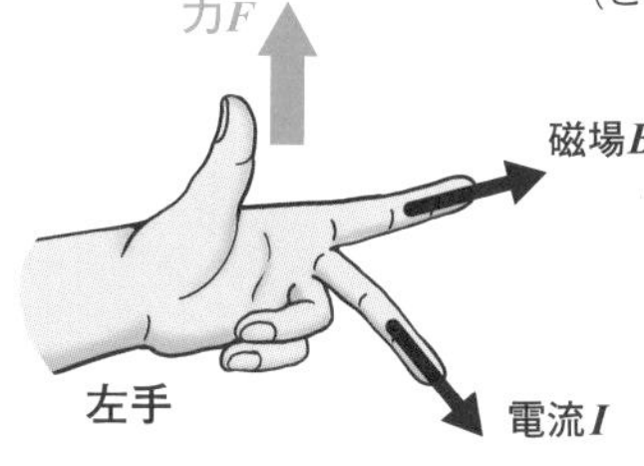

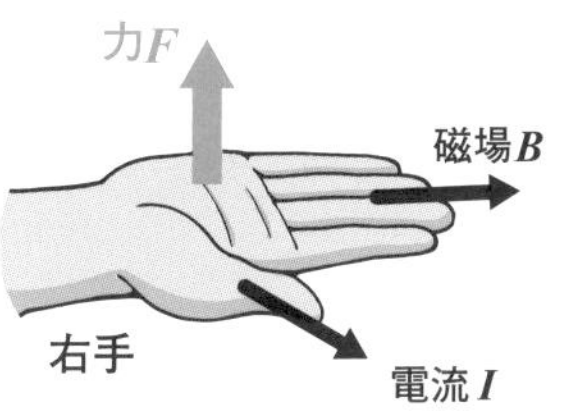

右手のひらで押す方向が求める力の方向です。

磁気圧による電流に働く力

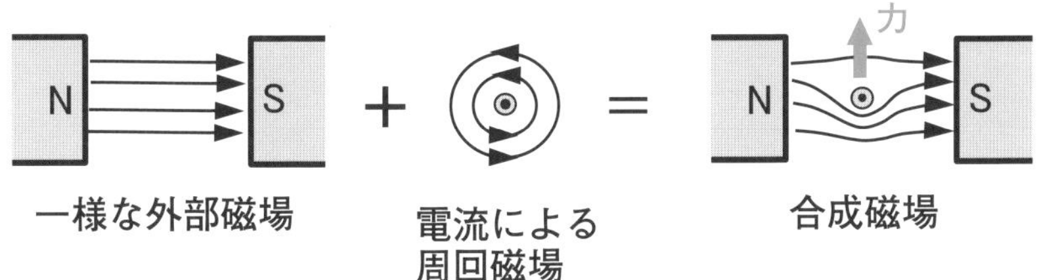

合成された磁力線の構造により、
上方への磁気圧が発生します。

6-4 ＜電流・静磁場編＞

電場および磁場中の荷電粒子

静電力により荷電粒子は加速や減速が行われますが、一方、静磁気力では荷電粒子は磁場からエネルギーを得ることができません。

電場による加速

電荷 Q [C] を持つ荷電粒子が電場 $\boldsymbol{E}$ [V/m] の中で受ける力 $\boldsymbol{F}$ [N] は

$$\boldsymbol{F} = q\boldsymbol{E} \tag{6-4-1}$$

であり、これは電場 $\boldsymbol{E}$ の定義でもありました。荷電粒子の質量を m_q [kg] とすると、一様電場中では加速度 $\boldsymbol{\alpha}$ [m/s^2] $=q\boldsymbol{E}/m_q$ で常に粒子加速が行われ、距離 d [m] だけ動いた場合には、最終的に W_f [J] $=qEd$ のエネルギーが得られます。初期速度がゼロで最終速度を v_f とすると、$(1/2)\,mv_f^2 = W_f$ から $v_f = (2qEd/m_q)^{1/2}$ であり、到達時間 t_f [s] は $\alpha t_f = v_f$ により $(2m_q d/qE)^{1/2}$ となります。

磁場による円運動

磁場中では荷電粒子が動いている場合にのみ力を受けます。磁気力は、常に荷電粒子の速度に垂直であり、静磁場により加速や減速が行われることはありませんし、電場中の運動と異なり、荷電粒子のエネルギーの増減はありません。

速度を磁場に平行成分と垂直成分に分けて荷電粒子の運動を考えます。一様な磁場の場合には、磁場方向には力が加わらないので、磁場方向には等速直線運動となります。磁場 $\boldsymbol{B}$ に垂直な成分 $v_\perp$ を考えた場合、磁場と速度に垂直な方向の力 $qv_\perp B$ が向心力として加わり、荷電粒子は円運動（**サイクロトロン運動**）を描きます。回転半径は $m_q v_\perp/(qB)$ であり、電子と陽イオンでは回転方向が逆になり、一般的に電子の回転半径は小さく、イオンの回転半径は大きくなります。磁気力 $\boldsymbol{F}$ [N] のベクトル表示は

$$\boldsymbol{F} = q\boldsymbol{v}\times\boldsymbol{B} \tag{6-4-2}$$

です。以上の電場 $\boldsymbol{E}$ と磁場 $\boldsymbol{B}$ との力を合わせた力は**ローレンツ力**と呼ばれます。

$$\boldsymbol{F} = q(\boldsymbol{E}+\boldsymbol{v}\times\boldsymbol{B}) \tag{6-4-3}$$

MEMO　ローレンツ力やローレンツ収縮（11-6 節）はオランダの理論物理学者ヘンドリック・ローレンツ（1853 年～ 1928 年）の名前にちなんでいます。

電場による電荷に働く力

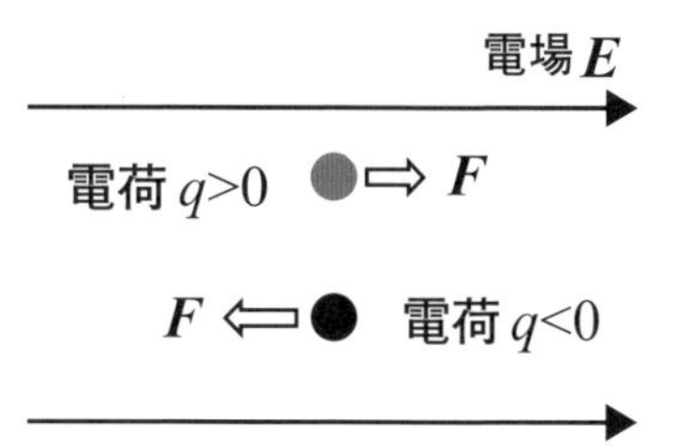

電場中の荷電粒子に働く力は

$$\boldsymbol{F} = q\boldsymbol{E}$$

磁場による電荷に働く力

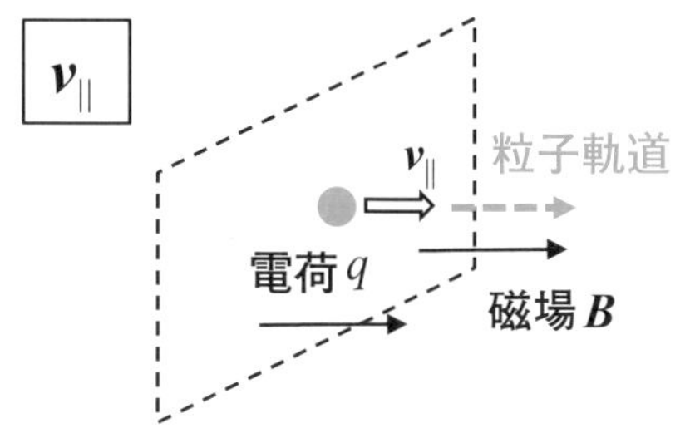

荷電粒子の速度を
$\boldsymbol{v}=\boldsymbol{v}_{\parallel}+\boldsymbol{v}_{\perp}$ に分けて考えます。

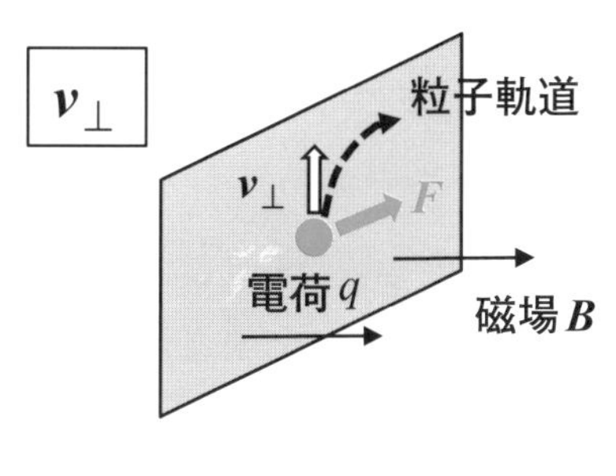

磁場に垂直の速度 $\boldsymbol{v}_{\perp}$ の場合、
$\boldsymbol{v}$ と $\boldsymbol{B}$ に垂直の力

$$F = qv_{\perp}B$$

が働きます。
ベクトル表示では、

$$\boldsymbol{F} = q\boldsymbol{v} \times \boldsymbol{B}$$

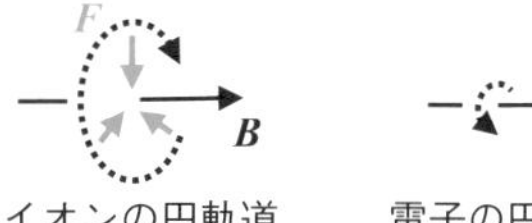

イオンの円軌道　　電子の円軌道

ローレンツ力

電場と力を含めて

$$\boldsymbol{F} = q(\boldsymbol{E}+\boldsymbol{v} \times \boldsymbol{B})$$

註：$q\boldsymbol{v} \times \boldsymbol{B}$ だけをローレンツ力と呼ぶ場合もあります

6-5 ＜電流・静磁場編＞

導線の形と磁場構造

電流から作られる典型的な磁場の例として、直線電流と円電流による磁場があります。巻き数の多いソレノイドコイルやトロイダルコイルの磁場も説明します。

直線電流と円電流

無限長の直線電流 I［A］の場合（**上図左**）、アンペールの法則から半径 r［m］での磁束密度 B［T］が以下のように得られます。

$$B = \frac{\mu_0 I}{2\pi r} \tag{6-5-1}$$

１回巻きの円形コイル電流の場合、生じる磁場の大きさと向きは場所により異なり複雑です。電流の強さを I［A］として、半径 a［m］の円形コイルの中心（**上図右**）での磁束密度 B［T］は次節のビオ・サバールの法則で得られます。

$$B = \frac{\mu_0 I}{2a} = 2\pi \times 10^{-7} \frac{I[\mathrm{A}]}{a[\mathrm{m}]} \tag{6-5-2}$$

ソレノイドコイルとトロイダルコイル

空心の長いソレノイドコイル（環状コイル）の場合（**下図左**）には、1mあたりの巻き数を n［回/m］、コイル電流を I［A］とすると、コイル内部の磁束密度 B［T］は一様であり、アンペールの法則を適用して

$$B = \mu_0 n I \tag{6-5-3}$$

となります。ソレノイド内の磁場の向きは、右手を使って示すことができます。

また、電流 I の半径 a の円形コイルを大半径 R_0 としてドーナツ状（円環状）に N 個を均等で密に並べた場合（**下図右**）にはトロイダル磁場コイルと呼ばれます。半径 $R = R_0 + \Delta\ (-a < \Delta < a)$ のコイル内の水平面での磁束密度 B は、

$$B = \frac{\mu_0 I}{2\pi R} \tag{6-5-4}$$

であり、コイル外の（$R < R_0 - a$、$R > R_0 + a$）での磁束密度 B はゼロとなります。

MEMO　超伝導トロイダル磁場コイルは磁場核融合やSMES（超伝導電力貯蔵装置）に利用されています。

直線電流およびリング電流の作る磁場

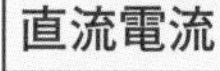

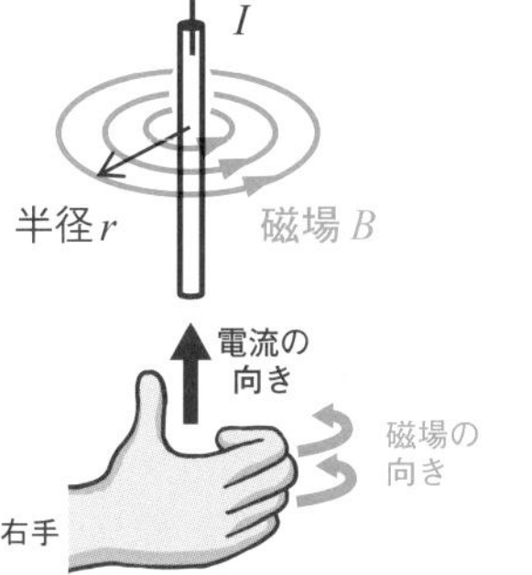

直線電流での磁場

$$H = \frac{I}{2\pi r}$$

$$\boxed{B = \frac{\mu_0 I}{2\pi r}}$$

アンペールの法則から

$2\pi B = \mu_0 I$

円電流

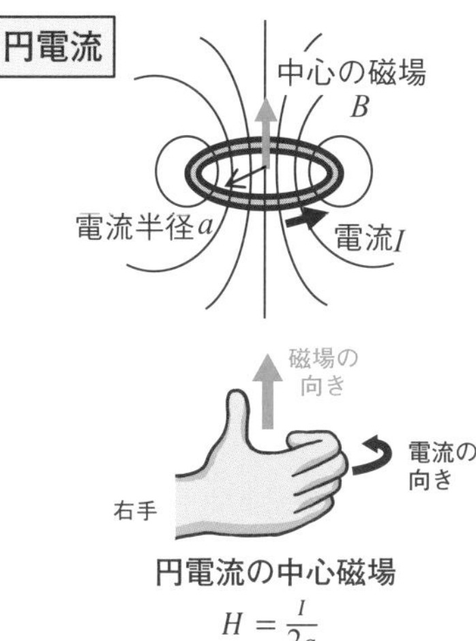

円電流の中心磁場

$$H = \frac{I}{2a}$$

$$\boxed{B = \frac{\mu_0 I}{2a}}$$

ソレノイドコイルおよびトロイダルコイルの作る磁場

ソレノイド（環状）コイル

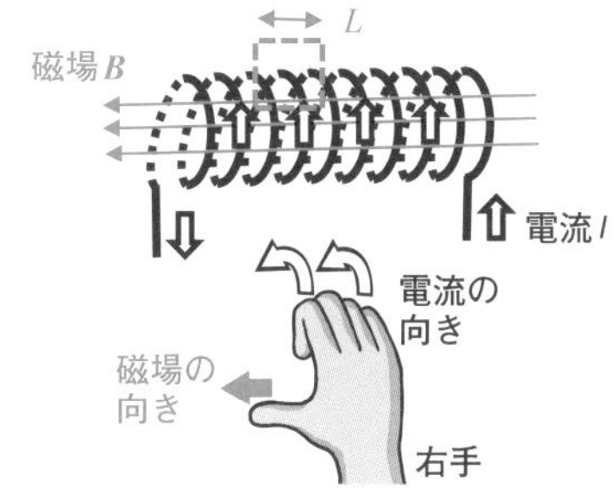

ソレノイド内部の磁場

$H = nI$

$$\boxed{B = \mu_0 nI}$$

アンペールの法則から

$LB = \mu_0 nLI$

H：磁界強度（A/m）
B：磁束密度（T）
I：1本のコイル電流（A）
n：1mあたりの巻き数（1/m）

トロイダル（環状）コイル

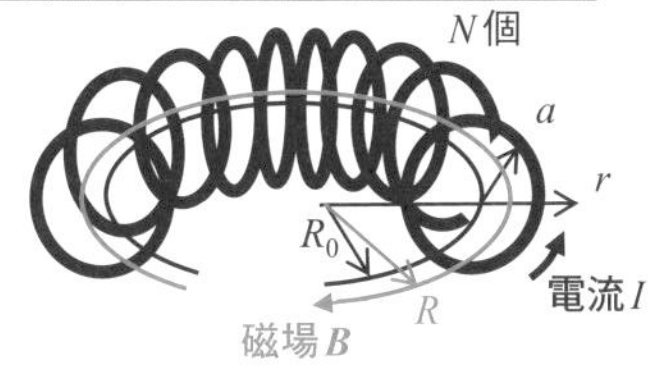

トーラス内部の磁場

$$H = \frac{NI}{2\pi R}$$

$$\boxed{B = \frac{\mu_0 NI}{2\pi R}}$$

アンペールの法則から

$2\pi RB = \mu_0 NI$

H：磁界強度（A/m）
B：磁束密度（T）
I：コイル電流（A）
N：コイル個数
R：大半径（m）

6-6 ＜電流・静磁場編＞

ビオ・サバールの法則

周回積分を含むアンペールの法則と異なり、電流素片による磁場成分はビオ・サバールの法則から求められます。

電流線素による磁場

直線コイルや円形コイルと異なり、任意の形状のコイル電流による磁場は、コイルの微小部分からの寄与がわかれば、それらの重ね合わせで計算できます。

電流I[A]の流れている導線の微小距離d$\boldsymbol{\ell}$として、電流素片Id$\boldsymbol{\ell}$を考えます。距離$\boldsymbol{r}$[m]だけ離れた点Pに作る磁場d$\boldsymbol{B}$[T]は、

$$\mathrm{d}\boldsymbol{B} = \frac{\mu_0}{4\pi}\frac{I\mathrm{d}\boldsymbol{\ell}\times\boldsymbol{r}}{r^3} \quad \text{あるいは} \quad \mathrm{d}B = \frac{\mu_0}{4\pi}\frac{I\mathrm{d}\ell\,\sin\theta}{r^2} \tag{6-6-1}$$

で表されます（**上図**）。これは1820年にフランスのジャン＝バティスト・ビオとフェリックス・サバールにより見出された法則であり、**ビオ・サバールの法則**といいます。ここで、×はベクトルの外積であり、θはd$\boldsymbol{\ell}$方向と$\boldsymbol{r}$の方向とのなす角です。ベクトルd$\boldsymbol{B}$の方向は点PとId$\boldsymbol{\ell}$とで決まる平面に垂直であり、その向きは電流を推進方向としての**右ねじの法則**で決まります。

ビオ・サバールの法則のリング電流への適用

ビオ・サバールの法則から様々な形状の電流による磁場を導き出すことができます。一例として、半径a、電流Iの円形コイルによる中心軸上の高さzの点Pでの磁場（磁束密度）Bの式

$$B = \frac{\mu_0 I a^2}{2(a^2+z^2)^{3/2}} \tag{6-6-2}$$

を導出することができます（**下図**）。軸上の磁場はz成分のみであり、線素に沿っての周回積分することで前節の式（6-5-2）が得られます。特に、$z=0$の円中心の磁場は、磁場d$B=\mu_0 I$d$l/(4\pi a^2)$で線素dlを周長$2\pi a$に変えて$B=\mu_0 I/(2a)$が得られます。

MEMO　磁場のビオ・サバールの法則は、電場のクーロンの法則に対応していて、同方向の線素I_1dℓ_1とI_2dℓ_2との引力は　d$F=-(\mu_0/4\pi)I_1 I_2$dℓ_1dℓ_2/r^2となります。

電流線素による磁場の強さ

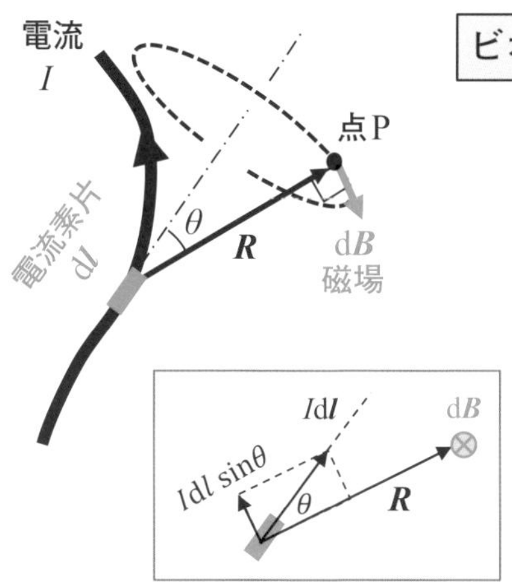

磁場の向きは
紙面に垂直で
裏面への方向

ビオ・サバールの法則

電流素片 dl が作る点 P での磁場

dr

$$\mathrm{d}\boldsymbol{B} = \frac{\mu_0}{4\pi}\frac{I\mathrm{d}\boldsymbol{l}\times\boldsymbol{R}}{R^3} = \frac{\mu_0}{4\pi}\frac{I\mathrm{d}l\sin\theta}{R^2}\boldsymbol{e}_{\mathrm{d}B}$$

$$\boldsymbol{e}_{\mathrm{d}B} = \frac{\mathrm{d}\boldsymbol{l}\times\boldsymbol{R}}{|\mathrm{d}\boldsymbol{l}\times\boldsymbol{R}|}$$

円電流の軸上での磁場

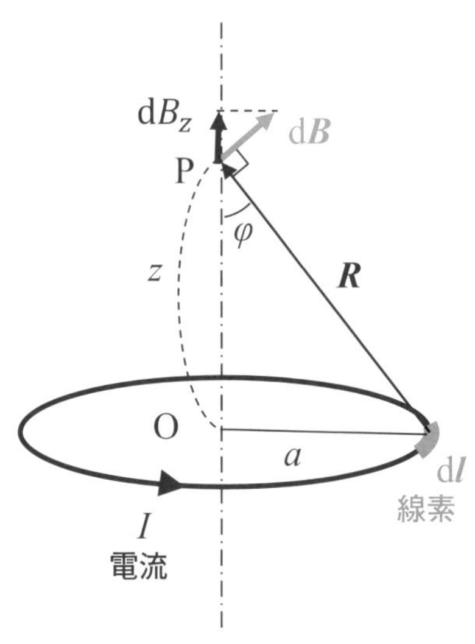

電流線素 $I\mathrm{d}\boldsymbol{\ell}$ と点 P との距離は

$$|\boldsymbol{R}| = \sqrt{a^2+z^2}$$

ビオ・サバールの法則より

$$\mathrm{d}\boldsymbol{B} = \frac{\mu_0}{4\pi}\frac{I\mathrm{d}\boldsymbol{\ell}\times\boldsymbol{R}}{R^3}$$

この z 成分は

$$\mathrm{d}B_z = \mathrm{d}B\sin\varphi = \frac{\mu_0 Ia}{4\pi R^3}\mathrm{d}\ell$$

軸上の磁場は、問題の対称性から
z 成分のみであり

$$B = \oint \mathrm{d}B_z = \frac{\mu_0 Ia}{4\pi R^3}\int_0^{2\pi a}\mathrm{d}\ell$$

$$= \frac{\mu_0 Ia^2}{2R^3} = \frac{\mu_0 Ia^2}{2(a^2+z^2)^{3/2}}$$

6-7 <電流・静磁場編>

磁場のガウスの法則

磁場は電流の周りの渦線として作られますが、磁束自体の湧き出しや吸い込みはありません。これは磁場に関するガウスの法則です。

積分形

電場では、電荷 Q [C] から飛び出す電束の数の保存から、ガウスの法則として電束密 $\boldsymbol{D}(=\varepsilon\boldsymbol{E})$ [C/m^2] を閉曲面 S で積分して $\oint_S \boldsymbol{D}\cdot\mathrm{d}\boldsymbol{S}=Q$ でした。電場との類似性から、電束密度 $\boldsymbol{D}$ に対して磁束密度 $\boldsymbol{B}$ [Wb/m^2] を、電荷 Q に対して磁荷 Q_m [Wb] を対応させることで、同様の法則が得られます（**上図**）。ただし、電荷と異なり、磁荷は存在しないので、

$$\oint_S \boldsymbol{B}\cdot\mathrm{d}\boldsymbol{S}=0 \qquad (6\text{-}7\text{-}1)$$

としての磁場のガウスの法則が得られます。この式は任意の領域の表面 S から出入りする磁束の総量は常に0であり、磁束線の湧出し口と吸い込み口は存在せず、磁束線は必ず閉曲線を描くことを示しています。これは磁束保存の法則です。

微分形

数学でのガウスの発散定理は「閉曲面 S で囲まれた領域 V でのベクトル場 $\boldsymbol{B}$ の発散の体積積分が、閉曲面 S 上でのベクトル場 $\boldsymbol{B}$ の面積分に等しい」です。

$$\int_V \nabla\cdot\boldsymbol{B}\mathrm{d}V=\oint_S \boldsymbol{B}\cdot\mathrm{d}\boldsymbol{S} \qquad (6\text{-}7\text{-}2)$$

これを用いて、積分表示（6-7-1）から微分表示が得られます。磁場ベクトル $\boldsymbol{B}$ に関して、磁場のガウスの法則により上式の右辺はゼロであり、任意の微小な体積に対して式（6-7-2）の左辺がゼロとなるので、以下の微分形が得られます。

$$\nabla\cdot\boldsymbol{B}=0 \qquad (6\text{-}7\text{-}3)$$

これは**下図**のような一様場や回転渦場で成り立ちますが、発散場（湧き出しのある場）では成り立ちません。

MEMO　一般的に、数学では演繹的に「公理」→「定理」の語句が使われますが、物理では帰納的に「法則」→「原理」が使われています。

磁場のガウスの法則の積分表示

電束　　　　　　　　**磁束**

$$\oint_S \boldsymbol{D}\cdot \mathrm{d}\boldsymbol{S} = Q$$

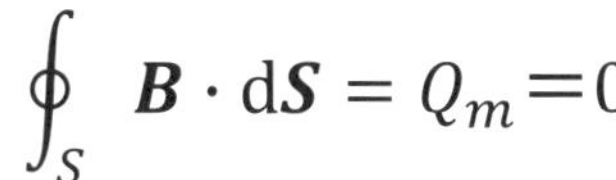

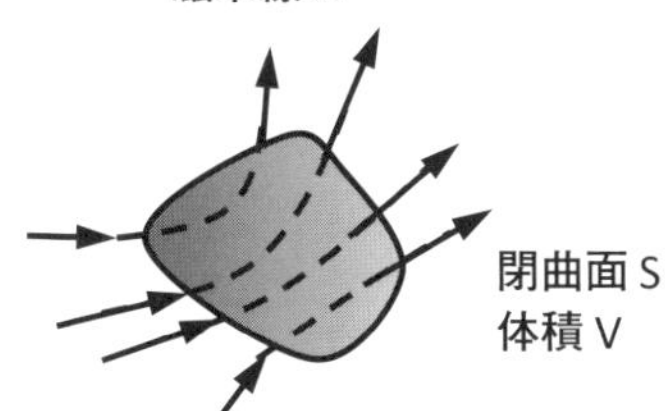

閉曲面 S
体積 V

磁束保存の法則

閉曲面 S での磁束線の出入りはゼロです。

磁場のガウスの法則の微分表示

ガウスの発散定理を用いて

$$\int_V \nabla\cdot \boldsymbol{B}\mathrm{d}V = \int_S \boldsymbol{B}\cdot \mathrm{d}\boldsymbol{S} = 0$$

任意の体積 V に対して成り立つので

$$\nabla\cdot \boldsymbol{B} = 0$$

ベクトル場 *A* のイメージ図

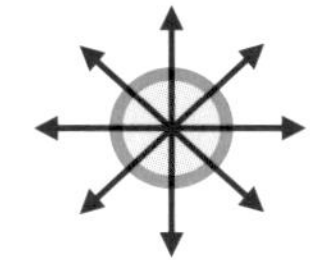

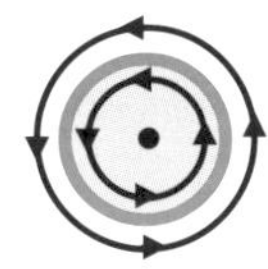

一様	湧き出し	回転渦	
$\nabla\cdot \boldsymbol{A} = 0$	$\nabla\cdot \boldsymbol{A} \neq 0$	$\nabla\cdot \boldsymbol{A} = 0$	閉曲面積分で評価（発散定理）
$\nabla\times \boldsymbol{A} = 0$	$\nabla\times \boldsymbol{A} = 0$	$\nabla\times \boldsymbol{A} \neq 0$	周回線積分で評価（回転定理）

クイズ4択問題

答えは次々ページ

クイズ6.1　半直線と半円コイルでの磁場の強さは？

2本の無限半直線電流に半径Rの半円を組み合わせた回路に図のように電流Iを流しました。半円の中心Oにおける磁束密度Bの大きさはどうなるでしょうか？

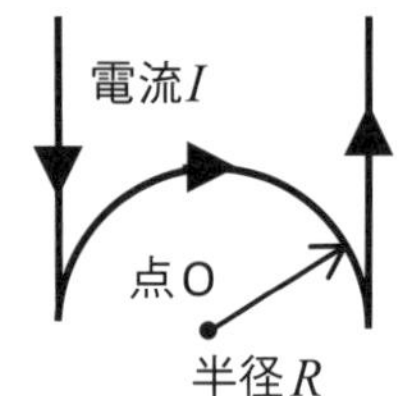

① $\frac{\mu_0 I}{4R}(2+1/\pi)$　② $\frac{\mu_0 I}{4R}(2-1/\pi)$

③ $\frac{\mu_0 I}{4R}(1+2/\pi)$　④ $\frac{\mu_0 I}{4R}(1-2/\pi)$

クイズ6.2　磁場中の荷電粒子に電場が加わると軌道はどうなる？

一様な強い磁場（z方向）中に荷電粒子が高速でサイクロトロン運動（円運動）をしている荷電粒子があります。そこに磁場に垂直に電場（y方向）を加えると、荷電粒子の運動はどうなるでしょうか？

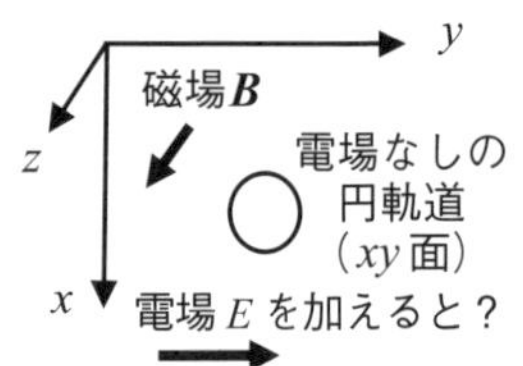

① イオンは電場方向（y方向）に、電子は－y方向に動く
② イオン・電子とも、電場方向（y方向）に動く
③ イオンは磁場と電場とに垂直方向（x方向）に、電子は－x方向に動く
④ イオン・電子とも、x方向に動く

COLUMN

超伝導電磁石が医療で活躍する!?

超伝導現象は、1911年にオランダのカマリン・オンネスにより水銀の電気抵抗が絶対零度近くでどうなるかを測定していて発見されました。それ以来、さまざまな応用がなされてきています。典型的なのが、超伝導磁石による医療への応用です。数テスラの高磁場によるMRI（磁気共鳴映像法）や、微弱な心磁図や脳磁図のためのSQUID（スクイド、超伝導量子干渉計）があります。前者では体内の水素原子が持つ弱い磁気を、強力な磁場でゆさぶり、原子の状態を画像にします。後者は超伝導における磁束の量子化を利用した超高感度な磁気センサで、フェムトテスラ(10^{-15}T)までの非常に微弱な磁場を検出することができます。

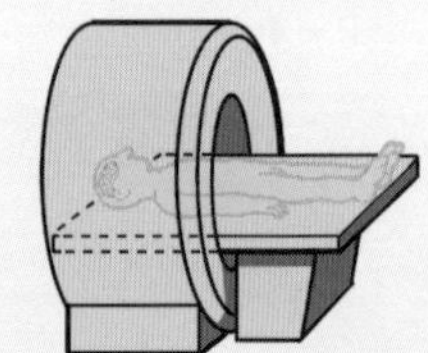

まとめのクイズ

問題は各節のまとめに対応／答えは次ページ

6-1 無限長の直線コイルに電流I[A]が流れている場合、距離をr[m]の場所での磁界強度Hは［　　［単位］］であり、磁束密度Bは［　　［単位］］です。

6-2 閉曲線Cでの接線方向の長さのベクトルを$d\boldsymbol{l}$としてその場所での磁束密度を$\boldsymbol{B}$とします。閉曲線Cを貫通する全電流をIとすれば、アンペールの法則は［　　］と表記できます。

6-3 磁場$\boldsymbol{B}$[T]の中にある長さL[m]の直線電流$\boldsymbol{I}$[A]に加わる力$\boldsymbol{F}$は、ベクトル表記で［　　［単位］］です。

6-4 電場$\boldsymbol{E}$[V/m]と磁場$\boldsymbol{B}$[T]とが、速度$\boldsymbol{v}$[m/s]で動く電荷q[C]の荷電粒子に加わる力$\boldsymbol{F}$は、［　　［単位］］であり、［　　］と呼ばれます。

6-5 空心の長いソレノイドコイルで1mあたりの巻き数をn[回/m]、コイル電流をI[A]とすると、内部の磁束密度Bは［　　［単位］］です。

6-6 電流I[A]の流れている導線の微小長さベクトル$d\boldsymbol{\ell}$として、電流素片$Id\boldsymbol{\ell}$を考えます。距離$\boldsymbol{r}$[m]だけ離れた点Pにつくる磁場$d\boldsymbol{B}$は、［　　［単位］］であり、これは［人名］の法則と呼ばれています。

6-7 任意の閉じた曲面Sから出入りする磁束の総量は常にゼロであり、面素の外向き方向の垂直ベクトルを$d\boldsymbol{S}$として、磁束密度$\boldsymbol{B}$に関するガウスの法則の積分形［　　］が得られます。ここで、ガウスの発散定理［　　］を利用して、微分形［　　］が導入できます。

クイズの答え

答え6.1　④

【解説】半円の部分は通常の円電流の磁場$\mu_0 I/(2R)$の半分となり、手前から紙面の方向です。1本の半直線の点Oへの寄与は無限直線の磁場$\mu_0 I/(2\pi R)$の半分となり、半円部分の寄与と逆方向です。③ ④ が半円と2本の半直線との組み合わせです。方向を考えて、答えは ④ 。

【参考】① ② は完全な円電流と1本の無限半直線による磁場の組み合わせです。

答え6.2　②

【解説】電場$\boldsymbol{E}$、磁場$\boldsymbol{B}$中の質量m、電荷qで速度$\boldsymbol{v}$の荷電粒子の運動方程式は、$m\mathrm{d}\boldsymbol{v}/\mathrm{d}t=q\boldsymbol{v}\times\boldsymbol{B}+q\boldsymbol{E}$です。サイクロトロン運動の速度$\boldsymbol{v}_c$(電場がない場合の速度)とドリフト速度$v_E$の和で速度(案内中心近似)を考え、$\boldsymbol{v}=\boldsymbol{v}_c(t)+\boldsymbol{v}_E$とおくと$m\mathrm{d}\boldsymbol{v}_c/\mathrm{d}t=q\boldsymbol{v}_c\times\boldsymbol{B}$です。$\boldsymbol{v}_E\perp\boldsymbol{B}$、$\mathrm{d}\boldsymbol{v}_E/\mathrm{d}t=0$として$\boldsymbol{E}+\boldsymbol{v}_E\times\boldsymbol{B}=0$ です。ここで、ベクトル3重積の公式 $\mathrm{A}\times(\mathrm{B}\times\mathrm{C})=(\mathrm{A}\cdot\mathrm{C})\mathrm{B}-(\mathrm{A}\cdot\mathrm{B})\mathrm{C}$より $\boldsymbol{v}_E=\boldsymbol{E}\times\boldsymbol{B}/B^2$が得られます。

【参考】これは案内中心近似での「E×Bドリフト」と呼ばれる磁場を横切る運動であり、イオンも電子も同じ方向に動きます。物理描像としては、サイクロトロン運動中に電場による加速・減速が起こり、磁場と電場とに垂直なドリフトが起こり、軌道は「サイクロイド軌道」と呼ばれています。

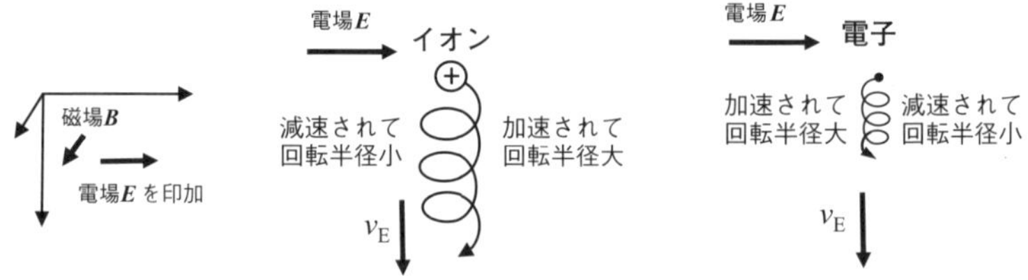

答え　まとめ（満点20点、目標14点以上）

(6-1)　$I/(2\pi r)$[A/m]　、$\mu_0 I/(2\pi r)$[T]

(6-2)　$\oint_C \boldsymbol{B}\cdot\mathrm{d}\boldsymbol{l}=\mu_0 I$

(6-3)　$(\boldsymbol{IL})\times\boldsymbol{B}$[N]

(6-4)　$\boldsymbol{F}=q(\boldsymbol{E}+\boldsymbol{v}\times\boldsymbol{B})$[N]、ローレンツ力

(6-5)　$\mu_0 nI$[T]

(6-6)　$(\mu_0/4\pi)(I\mathrm{d}\boldsymbol{l}\times\boldsymbol{r})/r^3$、ビオ・サバール

(6-7)　$\oint_S \boldsymbol{B}\cdot\mathrm{d}\boldsymbol{S}=0$　、$\int_V \nabla\cdot\boldsymbol{B}\mathrm{d}V=\oint_S\boldsymbol{B}\cdot\mathrm{d}\boldsymbol{S}$、$\nabla\cdot\boldsymbol{B}=0$

第7章

＜電流・静磁場編＞
磁性体

私たちの身の回りでは大小さまざまな磁石が利用されています。第7章では、この磁性体についての磁気分極や磁気ヒステリシスを説明します。磁性体での磁荷を想定してのEH対応の単位系と、電流素片による磁場を定義するEB対応の単位系の比較についてもまとめます。

7-1 ＜電流・静磁場編＞

磁気分極

誘導現象として、静電誘導と誘電分極、磁気誘導と磁気分極（磁化）、そして電磁誘導があります。本節は、静磁気に関する誘導と分極のお話しです。

静電誘導と磁気誘導・磁気分極

磁性体では帯電体と異なりSかNのどちらか一方だけの磁荷を取り出すことができません。電場の場合、導体で静電誘導が起こり、誘電体では誘電分極が起こります。一方、磁石の場合、磁気が近接してくると、物体に反対の磁極が生じる現象があり、永久磁石などで釘などを吸引することができることはよく見られる現象です。これは釘には磁気誘導によって磁極が生じるために吸引される現象です（**上図**）。反対側にはNかSのどちらかが生じていることがわかります。この現象は導体では起こらず、鉄などの磁性体のみに起こり、磁気分極とも呼ばれます。

磁化と磁性体

物質を磁場中に置くと、ばらばらであった物質内部の磁気モーメントの一部がそろい、総和が大きくなります。この現象を磁気分極または磁化といいます。静電気に関して、電界強度と電束密度との関係を電気分極$\boldsymbol{P}$を用いて$\boldsymbol{D}=\varepsilon_0\boldsymbol{E}+\boldsymbol{P}$としました（**4-1節**）。同様に、磁気分極$\boldsymbol{P}_{\mathrm{m}}$、または、磁化$\boldsymbol{M}$を用いて磁束密度を

$$\boldsymbol{B} = \mu_0\boldsymbol{H} + \boldsymbol{P}_{\mathrm{m}} = \mu_0(\boldsymbol{H} + \boldsymbol{M}) \qquad (7\text{-}1\text{-}1)$$

とあらわします。磁化ベクトル$\boldsymbol{M}$［A/m］は磁界強度ベクトル$\boldsymbol{H}$に比例し、

$$\boldsymbol{M} = \chi_{\mathrm{m}}\boldsymbol{H} \qquad (7\text{-}1\text{-}2)$$

であり、この比例係数χ_{m}［無次元］は比磁化率または比磁気感受率といいます。$\boldsymbol{B}$と$\boldsymbol{H}$との関係は、比透磁率μ_{r}を用いて

$$\boldsymbol{B} = \mu_0\,(\,1 + \chi_{\mathrm{m}})\,\boldsymbol{H} = \mu_0\mu_{\mathrm{r}}\,\boldsymbol{H} \qquad (7\text{-}1\text{-}3)$$

と書くこともできます。境界条件（**3-2節**）は電場と類似であり、磁界強度$\boldsymbol{H}$の接線成分と磁束密度$\boldsymbol{B}$の法線（垂直）成分とが連続となります。磁化した棒内部での磁力線と磁束線の違いを**下図**に示しています。

MEMO　磁化を表すのに、EB対応では$j_{\mathrm{m}} = \nabla \times \boldsymbol{M}$が、古典的なEH対応では磁荷密度$\rho_{\mathrm{m}} = -\nabla\cdot\boldsymbol{P}_{\mathrm{m}}$が用いられます（7-4節参照）。

磁気誘導

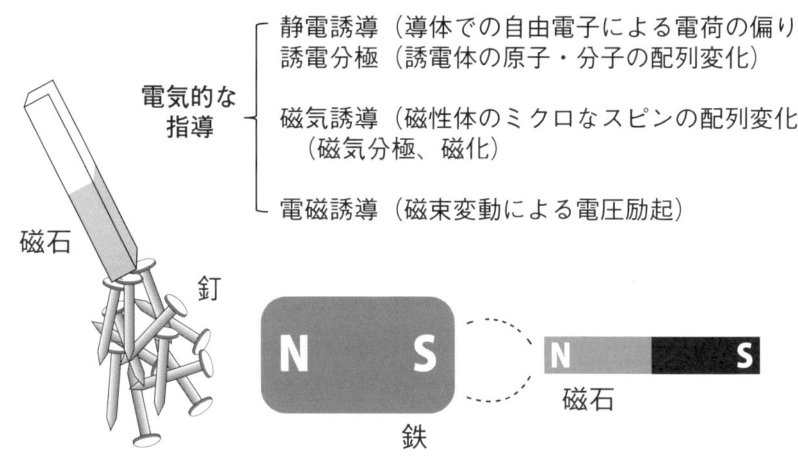

磁力線と磁束線との違い

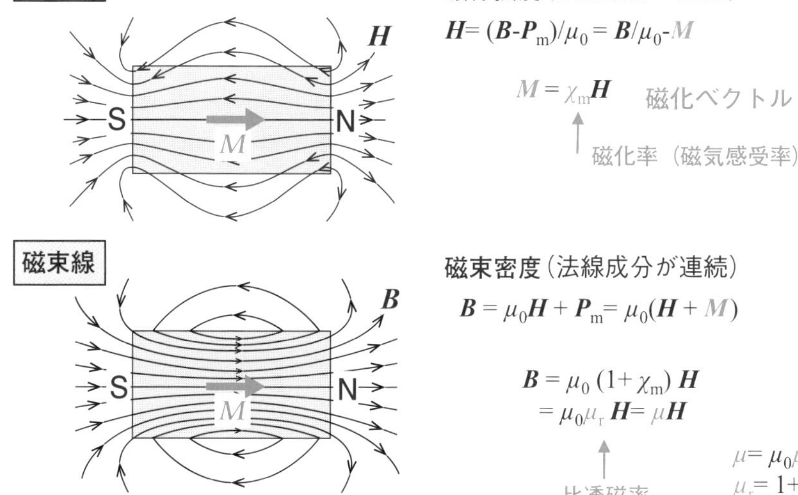

磁石の外部では、磁力線 H と磁束線 B は一致しますが、内部では向きが逆で形も異なります。

帯電体と磁性体との比較

電荷によるクーロンの法則との類似性から、歴史的に磁荷によるクーロンの法則が考えられてきました。

磁石と磁気力

磁石には鉄片などを引き付ける働きがあり、これを**磁気力**といいます。自由に回転できる棒磁石が北を向く**磁極**をN極（または正極）、南を向く極をS極（または負極）といいます。磁極は電荷の正・負と異なり、磁石を分割してもN極だけの磁石を作ることができません（**下図**）。しかし、**磁荷**あるいは**磁気量**をq_{m1}、q_{m2}とすると、電気力と同じように磁気力F[N]を定義することができ、磁気に関するクーロンの法則が成り立ちます（**上図**）。

$$F = k_m \frac{q_{m1}q_{m2}}{r^2} \qquad (7\text{-}2\text{-}1)$$

ここで、磁気量q_mの**単位はウェーバー（記号はWb）**が使われ、N極の磁気量を正、S極の磁気量を負としています。比例定数は真空中では

$$k_m = 1/(4\pi\mu_0) = 6.33\times10^4\ [\mathrm{N\cdot m^2/Wb^2}]$$

です。ここで$\mu_0=4\pi\times10^{-7}$[T・m/A]は**真空の透磁率**です。

磁力線と磁束密度

電荷q[C]に働く静電気力$\boldsymbol{F}$[N]から電場$\boldsymbol{E}$[V/m]を$\boldsymbol{E}=\boldsymbol{F}/q$として定義しました。同様に、磁場ベクトル$\boldsymbol{H}$を磁気量$q_m$[Wb]と静磁気力$\boldsymbol{F}$[N]から定義します。

$$\boldsymbol{H} = \frac{\boldsymbol{F}}{q_m} \qquad (7\text{-}2\text{-}2)$$

磁気力が作用する空間を**磁場**または**磁界**といいます。**磁場強度（磁界強度）**$\boldsymbol{H}$の単位は**ニュートン毎ウェーバー（記号はN/Wb）**、あるいは**アンペア毎メートル（記号はA/m）**です。電気力線の定義と同様に、**磁力線**を描くことができます。磁荷は単独で取り出すことはできないので、式（7-2-2）はあくまでも概念的な式です。

MEMO　磁気に関して、物理分野では主に「磁場」が使われますが、工学分野では「磁界」がよく使われます。

電気力と磁気力の比較

電荷　電荷
q_{e1}[C]　q_{e2}[C]

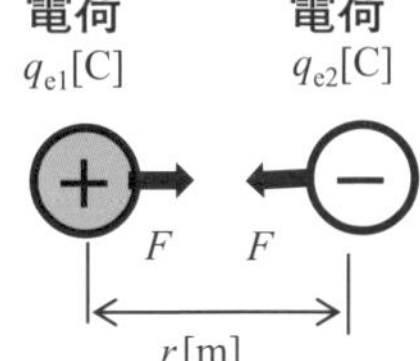

$(q_{e1}>0,\ q_{e2}<0)$

・電気に関するクーロンの法則

電気力

$F = k_e q_{e1} q_{e2}/r^2$

・点電荷 q から距離 r の場所の電場

電界強度　$E = k_e q_e/r^2$

電束強度　$D = q_e/(4\pi r^2)$

$k_e = 1/(4\pi\varepsilon_0)$

ε_0：真空の誘電率

磁荷　磁荷
q_{m1}[Wb]　q_{m2}[Wb]

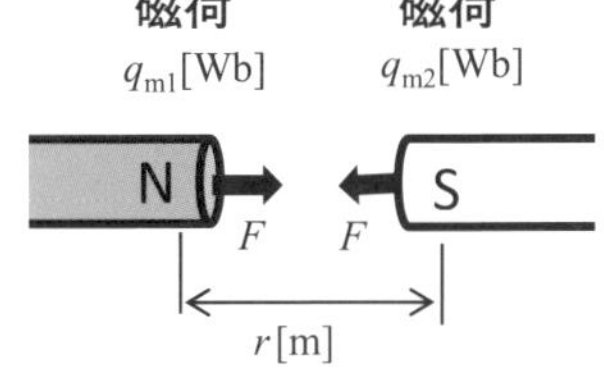

$(q_{m1}>0,\ q_{m2}<0)$

・磁気に関するクーロンの法則

磁気力

$F = k_m q_{m1} q_{m2}/r^2$

・点磁荷 q_m（仮想）から距離 r の場所の磁場

磁界強度　$H = k_m q_m/r^2$

磁束密度　$B = q_m/(4\pi r^2)$

$k_m = 1/(4\pi\mu_0)$

μ_0：真空の誘電率

これは歴史的な定義であり、実際には、単極としての磁荷は存在しません。

帯電体と磁性体の分割の違い

帯電体の分割（正電荷と負電荷）

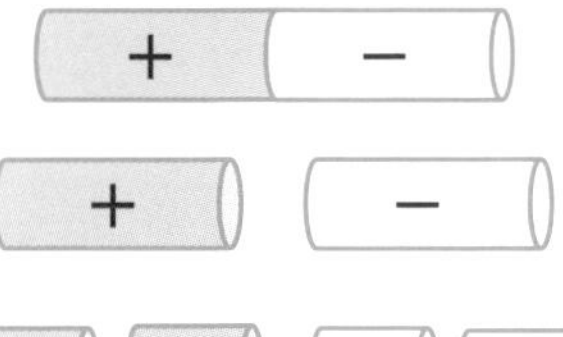

正電荷または負電荷だけの帯電体に分割できます。

磁性体の分割（N極とS極）

N　S

N S　N S

NS　NS　NS　NS

N極またはS極だけの単極磁石は作れず、必ず双極の磁石となります。

第7章　磁性体

7-3 <電流・静磁場編>

電気回路と磁気回路との比較

電気回路では電気抵抗を極端に大きくして、電気電流をゼロにできます。一方、磁気回路では磁束をゼロとするための絶縁が非常に困難です。

電気抵抗と磁気抵抗

電気回路では、起電力Eと電流I、抵抗Rの関係は、$E=RI$であり、オームの法則と呼ばれています。これの電気回路に対応して**磁気回路のオームの法則**もあります。電気回路との類似性で、鉄心にN回巻かれたコイルに電流Iを流せば、鉄心内に磁束Φが作られます。電流値と巻き数をかけた値$F=NI$は、磁束を作る力として**起磁力**と呼ばれます。単位はアンペア回数（AT）、あるいはアンペア（A）です。電気回路の起電力Eと電流Iに対して、磁気回路の起磁力Fと磁束Φを対応させ、電気抵抗Rに相当する**磁気抵抗**R_mを　$F=R_m\Phi$　より定義できます。R_mの単位はアンペア毎ウェーバー（A/Wb）です（**上図**）。

電気抵抗は、抵抗線の長さℓに比例し、導電率（電流の通りやすさの割合）σと断面積Sに反比例します。同様に、磁気抵抗は、磁束の通路の平均長さ（磁路の長さ）ℓ_mに比例し、透磁率μと鉄心の断面積S_mに反比例します。

磁気回路のギャップ

電気機器に多く利用されている電磁石などでは、鉄心と空気ギャップを組み合わせて磁気回路が構成されています。ギャップがある磁気回路の場合には、鉄心の磁気抵抗と空気ギャップの磁気抵抗との和となり、電気回路の抵抗の直列に相当します（**下図**）。空気の透磁率は真空の透磁率μ_0とほぼ同じであり、典型的な鉄心の透磁率は空気の透磁率のおよそ数千倍なので、磁気抵抗を減らすにはギャップを小さくすることが重要です。ギャップ長が大きい場合には、磁気抵抗が大きくなりますが、そこでの漏れ磁場が増えてしまいます。そのため、ギャップ部分での磁気シールドを設置する場合があります。

MEMO　電気回路の「電圧＝電気抵抗×電流」に対応して、磁気回路では「起磁力＝磁気抵抗×磁束」です。

電気回路と磁気回路の比較

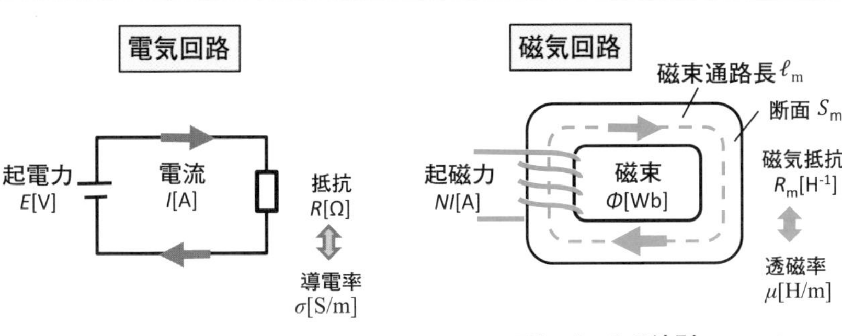

アンペールの法則　$\mu NI = \ell_m B$

磁束　$\Phi = BS_m$

電気回路のオームの法則

起電力＝電気抵抗 × 電流

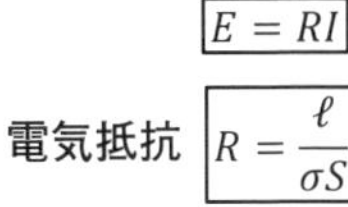

$$E = RI$$

電気抵抗 $R = \dfrac{\ell}{\sigma S}$

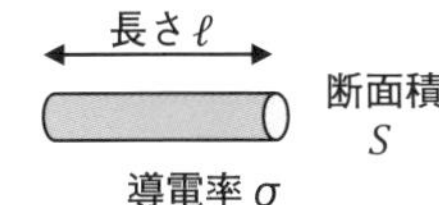

磁気回路のオームの法則

起磁力＝磁気抵抗 × 磁束

$$NI = R_m \Phi$$

磁気抵抗 $R_m = \dfrac{\ell_m}{\mu S_m}$

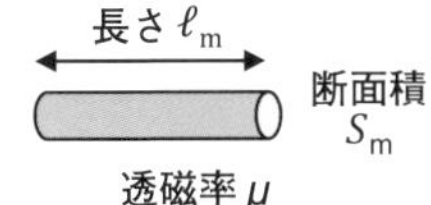

ギャップのある磁気回路

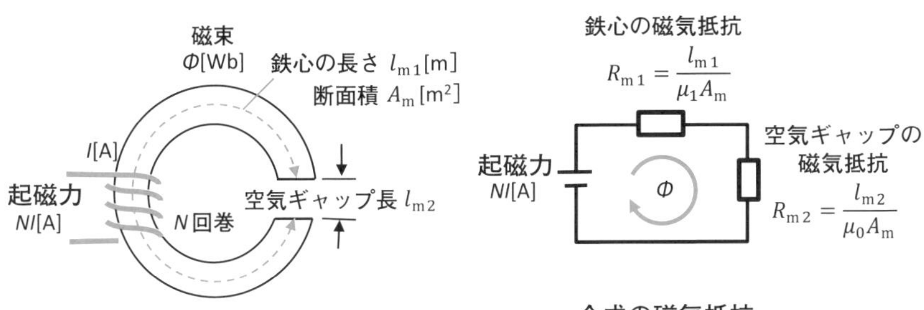

合成の磁気抵抗

$$R_m = R_{m1} + R_{m2}$$

$$NI = R_m \Phi$$

EH対応からEB対応へ

磁荷のクーロンの法則を基準とするのか、磁場により電荷に働くローレンツ力を基準とするのかで、電磁気学の単位系が異なってきます。

仮想磁荷対応（EH対応）

電磁気学が難しいと思われる理由の1つに、単位系の複雑さがあります。CGSを基本とした静電単位系、電磁単位系、ガウス単位系など様々な単位系が用いられてきましたが、現在ではMKSAを基本とした国際単位系が用いられ、いろいろな組立単位（誘導単位）が用いられています。電場Eは、電荷による場として自然に定義されますが、磁場に関しては歴史的経緯から二種類の考え方があります。

歴史的には、電場と同じように、磁荷q_m（単位はWb、ウェーバー）を持つ物質に磁気力$\boldsymbol{F}$が働く場合に磁界強度として$\boldsymbol{H}=\boldsymbol{F}/q_m$が定義されました（**7-2節**参照）。ここでは、磁気のクーロンの法則を基本公式として磁荷q_mを定義している考えです。電束密度と同じように、磁荷q_mのまわりの球の表面積Sを用いて、磁束密度を$B=q_m/S$（単位はWb/m²、ウェーバー毎平方メートル）で定義できます（**上図**）。これが$\boldsymbol{H}$を基準としてEH対応の単位系です。

電流線素対応（EB対応）

一方、実際には単独の磁荷は存在しないので、磁気のクーロンの法則は物理的に正しくありません。磁性体の磁場も電子のスピンから作られているので、実体としての電荷の流れとしての電流Iの微小長さ$d\ell$に加わる電磁力$\boldsymbol{F}=Id\boldsymbol{\ell}\times\boldsymbol{B}$を基本公式として、磁束密度$\boldsymbol{B}$が定義される考えがあります。ここで、$\boldsymbol{\ell}\times$はベクトルの外積であり、電流と磁場とが垂直の場合に$B=F/Id\ell$（単位はT、テスラ）であり、EB対応の単位系です（**下図**）。この電磁力は、動く電荷に加わるローレンツ力と等価です。この考えは、電流Iの単位アンペア（A）の定義が無限長の2本の直線電流にかかる力から定義されていることにも関係しています。

MEMO　磁荷のクーロンの法則から単位系はEH対応、電流が磁場を作り電流素片に加わる電磁力からの単位系はEB対応。

ＥＨ対応（仮想磁荷対応）

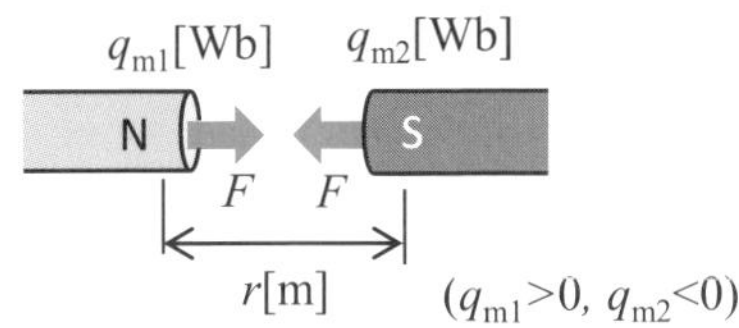

基本量：磁荷（仮想）q_m

磁場のクーロンの法則

$$\boldsymbol{F} = k_m \frac{q_{m1} q_{m2}}{r^2} \boldsymbol{e}_r$$

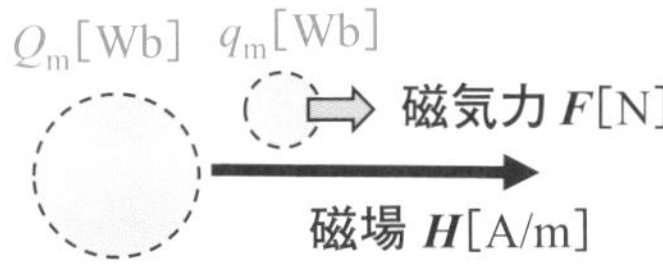

磁場 $\boldsymbol{H}$ の定義

$$\boldsymbol{H} = \frac{\boldsymbol{F}}{q_m} = k_m \frac{Q_m}{r^2} \boldsymbol{e}_r$$

磁気分極 $\boldsymbol{P}_m$ による物質中の磁場 $\mathbf{B}$

$$\boldsymbol{B} = \mu_0 \boldsymbol{H} + \boldsymbol{P}_m$$

ＥＢ対応（電流線素対応）

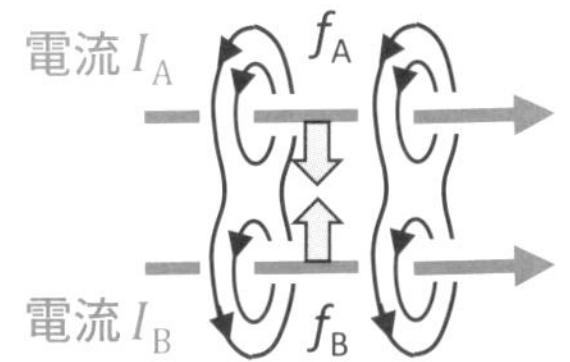

単位長さあたりの力
$f_A = f_B = f$[N/m]

基本量 電流素片 $I\mathrm{d}\boldsymbol{l}$

平行無限直線電流の力（第１章７節）

$$f = \frac{\mu_0 I_A I_B}{2\pi r}$$

（アンペアの定義の式）

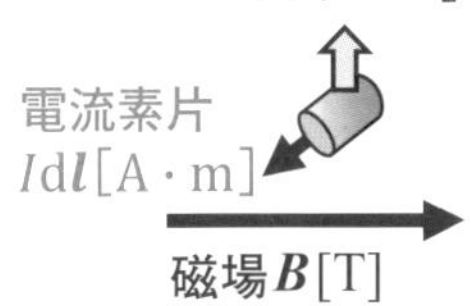

磁場 $\boldsymbol{B}$ の定義（第６章３節）

$$\boldsymbol{F} = I\mathrm{d}\boldsymbol{l} \times \boldsymbol{B}$$

磁化 $\boldsymbol{M}$ による物質中の磁場 $\boldsymbol{H}$

$$\boldsymbol{H} = \boldsymbol{B}/\mu_0 - \boldsymbol{M}$$

7-5 <電流・静磁場編>

磁気モーメント

力学での偶力のモーメントに対応して、電気双極子や磁気による力のモーメントが定義されます。

力のモーメントと双極子モーメント

力学では、力のモーメントは加わる力と腕の長さ（力が作用する点と回転の支点との距離）の積で定義されます。電場Eの中に正電荷$+q_e$と負電荷$-q_e$とが距離dだけ離れた棒の上にある場合には、電気力q_eEと$-q_eE$の偶力（同じ大きさで方向が逆の力）が働き、棒の中心からみた力のモーメントNは$q_eEd/2$と$-q_eEd/2$となり、合計はq_eEです。この場合、電気双極子モーメントq_edが定義されます。

磁場の場合には常に磁荷は双極子であり、磁場Hの中に正磁荷$+q_m$と負磁荷$-q_m$とが距離dだけ離れた棒の上にある場合には、磁気力q_mHと$-q_mH$の偶力が働き、支点としての棒の中心からみた磁気力のモーメントの合計はq_mdHとなり、磁気モーメント（磁気能率）m_mとしてq_mdが定義されます（**上図**）。磁荷量q_mが大きいほど、距離dが長いほど、磁石の磁場が強力であると言えるので、磁気モーメントにより磁石の性能を評価できます。単位はWb·mです。これは歴史的に磁荷の存在を仮定してのEH対応の定義です（**7-4節**参照）。

一方、電荷が動くと磁場が生じることが明確化され、電流に加わる電磁力を基本法則としてのEB対応の磁気モーメントが定義されてきました。半径aの円を流れる電流Iにより生まれる磁場は双極性であり、$\pi a^2 I$が磁気モーメントです。単位は$A{\cdot}m^2$です（**下図右**）。

電荷の実体は正の原子核の陽子と負の電子ですが、磁場については単極の磁荷の実体としての元素（磁子）は存在しません。磁石の内部では磁気分極した原子の電荷の回転により双極磁場の寄せ集めとしての磁石の磁場が作られます。実際には、多くの電子自身の量子力学的な固有なスピン（古典的な回転とは異なる）の合成として、全体的な双極磁場が作られ、磁石の磁場が形成されています（次節参照）。

MEMO　磁石の磁気能率は双極の磁荷とその距離との積（EH対応）、あるいは、円電流の電流値と円の面積との積（EB対応）で定義されます（7-4節）。

力のモーメントと双極子モーメント

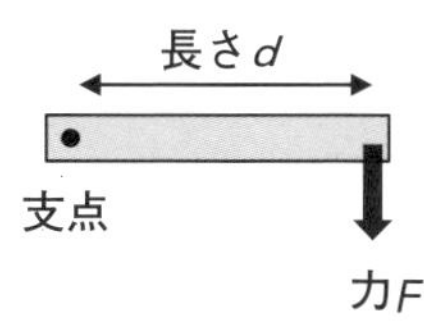

力のモーメント $N=Fd$

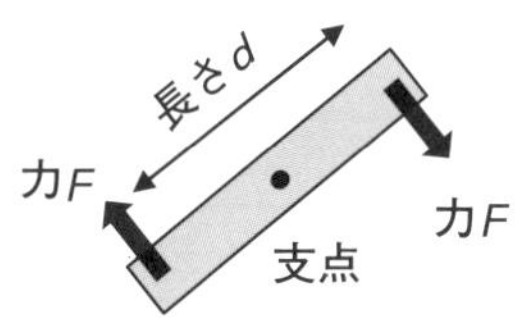

力（偶力）のモーメント $N=Fd$

電場中の電気双極子

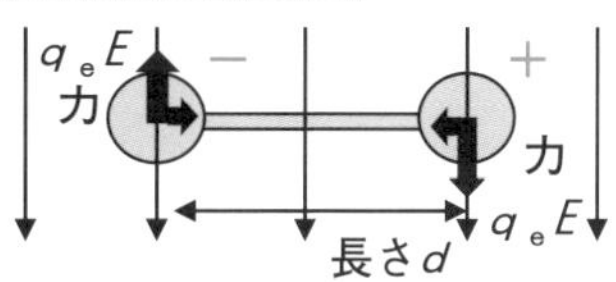

力（偶力）のモーメント $N=q_eEd=m_eE$
電気双極子モーメント　$m_e=q_ed$

磁場中の磁気双極子

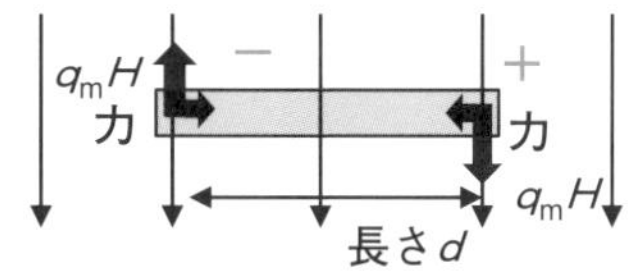

力（偶力）のモーメント $N=q_mHd=m_mH$
磁気双極子モーメント　$m_m=q_md$

磁気モーメント（磁気能率）

●磁荷のクーロンの法則を基礎とした定義
（EH対応）

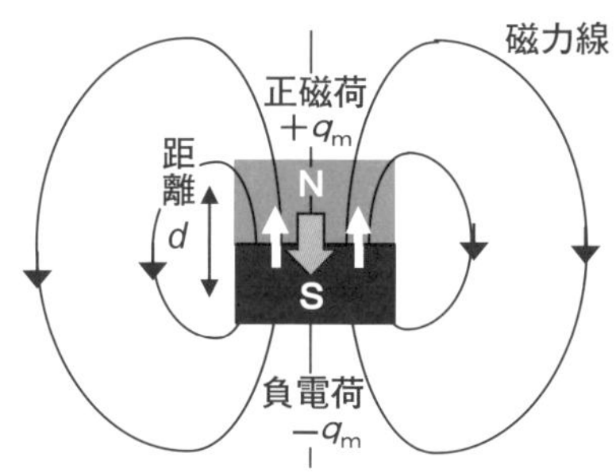

磁石の
磁気モーメント
$m=q_md$（単位：Wb・m）

磁石の外側の磁場は、
磁荷量の大きさと
正負磁荷の距離とに比例します。

●電流の電磁力を基礎とした定義
（EB対応）

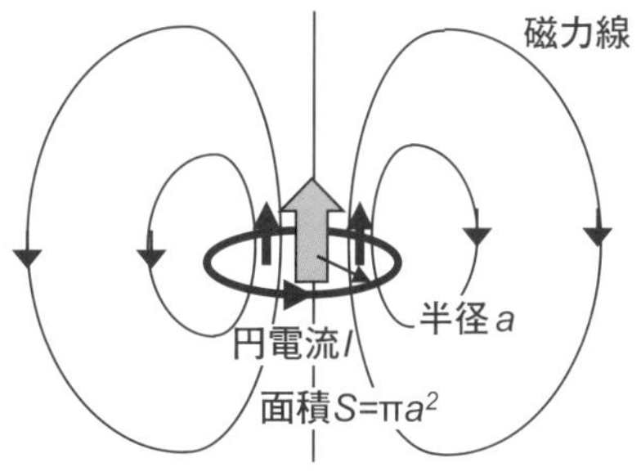

円電流の
磁気モーメント
$m=IS$（単位：A・m^2）

円電流の外側の磁場は、
円電流の大きさと
円の面積とに比例します。

磁石のミクロ構造

電荷と異なり、磁石には単極の磁荷が存在しません。磁石の双極子構造は、量子力学的なミクロな内部構造から作られていることがわかっています。

双極子モーメント

原子スケールで生まれる磁気双極子の磁気モーメントは、以下の3つの合計で決まります。① 電子のスピン（固有磁性）、② 電子の原子核周りの円軌道回転、そして、③ 原子核の中の陽子（プロトン）のスピンです（**上図**）。3つの中で、磁性への寄与は、電子自身のスピン効果が最大です。原子核によるスピンの寄与はほとんど無視することができ、電子の円軌道運動によるスピンも大きくはありません（**上図**）。電子が実際に物理的に自転することにより磁気モーメントが生成されるためには、古典的な考え方では光の速度を超える速さが必要になります。現代の理論では、基本粒子には質量と電荷があるようにスピンがあると考えられています。

鉄の磁性は3D軌道の不対電子が源

原子中の電子は、原子核の周りの特定の場所（電子殻）に存在しており、原子核に近い順にK殻（主量子数N＝1）、L殻（2）、M殻（3）、N殻（4）・・・と呼ばれ、それぞれの殻に入る電子の数は$2N^2$個です。電子軌道はs軌道（電子数2個）、p軌道（6）、d軌道（10）、f軌道（14）・・・と名づけられています。電子のスピンは上向きと下向きとの2通りがあり、電子が完全に満たされている軌道では上下同数の電子対となっていて、磁気モーメントはゼロになります。鉄元素の場合には、26個の電子のうち、3d軌道以外の軌道では電子が充満されています。2人の席の並んだ「バス席の規則」では1人ずつ埋まるように、電子が軌道に入るときは対とならないようなフントの規則があります。鉄元素の充満していない3d軌道では、最大で4個の対にならない電子（不対電子）が存在し、この不対電子のスピンと電子の軌道回転との作用が鉄の磁性を決めています（**下図**）。

MEMO　原子の磁気モーメントの起源は、主に電子の固有のスピンです。不対電子の数で元素の磁性が決まります。

原子のスピン

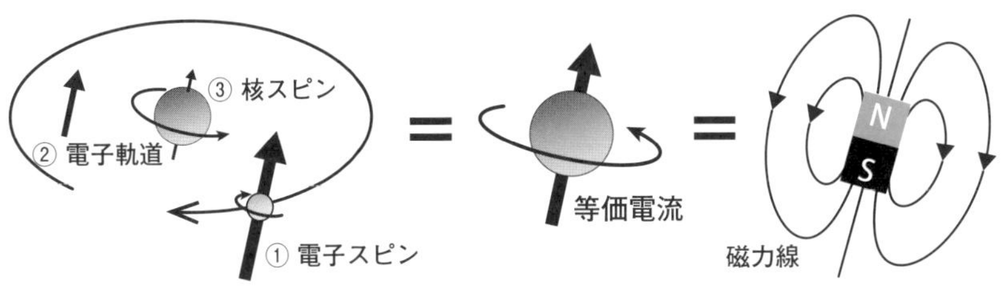

原子内部の種々のスピン

電子や原子核は電荷をもっており、自転や円軌道のそれぞれ固有の角速度で回転(スピン)しています。磁気モーメントへの最も大きな寄与は、電子自身のスピンです。

原子

原子のスピンは、その軸のまわりを流れる電流と同じ効果を持っています。

棒磁石

電流が流れる現象は、等価的に棒磁石の磁性を作ります。

2通りの電子スピンと電子配置

電子スピンは２通り

右まわり　左まわり

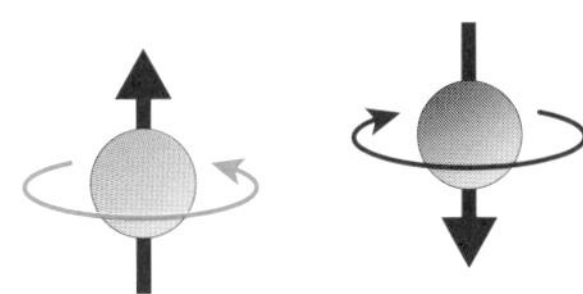

アップスピン　ダウンスピン

鉄ではｄ軌道での不対電子が磁性の源

鉄元素の電子数は26個で、
最外殻はM殻 の3d軌道（最大10個）で
電子6個です。

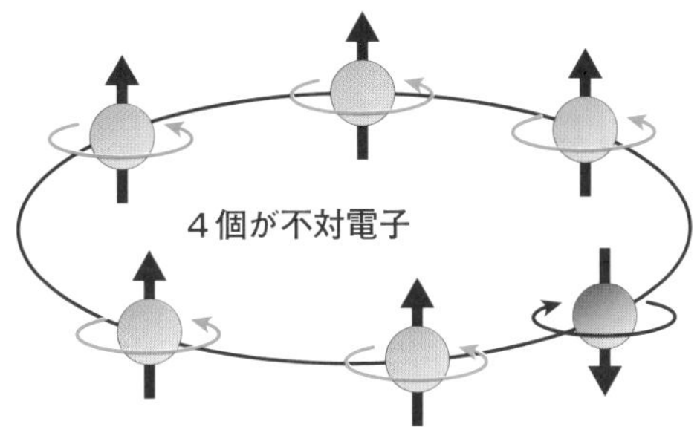

1対は上下スピン電子

フントの法則(バス席の規則)

d軌道に満たされる電子は5個までは上向きスピンで、6個目から下向きスピンの電子が満たされていきます。

7-7 ＜電流・静磁場編＞

磁気ヒステリシス

磁性体に加える外部磁界 H を大きくしていくと、磁性体のすべての原子のスピンが整列し、磁束密度 B が増えない飽和現象が現れます。

磁気ヒステリシスの４つの指標

最初に磁化していない磁性体があったとします。これに磁場を加え外部磁界強度を増加させていくと、磁気分極（磁化）が大きくなり、やがて飽和します（**上図左**）。横軸に磁界強度 H、縦軸に磁束密度 B（または磁化 M）を描いた曲線が**磁化曲線**です。原点からの傾き B/H が透磁率に相当します。実際の磁性体では飽和の状態から磁場を減少させていくと磁化曲線はもとの道筋をたどらず、磁化が残ります（**上図右**）。これを**磁気ヒステリシス**（磁気履歴）と呼びます。

この曲線から磁石の性能を表す４つの指標が定義されます。外部磁界強度 H を大きくしたときの ① **飽和磁束密度**、外部磁界をゼロにした時の ② **残留磁束密度**（残留磁化）、磁石内の磁束密度がゼロになるときの磁界強度としての ③ **保持力**です。残留磁束密度と保持力との組み合わせの指標として、減磁曲線での H と B との積が最大となる値 $(BH)_{max}$ も定義されます。これは外部にできる仕事の最大量を示しており、④ **最大エネルギー積**と呼ばれています。

磁区の変化

ヒステリシス現象は、磁性体のミクロな内部構造の変化で理解できます。原子の磁気モーメントがすべて平行に並んでいる小さな領域の集合は**磁区**と呼ばれ、その区切りを**磁壁**と呼びます（**下図**）。H を大きくしていくと、磁壁が移動することで磁化が強くなり、最終的に磁性体の内部スピンがそろうことになります。これは顕微鏡でも確認されています。初期の磁化過程では複数の磁区が押し合いながら移動するので、微視的には磁化曲線はギザギザとしたものになります。そのときに電磁的な雑音が発生し、**バルクハウゼン効果**として知られています。

MEMO　磁化や磁気ヒステリシスとは、磁性体の内部スピンのそろっている磁区を区切っている磁壁が移動し、スピンの全体構造が変化する現象です。

磁気ヒステリシス現象

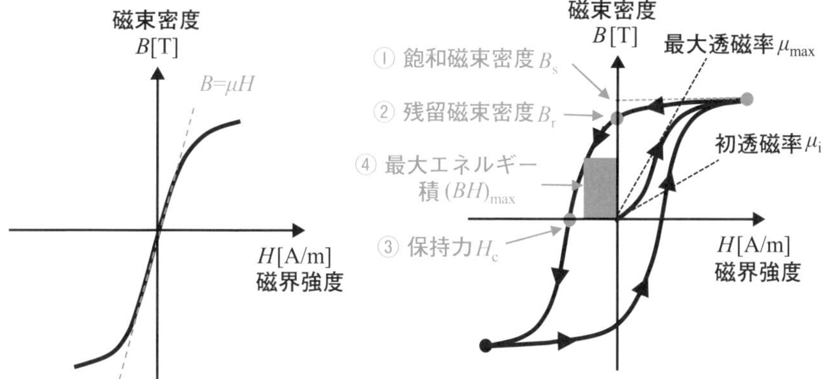

原点での直線の傾きは透磁率 μ ($=\mu_0+\chi_m$) です。

強磁性体は、保持力 H_c と飽和磁束密度 B_s が大きい物質です。

磁区の変化と磁気ヒステリシス現象

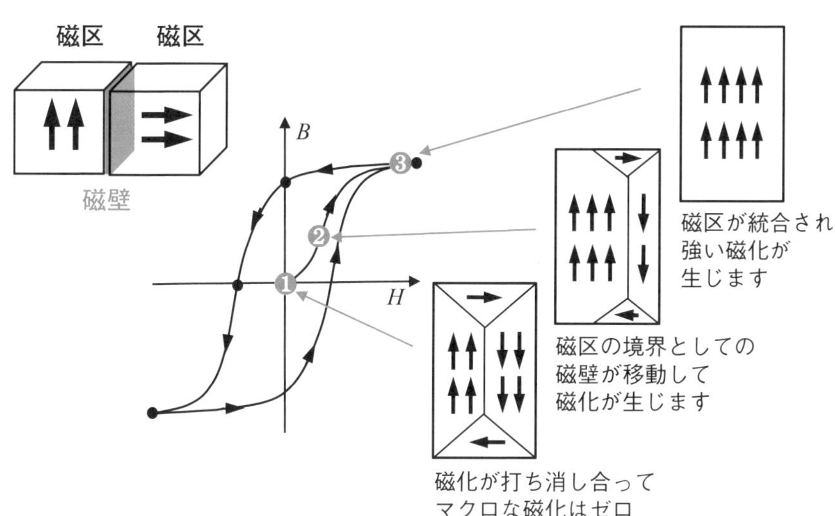

7-8 ＜電流・静磁場編＞

常磁性と強磁性・反磁性

外部から磁場を加えなくとも磁化（自発磁化）している物質を磁性体と言います。本節では磁性体の分類を説明します。

強磁性と反磁性

磁場が無い場合には物質を構成する原子のスピンはばらばらですが、外部から磁場を加えると、一部の原子のスピンの方向がそろい、物質全体としての巨視的磁化が変化します。物質内部の磁束密度と外部の磁束密度との比較で磁性体の分類がなされます（**上図**）。巨視的磁化の方向が外部磁場と同じであり磁化が弱い場合が常磁性体であり、磁化が弱いが向きが逆である場合が反磁性体です。一方、ほとんどの原子のスピンの方向がそろい、巨視的磁化が強く、物質内部の磁束密度が大きくなる場合が強磁性体です。

磁束$B=\mu_0(1+\chi)H$での比磁化率χ（ギリシャ文字のカイ）で分類すると、$|\chi|\ll 1$でしかもχが正の場合が常磁性体であり、χが負の場合が反磁性体です。一方、$|\chi|\gg 1$ではほとんどの原子のスピンの方向が揃い、物質内部の磁束密度が大きくなる場合が強磁性体であり、外部磁場が無くても磁気モーメントを有しており、鉄、コバルト、ニッケルなどが相当します。

フェロ磁性とフェリ磁性

広い意味での強磁性体は、フェロ磁性（磁石によく吸引される鉄、コバルト、ニッケルなど）とフェリ磁性（酸化鉄を主成分とするフェライトなど）に分類できます。2つの強磁性の違いは、結晶の磁性イオンのスピン（磁気モーメント）の配置構造に起因します（**下図**）。狭い意味での強磁性体とはフェロ磁性体のことであり、互いに平行なスピンで自発的に磁化がなされています。一方、フェリ磁性体では、結晶中に一方向のスピンの磁性イオンと逆方向のスピンの磁性イオンの２種類が存在し、全体として２つの差としての磁化が表れる磁性のことです。

MEMO　接頭語としてのフェロ（ferro-）とは「鉄（第１鉄）」を、フェリ（ferri-）も「鉄（第２鉄）」を意味しています。

物質の磁化の性質

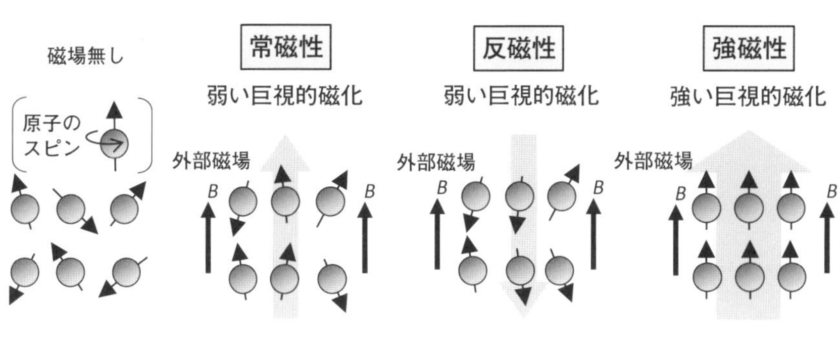

常磁性	反磁性	強磁性
金属類の多く	水、水晶、 塩化ナトリウム	鉄、コバルト、 ニッケル

物質の磁化の性質

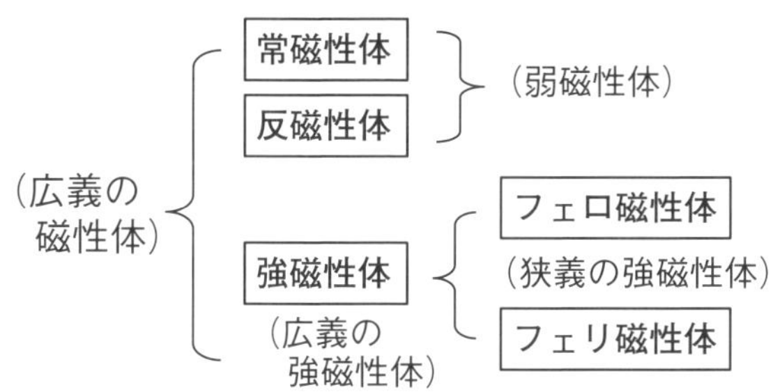

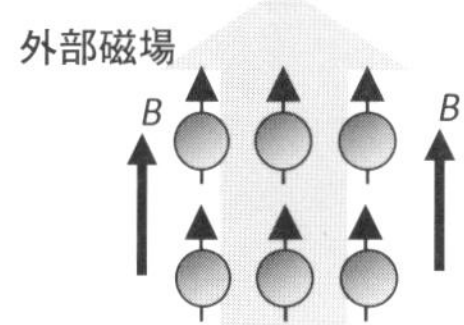

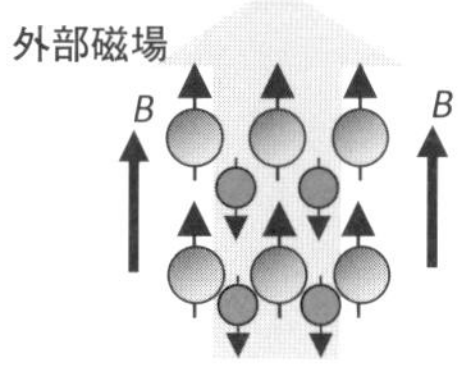

平行な磁気モーメントにより自発磁化ができています。

反平行の大小の磁気モーメントで自発磁化ができています。

クイズ 4 択問題

答えは次々ページ

クイズ7.1　磁性体内のBとHは？

比磁化率χの鉄板に垂直に磁場Hを加えると、磁化Mはどうなるでしょうか？また、鉄板の内の磁界強度H'及び磁束密度B'はどうなるでしょうか？

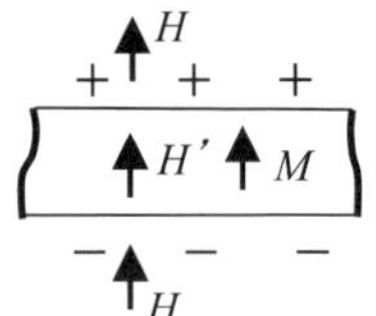

M：	① H	② χH	③ $H/(1+\chi)$	④ $\chi H/(1+\chi)$
H'：	① H	② $(1+\chi)H$	③ $H/(1+\chi)$	④ $\chi H/(1+\chi)$
B'：	① $\mu_0 H$	② $\mu_0(1+\chi)H$	③ $\mu_0 H/(1+\chi)$	④ $\mu_0\chi H/(1+\chi)$

クイズ7.2　磁石球で鉄球はどう動くのか？

レールの上に鉄球を並べ、左端に強力な磁石の球を置きます。左側からゆっくりと鉄球を転がしてぶつけると、どうなるでしょうか？

①　合体して動かない
②　右端の球が勢いよく飛び出す
③　右端の球がゆっくりと離れて止まる
④　右端の球がゆっくりと離れた後、戻ってくる

COLUMN

モーゼ効果で水を割る!?

反磁性物質は鉄とは異なり、磁場に対して逆の磁気誘導がなされ斥力が働きます。水は反磁性であり、局所的に強い磁場を印加すると水面が低くなります。旧約聖書「出エジプト記」の海の水を割るエピソードにちなんで「モーゼ効果」と呼ばれています。水の磁化率は-9×10^{-6}であり、反磁性の磁気圧で数メートルの水の圧力を超えるには百テスラほどの磁場の強さが必要となります。リンゴは水分を含んでいますので、強力な磁場ではリンゴも浮かすことも不可能ではありません。ただし、実際にそのような強力な磁場を一定時間作るのは困難です。聖書の記述の真偽は、潮の満ち引き、嵐や津波と地点の地形との関連で検証が試みられています。

まとめのクイズ

問題は各節のまとめに対応／答えは次ページ

7-1 鉄を磁場強度$\boldsymbol{H}$の中に置くと磁石になります。これを[　　　]と言います。このベクトルは$\boldsymbol{M}=\chi_m\boldsymbol{H}$で定義され、$\boldsymbol{B}=\mu_0(1+\chi_m)\boldsymbol{H}$となり、$(1+\chi_m)$は[　　　]と言います。境界では、磁界強度$\boldsymbol{H}$の[　　　]線成分と磁束密度$\boldsymbol{B}$の[　　　]線成分とが連続となります。

7-2 電荷とのアナロジーで、磁荷の磁気量q_m[Wb]を考え、場の静磁気力$\boldsymbol{F}$[N]から磁場ベクトル$\boldsymbol{H}$を[　　[単位]]で仮想的に定義できます。

7-3 鉄心の磁気回路では、電流値と巻き数の積$F=NI$は[　　　]と呼ばれ、Fと磁束Φとはオームの法則$F=R_m\Phi$が成り立ちます。R_mは[　　　]です。

7-4 電場Eは電荷から定義され、磁場に関しては、仮想磁荷に加わる力から磁界強度$\boldsymbol{H}$を定義する古典的な[　　　]対応と、電流素片に加わる力から磁束密度$\boldsymbol{B}$を定義する現代的な[　　　]対応の単位系があります。

7-5 1対の電荷$\pm q$[C]が距離d[m]だけ離れている場合の電気双極子モーメントは[　　[単位]]であり、1対の磁荷$\pm q_m$[Wb]が距離d[m]だけ離れている場合の磁気双極子モーメントは[　　[単位]]です。EB対応では、半径a[m]の円電流I[A]での磁気モーメントは[　　[単位]]で定義されます。

7-6 磁性体の磁界の主な源は、電子の固有の[　　　]によるものです。量子力学的な[人名]の規則に従っての[　　　]電子が磁性を決めます。

7-7 磁性体に外部磁界をかける場合の磁界強度Hと磁束密度Bの関係は、以前の磁化の履歴に依存します。これを[　　　]といい、[　　　]と呼ばれる磁気モーメントのそろった領域が変化することによるものです。

7-8 磁性体を比磁化率χで分類すると、強磁性体の条件は[　　　]、常磁性体は[　　　]、反磁性体は[　　　]です。

クイズの答え

答え7.1　M：④　H'：③　B'：①

【解説】垂直に磁場が加わる場合は、磁束密度は連続なので、外部の磁束密度$\boldsymbol{B}=\mu_0\boldsymbol{H}$は内部磁束密度$\boldsymbol{B}'$に等しくなります。一方、内部磁束密度は$\boldsymbol{B}'=\mu_0(\boldsymbol{H}'+\boldsymbol{M})$であり、磁荷ベクトル$\boldsymbol{M}=\chi\boldsymbol{H}'$なので、$\boldsymbol{B}'=\mu_0(1+\chi)\boldsymbol{H}'$。$\boldsymbol{B}=\boldsymbol{B}'$なので、$\boldsymbol{H}'=\boldsymbol{H}/(1+\chi)$です。したがって、$\boldsymbol{M}=\chi\boldsymbol{H}/(1+\chi)$です。

【別解】表面に$\boldsymbol{M}$の磁化があるとして断面Sの円柱に対してガウスの法則を適用します。$S(\boldsymbol{H}-\boldsymbol{H}')=S\boldsymbol{M}$であり、$\boldsymbol{M}=\chi\boldsymbol{H}'$なので$\boldsymbol{H}'=\boldsymbol{H}/(1+\chi)$が得られます。これにより、$\boldsymbol{B}=\boldsymbol{B}'$（磁束密度が保存）が導かれます。

【参考】境界条件として、磁束密度が保存されて$\boldsymbol{B}=\boldsymbol{B}'$。常磁性体（$\chi>0$）では磁界強度は$\boldsymbol{H}'=\boldsymbol{H}/(1+\chi)<\boldsymbol{H}$であり、反磁性体（$\chi<0$）では$\boldsymbol{H}'>\boldsymbol{H}$です。

答え7.2　②

【解説】磁石による引き付ける磁気エネルギーが運動エネルギーに付加されて急加速して左端の球に、右端の鉄球を勢いよく飛ばします。

【参考】磁石によるこの加速装置は「ガウス加速器」と呼ばれています。磁石ではなくて通常の鉄球が4個静止している場合は、左からゆっくりと鉄球が1個ぶつかると、エネルギーと運動量保存から、右端の1個だけがゆっくりと動きます。これは振り子の「ニュートンのゆりかご」の原理になります。

答え　まとめ（満点20点、目標14点以上）

(7-1)　磁化（または磁気分極）、比透磁率、接線、法線

(7-2)　$\boldsymbol{H}=\boldsymbol{F}/q_{\mathrm{m}}$　[A/m]

(7-3)　起磁力、磁気抵抗

(7-4)　EH、EB

(7-5)　qd [C·m]、$q_{\mathrm{m}}d$ [Wb·m]、$\pi a^2 I$ [A·m^2]

(7-6)　スピン、フント、不対

(7-7)　磁気ヒステリシス（磁気履歴）、磁区

(7-8)　$|\chi|\gg1$、$|\chi|\ll1$で$\chi>0$、$|\chi|\ll1$で$\chi<0$

第8章

<変動電磁場編>
電磁誘導

電動モータや発電機のベースとなっているのが電磁誘導の法則です。第8章では、レンツの法則やファラデーの電磁誘導の法則を説明し、運動導体中の起電力についても触れます。コイルの自己誘導や相互誘導について述べ、フレミングの左手と右手の法則についても比較してまとめます。

8-1 <変動電磁場編>

レンツの法則

磁束の変化により導体に電位差が発生する現象は電磁誘導と呼ばれます。この誘導起電力の向きはレンツの法則で求められます。

誘導起電力と誘導電流

コイルに磁石を近づけたり遠ざけたりすると、**上図**のようにコイルに起電力が発生し電流が流れます。誘導される電流の方向は、ハインリッヒ・レンツ（エストニア、1804-1865）により1833年にまとめられた法則『コイルや導体板に流れる誘導電流の方向は、誘導電流がつくる磁束が、もとの磁束の増減を妨げる向きに発生します』で評価できます。これは**レンツの法則**と呼ばれています。リング導体に磁石のN極を近づけた場合を**上図左**に、遠ざけた場合を**上図右**に示しました。磁石の代わりにリング導体を近づけたり、遠ざけたりする場合も、誘導電流の向きは同じです。N極とS極とを逆にした場合には、誘導電流と誘導磁場の向きは両図とも逆になります。この誘導起電力の方向、あるいは、誘導電流の方向は、**8-8節**でまとめた**フレミングの右手の法則**でも理解することができます。基本である左手の法則（**6-3節**）との違いも理解する必要があります。

導体での誘導渦電流

強力な磁石を用いて、アルミ板の上で振り子運動をさせた場合を考えます（**下図**）。アルミ板は磁石に引き付けられませんが、振り子運動させると、アルミ板に**渦電流**が流れて振り子運動を弱めます。磁石がアルミ板に近づく運動では、動く磁石の前方は磁石による磁場が増加するので、レンツの法則により、磁場を減少させるような渦電流が流れ、磁石を押し返す力が働きます。逆に、磁石の後方には引き戻す誘導電流、誘導磁場が発生します。結果的に、磁石の振り子運動はすぐ止まってしまいます。最終的に、振り子の運動エネルギーはアルミ板上のジュール熱として損失してしまいます。

MEMO　レンツの法則は『自然（神）は急激な変化を好まない』とされた現象であり、誘導起電力の方向と大きさはファラデーの電磁誘導の法則で明確化されました。

磁石とコイル誘導電流に関するレンツの法則（1833年）

磁石を近づける場合

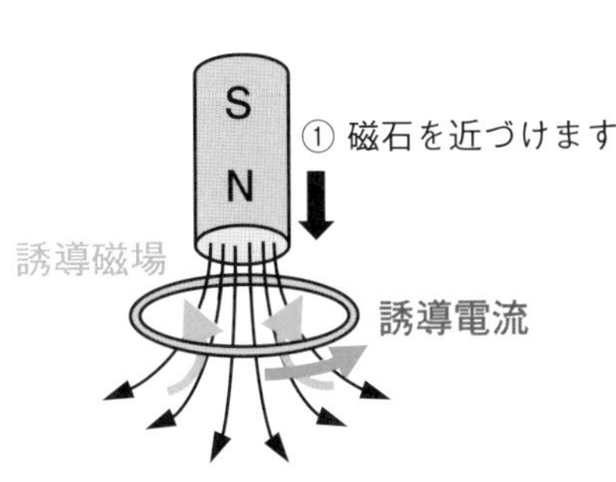

② コイルでは磁石からの
磁束が増加します

③ 磁束が増加しないように
磁石と反対の方向の磁場を
つくる誘導電流が生じます

磁石を遠ざける場合

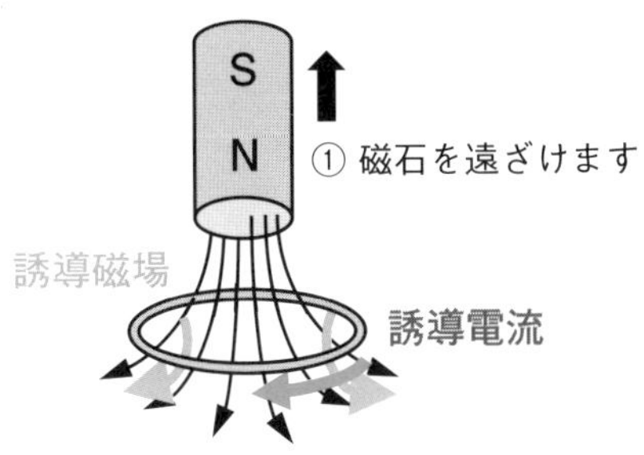

② コイルでは磁石からの
磁束が減少します

③ 磁束が減少しないように
磁石と同じ方向の磁場を
つくる誘導電流が生じます

渦電流の誘起

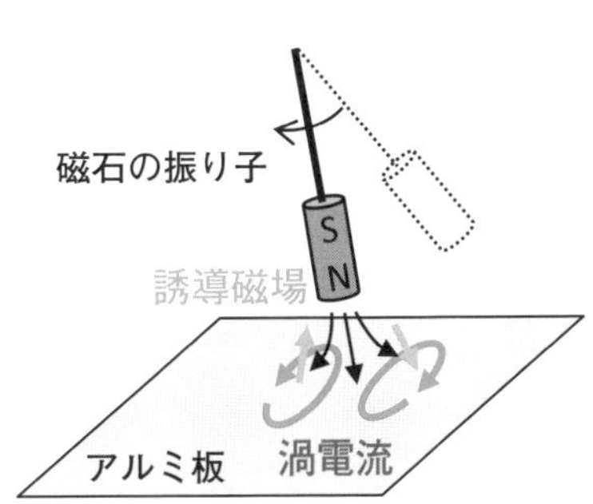

磁石はアルミ板を
引き付けません。
しかし、動きが止まります。

レンツの法則により、
動く振り子の前方で
磁場が強くなるので、
磁場を弱める方向の
渦電流が誘起されます。

動く振り子の後方では
磁場が弱くなるので、
磁場を強める方向の
渦電流が誘起されます。

両方の渦電流により、
振り子は止まります。

振り子の運動エネルギーはアルミ板上の
ジュール熱として損失します。

8-2 <変動電磁場編>

ファラデーの実験

1831年に電磁誘導を発見した実験家ファラデーは、その10年前にモータの原型としての電磁回転装置を作成しています。それを振り返ってみましょう。

ファラデーの単極モータ

電気のエネルギーを回転のエネルギーに変える電気モータ（電動機）は現在ではさまざまな場所で用いられていますが、世界で初めて電磁モータを作ったのは英国のマイケル・ファラデーです。1821年に電磁回転と名付けられた動きを生じる2つの装置を作り上げました。1つは**上図右**の水銀を入れた容器の中央に磁石を立て、上から水銀に浸るように針金をたらし、その針金と水銀を通るように電流を流すと、電流によって生じた磁場が磁石の磁場と反発して針金が磁石の周囲を回転し続けるというものです。もう1つは**上図左**の単極電動機（単極電磁モータ）と呼ばれるもので、逆に磁石側が針金の周りを回るようになっています。ファラデーはこの実験後の1831年に、電磁誘導の法則を発見しています。

単極誘導起電力

単極の電動機に対応して、単極誘導の発電機（ジェネレータ）もあります。細い中心軸のまわりに一定の角速度ωで回転している半径aの金属円板があります。この円板を、中心軸と平行な一様な磁束密度Bの磁場の中で回転させると、電磁誘導により円板の縁と中心軸との間に起電力が生じます（**下図**）。これが単極誘導であり、発電機としても利用できます。

円板が角速度ωで回転しているとき、半径rの所での1個の自由電子（電荷は$-e$）に加わるローレンツ力は$F=-er\omega B$であり、電場は$E=r\omega B$となります。したがって、円板の端の電位を$V(a)=0$により、中心軸との電位差（単極誘導起電力）は

$$V=-\int_a^0 E(r)\mathrm{d}r=-\int_a^0 \omega Br\mathrm{d}r=\frac{1}{2}\omega Ba^2 \tag{8-2-1}$$

であり、回転角速度と磁束とに比例しています。

MEMO　英国の天才的実験家マイケル・ファラデーにより、電磁誘導の法則（1831年）、電気分解の法則（1833年）などの研究がなされました。

ファラデーの電磁回転装置（1821年頃）

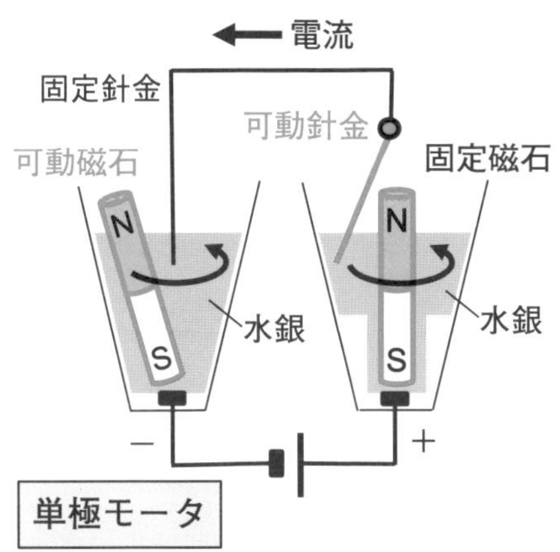

左に可動磁石を、右に可動針金を水銀の中に入れた装置です。

直流電源から電流を流すと、

（左側）固定針金の電流でできる磁場により可動磁石のN極が回転します（単極電動機）。

（右側）針金の電流による磁場と磁石とが作用して、可動針金が回転します（電流に働く磁気力、フレミングの左手の法則）。

単極誘導発電機の仕組み

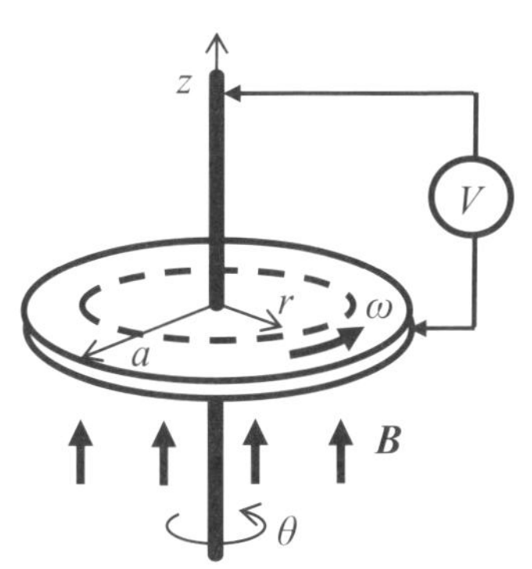

電子に加わる力

磁場中で導体板を角速度 $\omega=\mathrm{d}\theta/\mathrm{d}t$ で回転させる

円柱座標 (r,θ,z) において

位置 $\boldsymbol{r}=(r,0,0)$ では

角速度ベクトル $\boldsymbol{\omega}=(0,0,\omega)$ であり

速さ $\boldsymbol{v}=\boldsymbol{\omega}\times\boldsymbol{r}=(0.\ r\omega,0)$ 、したがって

磁場ローレンツ力 $\boldsymbol{F}=(-\mathrm{e})\boldsymbol{v}\times\boldsymbol{B}=(-er\omega B,0,0)$

$|F|=er\omega B$

向きは $-\boldsymbol{r}$ 方向（中心軸への方向）

誘導電圧

中心軸からの距離 r と $r+\mathrm{d}r$ との間の幅 $\mathrm{d}r$ の細い幅のリングを考える

この長さ $\mathrm{d}r$ の部分での力 $F=-er\omega B$

電場 $E=F/(-e)=r\omega B$

電位差 $\mathrm{d}V=-E\mathrm{d}r=-\omega Br\,\mathrm{d}r$

円板の周辺部と中心軸の間の電位差

$$V=\int\mathrm{d}V=V(0)-V(a)=\int_0^a\omega Br\mathrm{d}r=\frac{1}{2}\omega Ba^2$$

第8章　電磁誘導

8-3 <変動電磁場編>

ファラデーの電磁誘導の法則

電流が磁場を作ることが明らかとなるにつれ、逆に磁場が電流を作るのではないかと考えられてきました。これが電磁誘導の発見につながりました。

電磁誘導の法則

ソレノイド状に巻いた導体に磁石を近づけたり遠ざけたりすると、コイルに電圧が誘起されます（**上図**）。これはコイル中の磁場が変化するとコイルに電流を流そうとする働きとして、コイルの両端に起電力が働くからです。この現象を**電磁誘導**といいます。電磁誘導で生じる起電力を**誘導起電力**（誘導電圧）と呼び、生じる電流を**誘導電流**と呼びます。『誘導起電力の大きさは、コイルを貫く磁束の単位時間あたりの変化に比例する』という**電磁誘導の法則**が、1831年にマイケル・ファラデー（英国）により発見されました。

変圧器と誘導起電力

誘導起電力は、磁場B（単位はT、あるいはWb/m^2）、円形の面積S[m^2]とコイルの巻き数Nとに比例します。1個のコイルを貫く磁束線の数、すなわち**磁束**Φ_B [Wb]はBSであり、コイル全体を貫く磁束Φは

$$\Phi = N\Phi_B = NBS \qquad (8\text{-}3\text{-}1)$$

です。したがってコイルでの誘導起電力V[V]はΦの時間変化率に比例するので

$$V = -\frac{d\Phi}{dt} = -N\frac{d\Phi_B}{dt} \qquad (8\text{-}3\text{-}2)$$

となります。変圧器はこの原理を用いています（**下図**）。鉄心を用いて漏洩磁束を極力減らし、鉄心内で発生する損失をゼロとすることで、1次コイルと2次コイルの電圧の比をコイルの巻き線数の比により制御することができます。

$$\frac{V_2}{V_1} = \frac{N_2}{N_1} \qquad (8\text{-}3\text{-}3)$$

MEMO　磁束の単位は磁気量と同じウェーバー（記号 Wb）であり、電圧と時間の積のボルト秒（記号 V·s）と書くこともできます。1Wb = 1V·s = 1T·m2

ファラデーの電磁誘導の原理

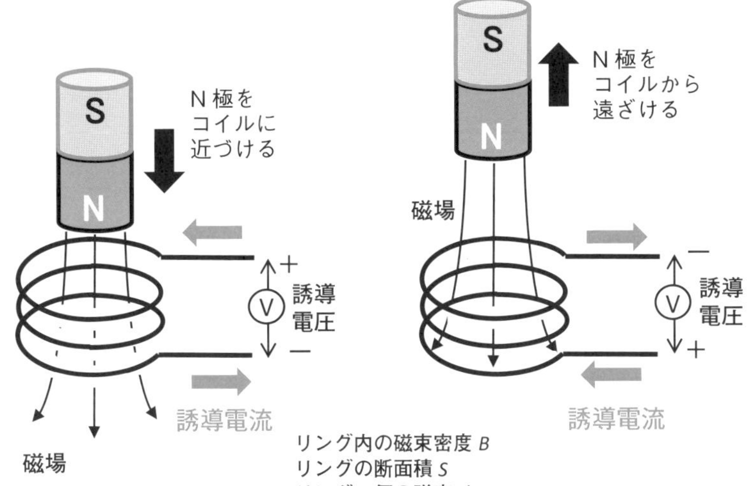

2次コイルがひろう磁束は$\Phi = N\Phi_B = NBS$であり、その時間変化として起電力が生まれます。

誘導起電力 V[V]

$$V = -\frac{d\Phi}{dt}$$

電磁誘導による変圧器

$\Phi_B = BS$（リング内の磁束）

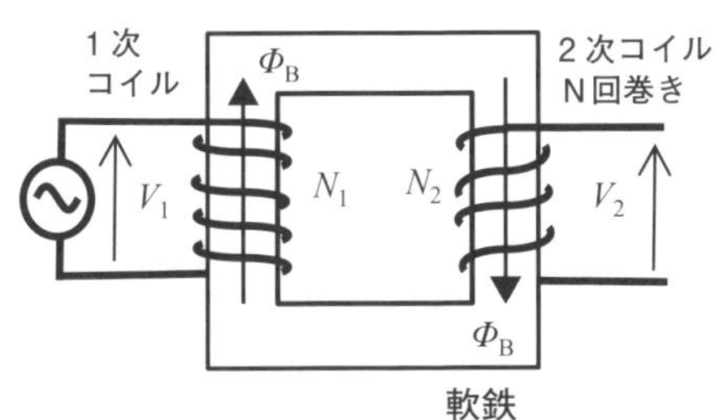

磁束Φの単位は磁気量と同じウェーバー（記号Wb）です

$$1\ \mathrm{Wb} = 1\ \mathrm{V \cdot s} = 1\ \mathrm{T \cdot m^2}$$

磁束の漏れがない理想的な場合に誘導起電圧V[V]

$$V = -\frac{d\Phi}{dt} = -N\frac{d\Phi_B}{dt}$$

コイル回路1と2について

$$V_1 = -N_1\frac{d\Phi_B}{dt}$$

$$V_2 = -N_2\frac{d\Phi_B}{dt}$$

したがって $V_1 : V_2 = N_1 : N_2$

8-4 <変動電磁場編>

移動導線での誘導起電力

磁気ローレンツ力に関するフレミングの左手の法則にたいして、誘導起電力に関するフレミングの右手の法則があります。

移動導体での起電力の物理描像

前節では磁束変化により固定したコイルに誘導起電力が生じることを述べました。磁場を固定して、導体を動かした場合（**移動導体**）にも**誘導起電力**が生じます。**上図**に示したように、磁気力で電子が片方に集まり電場が作られます。この電気力と磁気力とが釣り合うように起電力が誘起されます。垂直方向の一様な磁束密度$\boldsymbol{B}$［Wb/m^2］において、長さL［m］の導線を水平方向に速度$\boldsymbol{v}$［m/s］で移動させると、$\boldsymbol{v}$と$\boldsymbol{B}$の両方に垂直となる水平方向の誘導起電力$\boldsymbol{V}$［V］は、以下の通りです。

$$\boldsymbol{V} = \boldsymbol{v}\times\boldsymbol{B}L \tag{8-4-1}$$

移動導体での起電力の導出

この誘導起電力の大きさはファラデーの電磁誘導の法則からも求められます。**下図左**において磁束密度$\boldsymbol{B}$［T］の磁場中にコの字形の導線を置き、これに接触しながら長さL［m］の導体棒を速さ$\boldsymbol{v}$［m/s］で、右へ移動させたとき、この導体で囲まれた長方形の閉回路の中に誘導される起電力の大きさを考えます。この閉回路の全磁束Φは、$\Phi=BLx$ですが、時間Δtの間に$\Delta x=v\Delta t$だけ移動したとすると、磁束の増加分は$\Delta\Phi=BL\Delta x=BLv\Delta t$です。したがって、起電力$V$は磁束の増加分をキャンセルするように電流を流す方向であり、その大きさは

$$V = |-\Delta\Phi/\Delta t| = vBL \tag{8-4-2}$$

となります。一般に、運動する導体中の起電力はまとめて以下のようになります。

$$V= -\frac{\mathrm{d}\Phi}{\mathrm{d}t} + \int_L (\boldsymbol{v}\times\boldsymbol{B})\cdot \mathrm{d}\boldsymbol{l} \tag{8-4-3}$$

回転導体棒の起電力も**下図右**に記載しました。これは**8-2節**で示した単極誘導発電機に関連しています。

MEMO　起電力は電力ではありません。電圧により導体に電流を流すことができる能力のことであり、回路での電源に相当します。

移動導線での起電力の物理描像

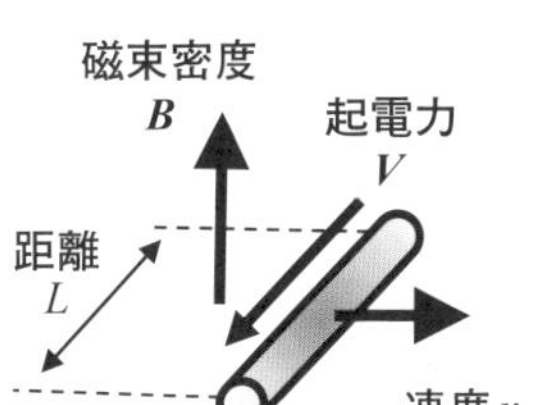

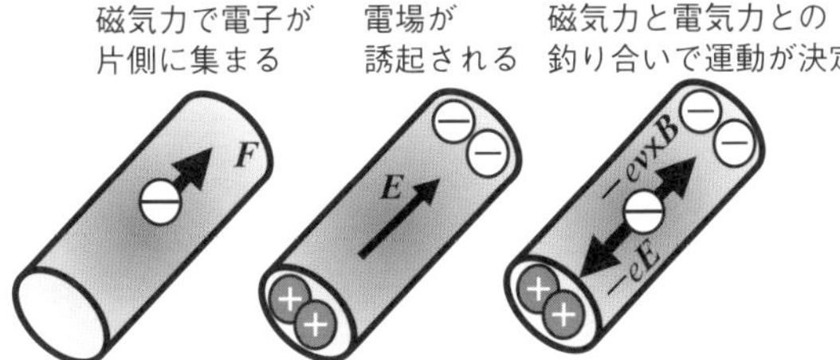

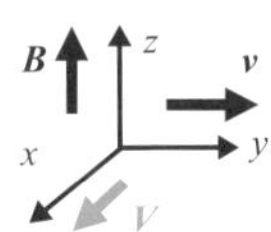

電子に加わる力（ローレンツ力）

$$(-e)\boldsymbol{v}\times\boldsymbol{B}+(-e)\boldsymbol{E}=0$$

磁気力

$$\boxed{\boldsymbol{V}=\boldsymbol{v}\times\boldsymbol{B}L}$$

$$\therefore\ \boldsymbol{E}=-\boldsymbol{v}\times\boldsymbol{B}$$

$$\boldsymbol{V}(x)=-\int_0^x \boldsymbol{E}dx=\boldsymbol{v}\times\boldsymbol{B}x$$

長さL の移動導体の起電力 $V(L)=\boldsymbol{v}\times\boldsymbol{B}L$

第8章　電磁誘導

並進および回転導体棒での誘導起電力

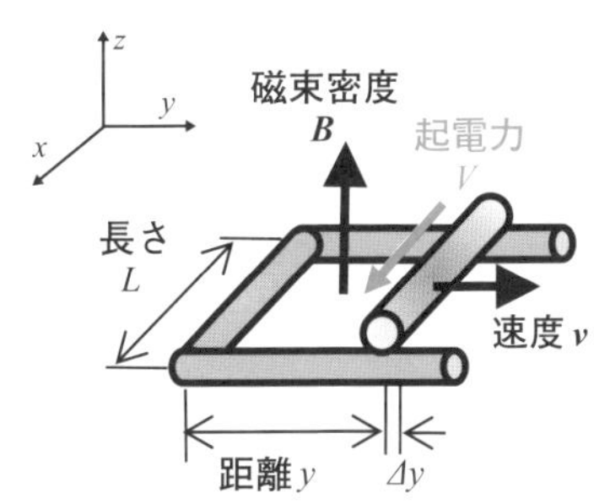

回路の磁束　$\Phi=BLy$

微小移動距離　$\Delta y=v\Delta t$

磁束の増加　$\Delta\Phi=BL\Delta y=BLv\Delta t$

起電力　$V=|-\Delta\Phi/\Delta t|=vBL$

方向は磁束を減らす方向（X 方向）

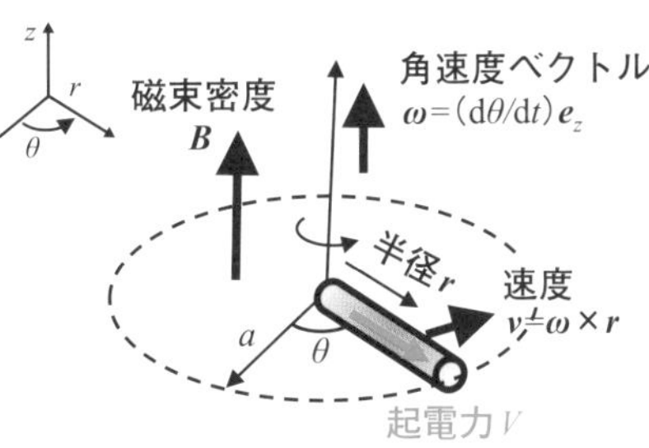

導体中の電子に加わるローレンツ力

$$F=(-e)vB=-er\omega B$$

電子の感じる電場

$$E=r\omega B$$

回転導体の起電力（中心に向かう方向）

$$V=-\int_a^0 E(r)\mathrm{d}r=-\int_a^0 \omega Br\mathrm{d}r=\frac{1}{2}\omega Ba^2$$

自己誘導

自分自身が作った磁場により自分の電流が抑制されるという現象が自己誘導ですが、自己感応とも呼ばれています。その誘導係数についてまとめます。

自己インダクタンス

電線をばね状に巻いたインダクタ（コイル）では、電流を流すと自分のコイルを貫く磁束が時間的に変化して逆起電力が発生します（**上図**）。自分の電流の変化が自分の電流の変化を妨げるので、自己誘導といいます。電流により作られる磁場は電流I［A］に比例するので、回路を貫く磁束Φ［Wb］は

$$\Phi = LI \tag{8-5-1}$$

と書けます。ここで、比例係数Lを自己インダクタンスといい、単位はヘンリー（記号H）です。誘導される起電力は電流の向きを正として以下の通りです。

$$V = -L\frac{\mathrm{d}I}{\mathrm{d}t} \qquad (L > 0) \tag{8-5-2}$$

同軸円筒のインダクタンス

２重の同軸円筒の導体を考えます。内側円筒（半径a）に電流Iが一方向に流れ、この電流が外側円筒（半径B）に逆方向に流れてもどってくるような閉回路です。磁場は２重同軸内部のみに生成され、中心部分と外側部分では磁束はゼロです。回路で貫通している磁束は、角度θを一定として半径方向と軸方向との面積積分を行えば求まります。内部にできる磁場は、アンペールの法則から半径r（$a \leqq r \leqq b$）の場所で周回磁場$B_\theta = \mu_0 I/(2\pi r)$であり、単位長さあたりの微小磁束$B\mathrm{d}r$を$a$から$B$まで積分することで、単位長さあたりの磁束が求まります（**下図**）。したがって、式（8-5-1）より、単位長さあたりの自己インダクタンスLが求まります。

$$L[\mathrm{H/m}] = \frac{\mu_0}{2\pi}\log_e\frac{b}{a} \tag{8-5-3}$$

MEMO　インダクタンスの単位は、ファラデーと同時期に電磁誘導現象を発見した米国の物理学者ジュセフ・ヘンリー（1897 ～ 1878 年）にちなんでいます。

自己インダクタを含む回路

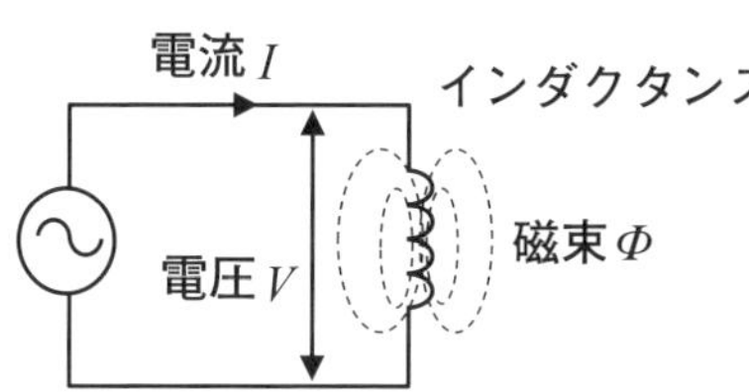

磁束 $\Phi = LI$

比例係数 L 自己インダクタンス
（自己誘導係数）

起電力 $V = -L\frac{\mathrm{d}I}{\mathrm{d}t}$

単位
$1\ \mathrm{H} = 1\ \mathrm{Wb/A} = 1\ \mathrm{V \cdot s/A} = 1\ \mathrm{m^2 \cdot kg \cdot s^{-2} \cdot A^{-2}}$

同軸円筒のインダクタンス

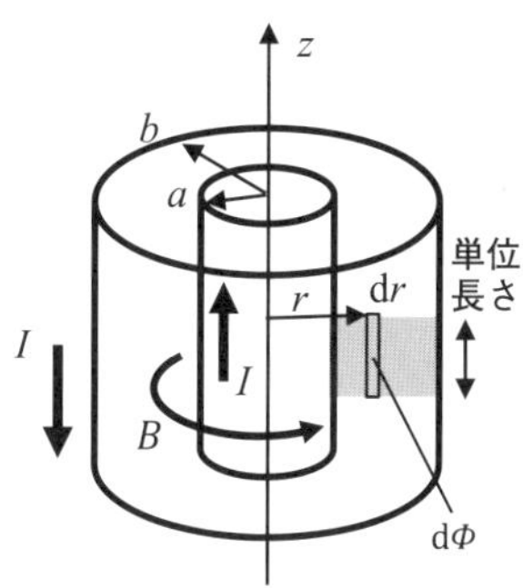

同軸内の磁束密度

$$B = \frac{\mu_0 I}{2\pi r} \quad (a \le r \le b)$$

$\mathrm{d}\Phi = B\mathrm{d}r$　z方向の単位長さあたりの磁束微分

単位長さあたりの磁束

$$\Phi[\ \mathrm{Wb/m}] = \int_a^b \mathrm{d}\Phi = \int_a^b \frac{\mu_0 I}{2\pi}\frac{1}{r}\mathrm{d}r = \frac{\mu_0 I}{2\pi}\log_{\mathrm{e}}\frac{b}{a}$$

単位長さあたりの自己インダクタンス

$$L[\ \mathrm{H/m}] = \frac{\Phi}{I} = \frac{\mu_0}{2\pi}\log_{\mathrm{e}}\frac{b}{a}$$

8-6 ＜変動電磁場編＞

相互誘導

複数のコイルを含む回路では、コイルがお互いに干渉し合うので、自分自体の他に、他からの相互の誘導を加味する必要があります。

相互インダクタンス

2つのコイルが近接して置かれてあります。一方のコイル1の電流が変化する場合、自己誘導が起こり、同時に、コイル1により生成された磁束の一部はコイル2を貫き、コイル2に起電力を誘起させます。この現象を相互誘導といいます。コイル1の自己インダクタンスをL_1[H]、電流をI_1[A]として、その磁束がコイル2を貫く全磁束をΦ_{21}[Wb]（コイル1によるコイル2への磁束の貫通の意味で$\Phi_{2\leftarrow 1}$をΦ_{21}と書きます）とすると、Φ_{21}はI_1に比例するので

$$\Phi_{21} = M_{21} I_1 \qquad (8\text{-}6\text{-}1)$$

です。ここで比例定数M_{21}を相互インダクタンスといい、単位はヘンリー（H）です。コイル2に発生する誘導起電力V_{21}はΦ_{21}の時間変化に比例します。

$$V_{21} = -\frac{\mathrm{d}\Phi_{21}}{\mathrm{d}t} = -M_{21}\frac{\mathrm{d}I_1}{\mathrm{d}t} \qquad (8\text{-}6\text{-}2)$$

同様に、コイル2から1への磁束Φ_{12}と誘導起電力V_{12}も求められます（**上図**）。

結合係数

一般的に　$M_{12}=M_{21}=M$　であることが証明されますが、これは相互インダクタンスの相反定理と呼ばれています。また、Mと自己インダクタンスとの関係は

$$M = k\sqrt{L_1 L_2} \qquad (8\text{-}6\text{-}3)$$

で表されます。ここでkは結合係数であり、$0 \leqq k \leqq 1$です。理想的に磁束の漏れがないように結合されているコイル系の場合には$k=1$です。

コイル1と2を直列につないだ場合の合成インダクタンスは、各々の自己インダクタンスの他にコイル1から2へとコイル2から1へとのインダクタンスとして2倍を考慮して、接続のしかたにより$L_1+L_2\pm 2M$となります（**下図**）。

MEMO　相互インダクタンスの相反定理は、インダクタンスのノイマンの公式（本書では記載せず）により証明されます。

相互誘導

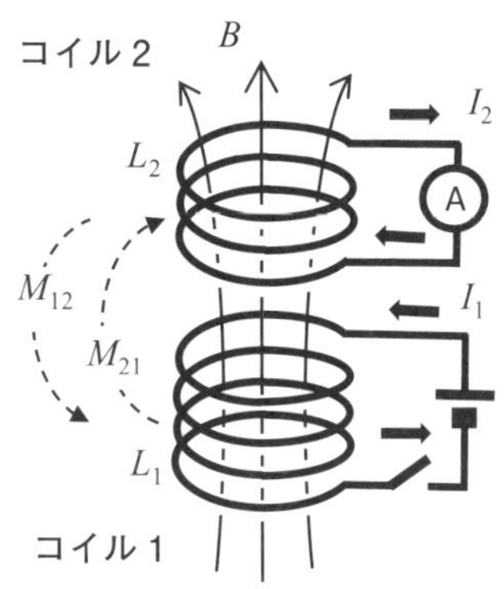

コイル１からコイル２への磁束と起電力

$$\Phi_{21} = M_{21} I_1$$

$$V_{21} = -\mathrm{d}\Phi_{21}/\mathrm{d}t = -M_{21}\mathrm{d}I_1/\mathrm{d}t$$

コイル２からコイル１へも同様

$$\Phi_{12} = M_{12} I_2 、\quad V_{12} = -M_{12}\mathrm{d}I_2/\mathrm{d}t$$

コイル１とコイル２の磁束と起電力をまとめると

$$\Phi_1 = \Phi_{11} + \Phi_{12} = L_1 I_1 + M_{12} I_2$$

$$\Phi_2 = \Phi_{22} + \Phi_{21} = L_2 I_2 + M_{21} I_1$$

$$V_1 = -\mathrm{d}\Phi_{11}/\mathrm{d}t - \mathrm{d}\Phi_{12}/\mathrm{d}t = -L_1\mathrm{d}I_1/\mathrm{d}t - M_{12}\mathrm{d}I_2/\mathrm{d}t$$

$$V_2 = -\mathrm{d}\Phi_{22}/\mathrm{d}t - \mathrm{d}\Phi_{21}/\mathrm{d}t = -L_2\mathrm{d}I_2/\mathrm{d}t - M_{21}\mathrm{d}I_1/\mathrm{d}t$$

結合係数と直列接続

相互インダクタンスの相反定理　$M_{12} = M_{21} = M$

結合係数 k　$M = k\sqrt{L_1 L_2}$

コイル１とコイル２を直列に接続すると、合成インダクタンス L はつなぎ方により

$L = L_1 + L_2 + 2M$　　または　　$L_1 + L_2 - 2M$

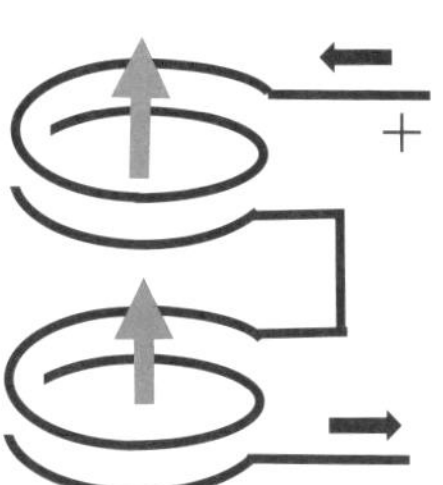

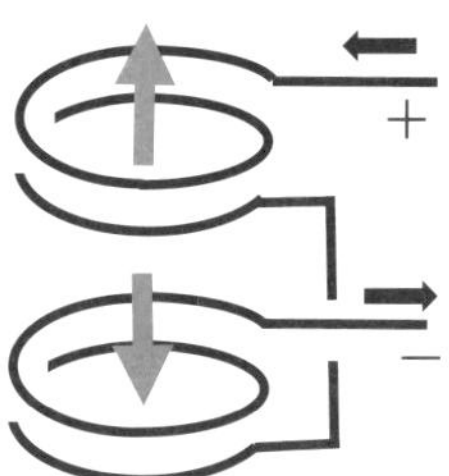

8-7 ＜変動電磁場編＞

コイルのインダクタンスと磁気エネルギー

コンデンサ（キャパシタ）は電気エネルギーが蓄えられました。同様に、コイル（インダクタ）には磁気エネルギーが蓄積されます。

ソレノイドコイルの磁気エネルギー

6-5節に示したように、空心の細長いソレノイドコイルでの単位長さあたりの巻き数をn[m^{-1}]、コイル電流をI[A]とすると、コイル内部の磁束密度はB[T]$=\mu_0 nI$でした。コイルの長さをℓ[m]、断面積をS[m^2]として、巻き数は$N=\ell n$なのでコイルに貫通する磁束は$\Phi=NBS=\mu_0 n^2 S\ell I$です。したがって、インダクタンスは、

$$L=\Phi/\mathrm{I}=\mu_0 n^2 S\ell \tag{8-7-1}$$

となります。インダクタの電圧$v=L\mathrm{d}i/\mathrm{d}t$と電流$i$との積$vi$が仕事率なので、時刻0から$T$[s]までの間に電流を0から$I$[A]まで増加させた場合には、時間$\Delta t$での仕事量$vi\Delta t=Li\Delta i$を積算すればインダクタンス内の**磁気エネルギー**U_L[J]が求まります。**上図**に示されているように、三角形の面積がU_L[J]に相当して、

$$U_\mathrm{L}=\frac{1}{2}LI^2 \tag{8-7-2}$$

です。これは時間的に0からTまでの仕事量の積分に相当します。

$$U_\mathrm{L}=\int_0^T\left(L\frac{\mathrm{d}i}{\mathrm{d}t}\right)i\mathrm{d}t=\int_0^I Li\mathrm{d}i=\frac{1}{2}LI^2=\frac{1}{2\mu_0}B^2\ell S \tag{8-7-3}$$

エネルギー密度のコイルとコンデンサの比較

ソレノイドコイル内の磁場体積はℓSなので単位体積あたりの磁場エネルギーとしての**磁気エネルギー密度**u_B[J/m^3]$=U_\mathrm{L}/(\ell S)$　は、

$$u_\mathrm{B}=\frac{1}{2\mu_0}B^2 \tag{8-7-4}$$

以上のコイルの磁束、電流、インダクタンス、磁気エネルギーと、コンデンサの電荷、電圧、キャパシタンス、電気エネルギーとの比較を**下図**に示しています。

MEMO　電気回路でのインダクタンスの正式の記号は、ぐるぐる巻いた奥行きのある図ではありません（下図左参照）。

コイル（インダクタ）のエネルギー

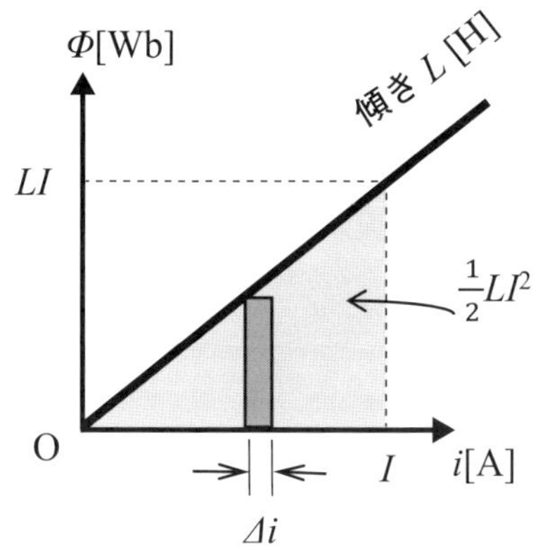

インダクタの磁気エネルギー

$U_L = \int_0^I Lidi = (1/2)LI^2$

$L = \mu_0 n^2 \ell S$

$I = B/(\mu_0 n)$

磁気エネルギー密度

$u_B[\mathrm{J/m^3}] = U_L/(\ell S) = \frac{1}{2\mu_0}B^2$

コイルとコンデンサの比較

コイル（インダクタ）	コンデンサ（キャパシタ）
インダクタンス L （国際電気標準会議準拠の回路記号）	キャパシタンス C  （国際電気標準会議準拠の回路記号）
電流と磁束 $\Phi = LI$	電圧と電荷 $Q = CV$
磁束変化と電圧 $V = \mathrm{d}\Phi/\mathrm{d}t = L\mathrm{d}I/\mathrm{d}t$	電荷変化と電流 $I = \mathrm{d}Q/\mathrm{d}t = C\mathrm{d}V/\mathrm{d}t$
エネルギー　$U_L = (1/2)LI^2$	エネルギー　$U_C = (1/2)CV^2$
エネルギー密度　$u_B = \frac{1}{2\mu_0}B^2$	エネルギー密度　$u_E = \frac{\varepsilon_0}{2}E^2$

8-8 ＜変動電磁場編＞

フレミングの左手・右手の法則と電動機・発電機

フレミングの左手の法則は磁気ローレンツ力誘起の電動機（モータ）に、右手の法則は電圧・電流誘起の発電機（ジェネレータ）に適用されます。

フレミングの左手と右手

フレミングの法則は左手と右手で混同しやすく、しかも３つの指の方向を望む方向に合わせるのに苦労する場合が多々あります。

フレミングの左手の法則は、磁場中に電流が流れる導体に力が働く場合の電動システムに適用できます。長さLの導体には$\boldsymbol{F}=(\boldsymbol{I}\times\boldsymbol{B})L$の力が働きますが、一個の荷電粒子には磁気ローレンツ力として$\boldsymbol{F}=q\boldsymbol{v}\times\boldsymbol{B}$の力が働きます。電流による磁場と外部磁場との合成で磁気圧が増加するという物理描像で考えることもできます（**図左**）。

フレミングの右手の法則は、磁場中を移動する導体に起電力が発生する場合の発電システムに適用できます。長さLの導体には電磁誘導の法則から$\boldsymbol{V}=(\boldsymbol{v}\times\boldsymbol{B})L$の起電力が発生します。磁場$\boldsymbol{B}$と移動方向（速度$\boldsymbol{v}$）から起電力$\boldsymbol{V}$（電流$\boldsymbol{I}$の方向）の向きを評価します。磁気ローレンツ力により自由電子が一方向に蓄積して起電力が誘起されるという物理描像で考えることができます（**図右下**）。

右手のひらの方法

フレミングの法則では常に磁場が人差し指の方向として「FBI」「電・磁・力」などで覚えられますが、$\boldsymbol{I}\times\boldsymbol{B}$や$\boldsymbol{v}\times\boldsymbol{B}$において求める物理量の方向が右ねじの法則（右ねじの進む方向）から求めることができます。左手や右手の指を３軸に作るのではなく、右手だけの手のひらを利用して簡便に求める方法もあります。常に磁場$\boldsymbol{B}$を４本の指の方向とし、親指を電流$\boldsymbol{I}$（電動系）または移動速度$\boldsymbol{v}$（発電系）として、手のひらで押す方向が求めるべき磁気力$\boldsymbol{F}$や起電力$\boldsymbol{V}$の方向となります。本書では、これを「**右手のひらの方法**」としています。

MEMO　フレミングの法則は印象的な法則ですが、覚え方だけではなくて、物理のベクトル式やその意味する物理描像を理解することの方が重要です。

フレミングの左手の法則と右手の法則

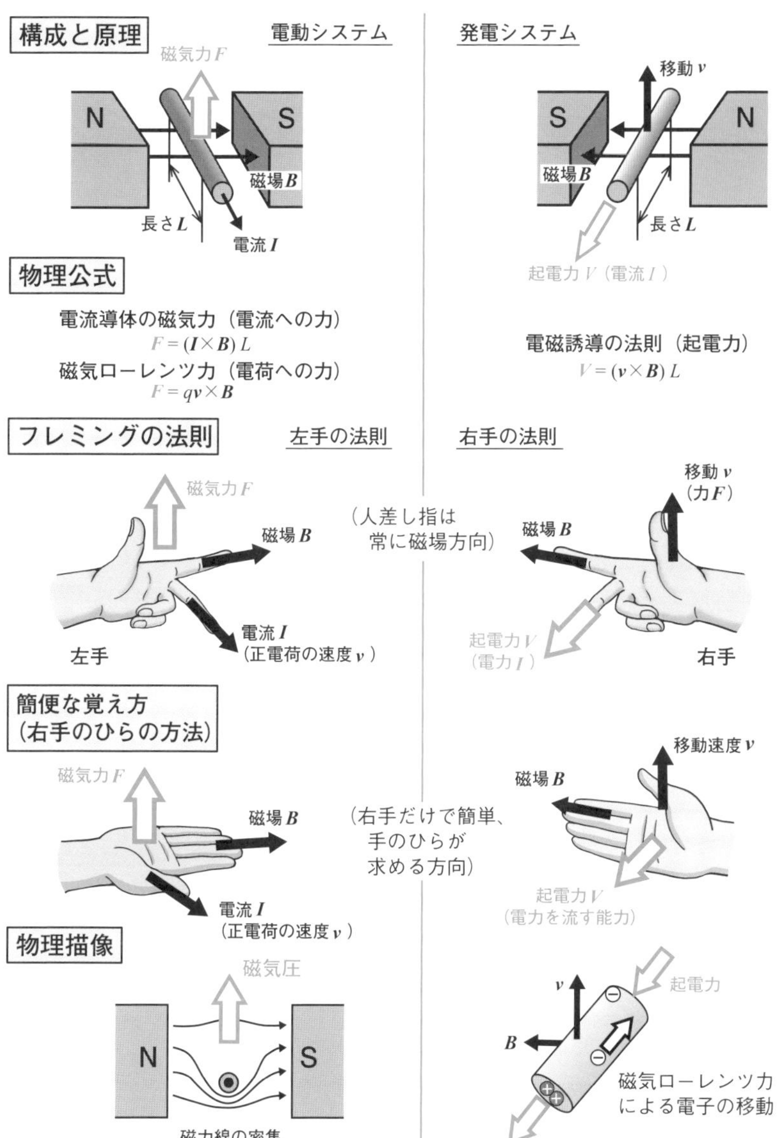

クイズ 4 択問題

答えは次々ページ

クイズ 8.1　列車の車軸にも誘導起電力が発生!?

地磁気 B=4.4×10^{-5}T（=0.44G）の中を時速180km（秒速 v=50m/s）で列車が走行しています。左右の車輪をつなぐ導体軸（L=1.0m）にはどれだけの誘導起電力 V が生じるでしょうか？

① 2nV　② 2μV　③ 2mV　④ 2V

クイズ 8.2　ファラデーのパラドックスを考える？

導体円板と磁石により単極発電機が作れます。通常は磁石を固定して円板を回転させることで発電ができます（8-2節）。以下の場合はどうでしょうか？（2×2択問題）

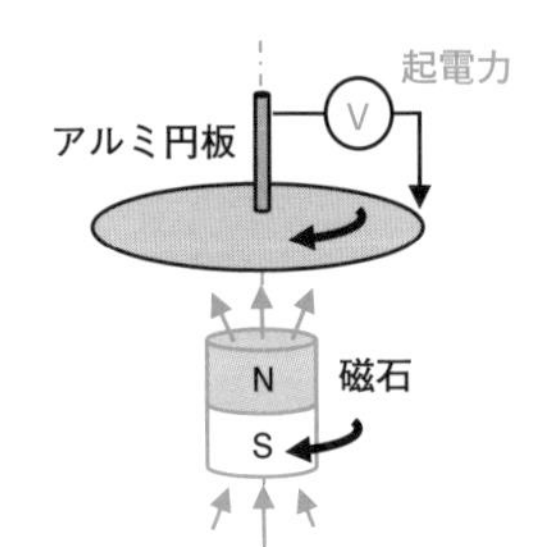

(1) 円板を固定して磁石を回転させると、
発電は（ ① 可能、② 不可能 ）。

(2) 円板を回転させ磁石も回転させると、
発電は（ ① 可能、② 不可能 ）。

COLUMN

電力活用の第1位は電動モータ!?

日本国内の電力消費量のうち、モータを搭載した機器が消費する電力は全体の60%近くを占めます。その他として、照明と電熱とが各々10%ほどであり、情報機器は5%近くです。工場の電動機はもとより、エアコンや冷蔵庫での圧縮機にモータが使われています。高性能制御や高効率モータを利用することで、電力消費を削減でき、二酸化炭素の排出削減も可能です。たとえばエアコンの場合には、ON/OFF制御ではなくてインバータによる周波数の制御により運転の最適化と省電力化が可能です。モータ機器自体では、三相誘導電動機として、トップランナー制度が導入されており、策定時点における最も高い効率の機器等の値を超えることを目標とされています。

まとめのクイズ

問題は各節のまとめに対応／答えは次ページ

8-1 コイルや導体板に流れる誘導電流は、この電流が作る磁束が元の磁束の増減を妨げる向きに発生します。これを［人名］の法則といいます。

8-2 電動モータを発明したのは［人名］であり［　　］という名前の歴史的な装置で実験を行いました。

8-3 変動する磁場 B［T］が、面積 S［m^2］の円形での巻き数 N のコイルを貫通しています。コイル端子間に誘導される電圧 V は［　　［単位］］と書けます。この法則は［人名］の［　　］の法則といいます。

8-4 長さ L［m］の導体が速度 $\boldsymbol{v}$［m/s］で一様磁場 $\boldsymbol{B}$［T］中を動くと、導線の両端に発生する［　　］V は［　　［単位］］です。

8-5 回路に変動する電流 I［A］が流れて回路を貫く自分の磁束が Φ［Wb］のとき、インダクタンス L は［　　［単位］］であり、誘導起電力 V は［　　［単位］］で与えられます。

8-6 2つのコイルのインダクタンスを L_1、L_2 とすると、結合係数を k として、相互インダクタンス M は［　　］となります。このコイルを直列に接続すると全体のインダクタンスは［　　］となります。

8-7 巻き数が n［m^{-1}］、長さが ℓ［m］、断面積が S［m^2］のコイルに電流を I［A］を流すと、コイル内部の磁束密度 B は［　　［単位］］です。また、コイルのインダクタンスは［　　［単位］］であり、磁気エネルギー密度は［　　［単位］］です。

8-8 電磁現象で力や電流の向きを知るのに［人名］の左手や右手の法則があります。磁場中の電流に加わる［　　］の向きは［　　］の法則で評価され、磁場中を動く導体に生じる［　　］の向きは［　　］の法則で評価されます。

クイズの答え

答え8.1　③

【解説】車軸と地磁気は直交しているとして、移動導体の起電力の公式から $V = vBL = 50 \times 4.4 \times 10^{-5} \times 1.0 = 2.2 \times 10^{-3}$Vとなります。

答え8.2　(1) ②　(2) ①

【留意】磁石だけが回転しても起電力は発生しませんが、両方回転のときには発生します。

【解説】磁石が回転しても磁束線が回転するわけではありません。磁力線という実体があるわけではなく、場が変化するのです。本題のように軸対称な磁石が回転しても、場は変化しません。円板内の実体としての自由電子が回転することで起電力が生まれます。

【参考】軸対称性のない磁石が回転する場合には、「アラゴの円板」の原理によりアルミ板上に渦電流が流れて（8-1節参照）、磁石と一緒にアルミ板が回転します。これは家庭用の積算電力計（誘導型電力量計）での制御用にも用いられています。

答え　まとめ（満点20点、目標14点以上）

(8-1)　レンツ

(8-2)　ファラデー、電磁回転

(8-3)　$-NS\mathrm{d}B/\mathrm{d}t$、ファラデー、電磁誘導

(8-4)　（誘導）起電力、$\boldsymbol{v} \times \boldsymbol{B}L$[V]

(8-5)　Φ/I [H]、$-\mathrm{d}\Phi/\mathrm{d}t$[V]

(8-6)　$k\sqrt{L_1 L_2}$、$L_1 + L_2 \pm 2M$

(8-7)　$\mu_0 nI$ [T]、$\mu_0 n^2 S\ell$ [H]、$B^2/(2\mu_0)$ [J/m^3]

(8-8)　フレミング、磁気力、左手、起電力、右手

第9章

<変動電磁場編>
回路と交流

家庭の100 Vの電気は交流であり、直流とは異なり、電圧変換や電流遮断が容易です。第9章では交流の発電と電流・電圧の実効値について説明します。インダクタンスやキャパシタンスを含む回路でのインピーダンスや、交流回路の力率と有効電力についてもまとめます。

図解入門
How-nual

9-1 ＜変動電磁場編＞

単相交流発電の原理

ファラデーの電磁誘導の法則を用いて、交流電圧を発生されます。整流子を組み入れることで、直流発電も可能です。

単相の交流発電

電池は直流ですが、家庭で使われている100Vの電源は交流であり、電流と電圧の向きおよび大きさが周期的に変化します。通常の交流は正弦関数で周期的に変化します。これは交流発電機で生成されます（**上図**）。一様な磁場B［T］中を面積S［m^2］の1回巻きのコイルを角速度ω［rad/s］で回転させたとします。磁場とコイル面の法線ベクトルとの角度θは、時間$t=0$秒で0ラジアンであり、時間t［s］では$\theta=\omega t$です。そのときのコイルの貫通する磁束Φ_B［Wb］は

$$\Phi_B = BS\cos\omega t \quad (9\text{-}1\text{-}1)$$

です。磁束が変化することで誘導電流が変化し、電流の向きも反転します。

単相の誘導交流起電力と直流発電機

ファラデーの電磁誘導の法則により、交流起電力V［V］は

$$V = -\frac{d\Phi_B}{dt} = BS\omega\sin\omega t = V_m\sin\omega t \quad (9\text{-}1\text{-}2)$$

となります（**下図**）。ここで、$V_m=BS\omega$です。また、角周波数（角速度）ω［rad/s］と周波数f［Hz］、周期T［s］の関係は

$$\left.\begin{aligned} \omega &= 2\pi f = 2\pi/T \\ f &= \omega/(2\pi) = 1/T \\ T &= 2\pi/\omega = 1/f \end{aligned}\right\} \quad (9\text{-}1\text{-}3)$$

です。この交流発電機に整流子とブラシとを追加することで電流を反転させて一方向の起電力を誘導でき、直流発電が可能となります。コイルの極数を増やし電圧の平滑回路を組み入れることで、電圧一定の直流発電が可能となります。

MEMO　直流発電機は、交流発電と異なり整流子を用いるので、整流子発電機とも呼ばれています。

交流発電機とその横断面

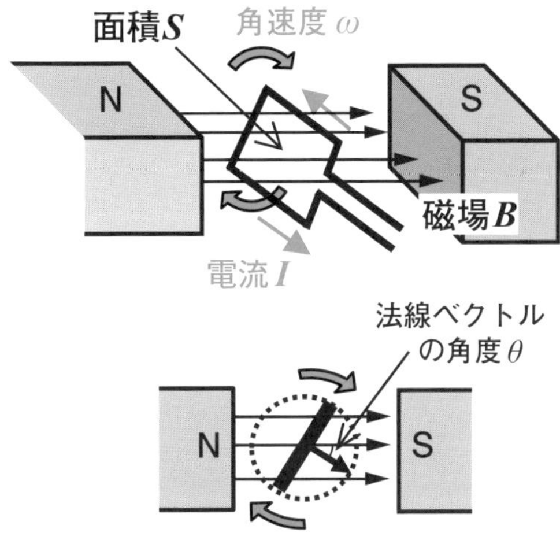

コイルを貫通する磁束ΦＢと誘導交流電圧Ｖ

交流電圧

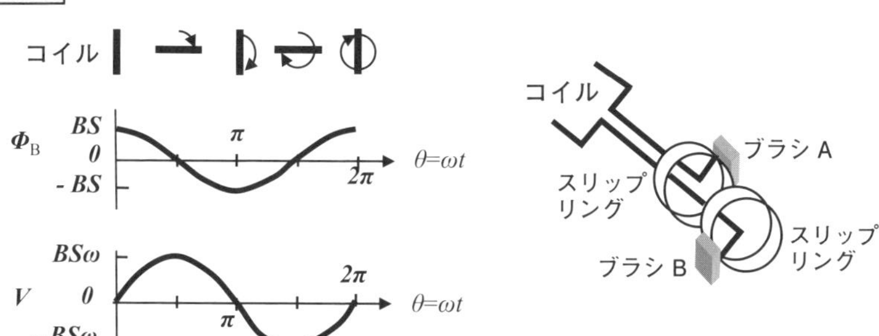

直流電圧

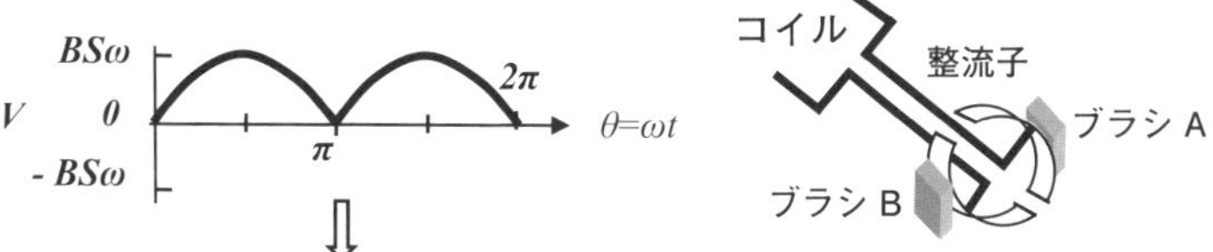

⇩

これを平滑回路を通して、直流にします。

9-2 ＜変動電磁場編＞

三相交流発電

単相交流を２つ組み合わせて二相交流が、３つ組合わせて三相交流が作れます。三相交流のメリットと結線の方式について考えます。

三相発電

100ボルトの家電製品では２本１組の導線を用いる単相交流が用いられますが、送電線や配電線のように大電力を送る場合は、３本の電線を使う三相交流が用いられています。回転するNS極の磁石に１個のコイルを設置すると２本の引き出し線から単相交流が、180°の場所に置いた2個のコイルでは二相交流が、互いに120℃(2π／3ラジアン)の場所に置いた３組のコイルでは三相交流が得られます。三相交流の波形と回転する磁石の向きを**上図**に示します。３つの相電圧の時間変化は正弦波となりますが、これは３つのコイル電圧のベクトルの矢がグルグルと一定の速さで回るとき、それを横から見た高さの変化に相当します。

スター結線とデルタ結線

三相交流は、３組の単相の交流を組み合わせたシステムです。単純には６本の導線が必要ですが、結線の仕方で３本の線で伝送させることができます。スター（Y）結線（星形結線）では、中央の共通線に流れる電流は対称三相交流の３電流の合成電流になり、常にゼロになるので、電源と負荷の中心を結ぶ線は不要となります。線間電圧は２つのベクトルの差で表され、Y（ワイ）結線の線間電圧は相電圧の$\sqrt{3}$倍になり、位相は相電圧に比べて30°の差ができます。線電流は相電流と同じです。デルタ（Δ）結線（三角結線）では相電圧と線間電圧とは等しくなりますが、線電流は相電流の$\sqrt{3}$倍になります。三相交流による送電は、単相交流に比べて、電線一本あたりの送電電力が大きく、同じ送電電力ならば、電線の質量を低減できること、三相交流から単相交流を取り出すことができること、また、回転磁界を容易に得られ交流電動機の駆動に適していることが利点です。

MEMO　三相交流では３本の線で２本の単相の３倍の電力を送ることができます。

三相交流と回転磁界

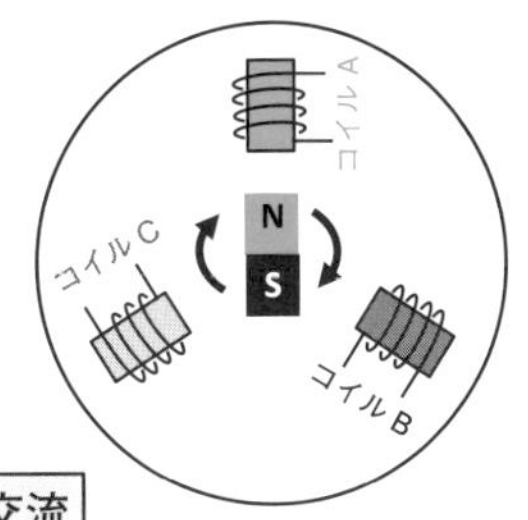

単相交流

回転している磁石に図のようにコイルAを置くと、出力A（相電圧と相電流）の単相交流がえられます。

三相交流

120度間隔に置いたコイルA,B,Cで三相交流が得られますが、6本の電線を3本にします（Y結線とΔ結線）。

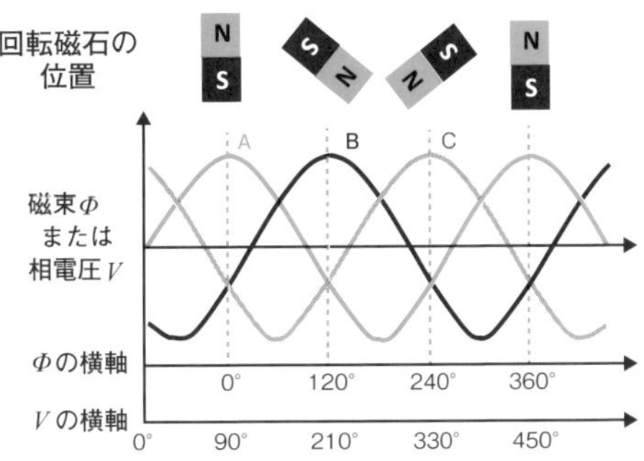

コイルA,B,Cの磁束Φまたは相電圧Vの時間変化です。3つの出力の総和は常にゼロになります。

磁石を止めて3組のコイルを逆に回した場合も同じです。

スター結線とデルタ結線

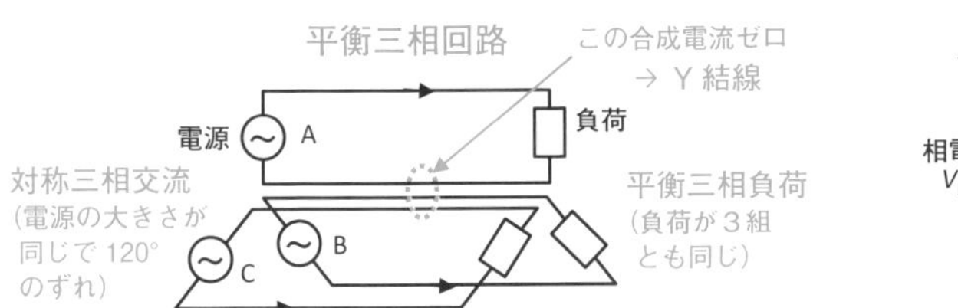

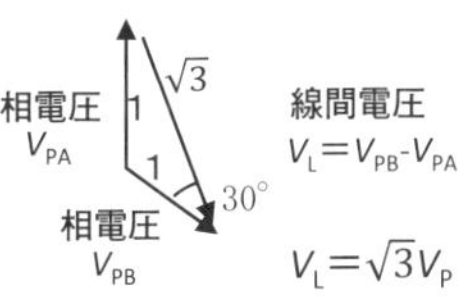

●スター結線
（Y（ワイ）結線、星形結線）

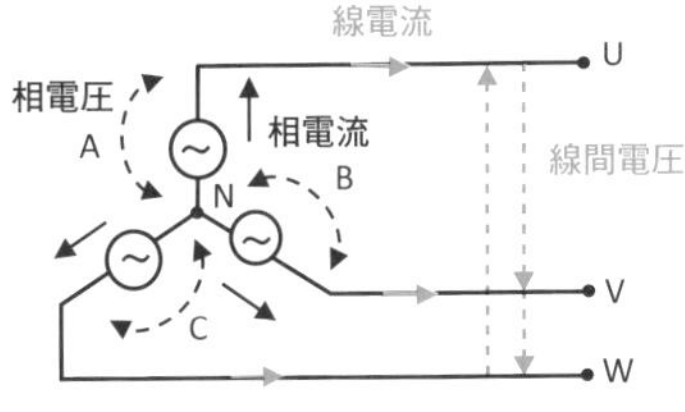

線間電圧＝相電圧の$\sqrt{3}$倍

線電流＝相電流

●デルタ結線
（Δ（デルタ）結線、三角結線）

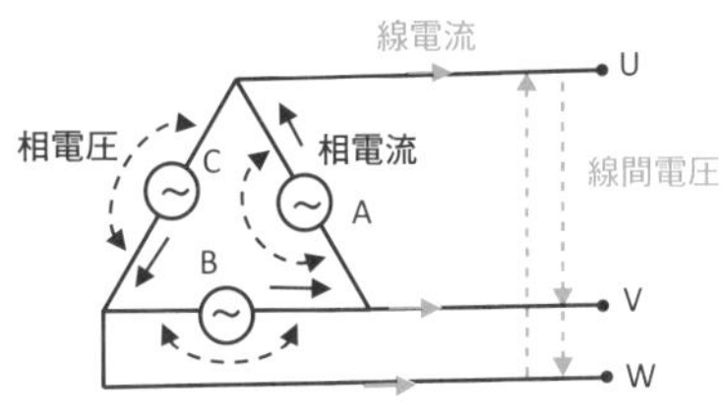

線間電圧＝相電圧

線電流＝相電流の$\sqrt{3}$倍

9-3 <変動電磁場編>

電流、電圧の実効値

交流での電流、電圧の大きさの定義は、平均値ではなくてRMS(二乗平均平方根)での実効値が用いられます。

電力からの実効値の定義

抵抗Rに交流電圧$V(t)=V_m\sin\omega t$を加えた場合には、オームの法則$V(t)=RI(t)$から交流電流$I(t)$は$I_m\sin\omega t$、$I_m=V_m/R$であり、電圧と電流との積としての電力$P(t)$は$V(t)I(t)=V_mI_m\sin^2\omega t=(1/2)RI_m^2(1-\cos 2\omega t)$です。添え字mは最大値(ピーク値)を意味しています。この電力を周期$T(=2\pi/\omega)$で平均した値として

$$P_e=\frac{\omega}{2\pi}\int_0^{2\pi/\omega}\frac{1}{2}V_mI_m(1-\cos 2\omega t)dt=\frac{R\,I_m{}^2}{2} \qquad (9\text{-}3\text{-}1)$$

が得られます。平均電力P_eをRI_e^2となる平均電流I_eで表すと、$I_e=I_m/\sqrt{2}$となります。これは電流の実効値です。添え字eは実効値(effective value)を意味しています。

ピーク値と実効値、平均値の比較

交流の電圧、電流の実効値は、電圧または電流値を二乗して周期Tで積分し、それを周期Tで割って、ルートをとる二乗平均平方根(Root Mean Square、RMS)として定義できます。

$$V_e=\sqrt{\frac{1}{T}\int_0^T V(t)^2dt}=\frac{V_m}{\sqrt{2}}、\qquad I_e=\sqrt{\frac{1}{T}\int_0^T I(t)^2dt}=\frac{I_m}{\sqrt{2}} \quad (9\text{-}3\text{-}2)$$

電圧や電流の周期Tでの平均値はゼロですが、半周期$T/2$での平均値は

$$\langle V\rangle_{T/2}=\frac{2}{T}\int_0^{T/2}V(t)dt=\frac{\omega V_m}{\pi}\int_0^{\pi/\omega}\sin\omega t\,dt=\frac{V_m}{\pi/2} \qquad (9\text{-}3\text{-}3)$$

であり、実効値の$2\sqrt{2}/\pi\sim0.90$倍です。一般家庭用の電気で電圧100Vと呼んでいるのは(9-3-2)式の実効値であり、ピーク値は141.4Vです。

MEMO 家庭の100V交流電圧は、電圧の実効値(2乗平均平方根)が100Vであり、ピーク値は141V、平均値(半周期)は90Vです。

直流と交流の違い

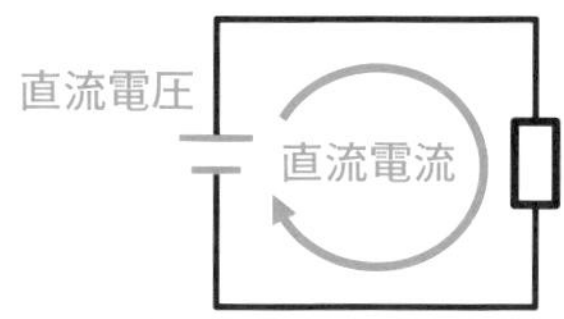

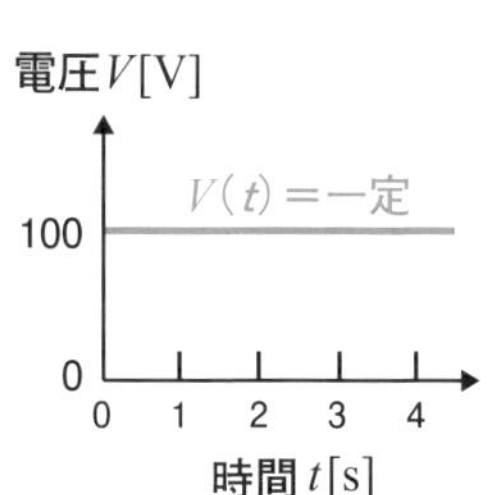

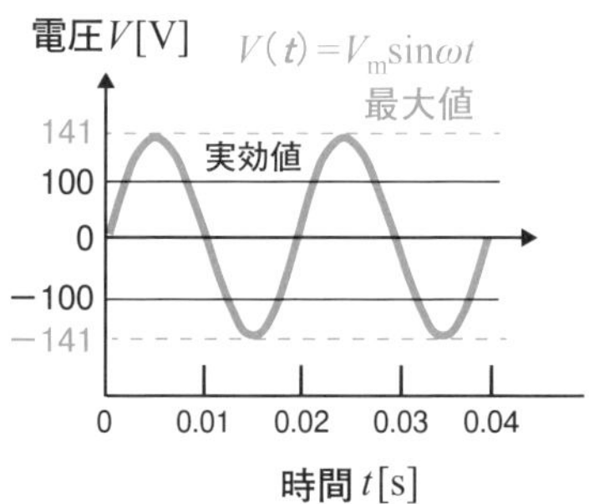

交流の実効値は
ピーク値の $1/\sqrt{2}$

周期は
東日本（50 Hz）で 0.02 秒（上図）
西日本（60 Hz）で 0.0167 秒

交流での抵抗とインピーダンス

交流抵抗回路での
電圧 $V(t)$、電流 $I(t)$、電力の
時間変化値 $P(t)$ と実効値 P_e

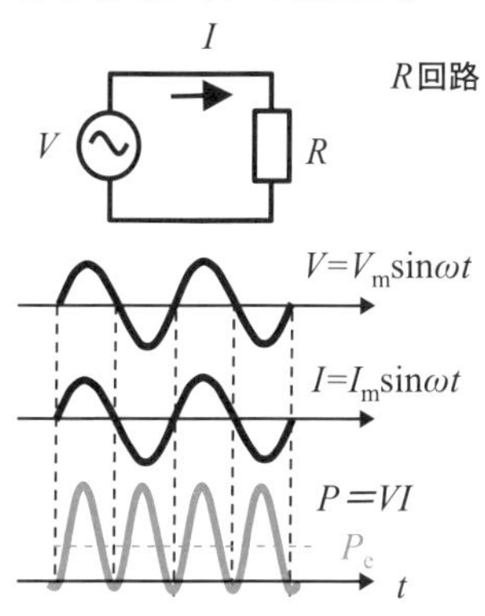

消費電力の実効値 P_e は $V_m I_m/2$

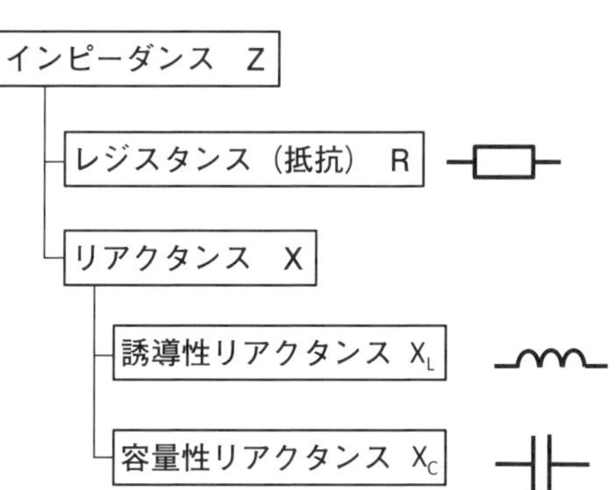

9-4 ＜変動電磁場編＞

インダクタンス回路

直流回路ではコイルやコンデンサ素子からは抵抗を受けませんが、交流回路では抵抗を受けます。ただし、エネルギーの消費はありません。

L回路

インダクタやキャパシタが負荷の場合には、交流電圧$V(t)=V_0\sin\omega t$を加えた場合に、電流も同じ周波数の交流となり、

$$I(t)=I_0\sin(\omega t+\delta)\quad、\quad V_0=ZI_0 \tag{9-4-1}$$

のように位相がδだけずれます。ここで、V_0とI_0の比Zはインピーダンスと呼ばれ、直流回路でのレジスタンス（抵抗）に相当します。単位はΩであり、δは初期位相です。**右図**に示したように、電圧$V(t)$を印加すると、インダクタンスには自己誘導として電圧$-L\mathrm{d}I(t)/\mathrm{d}t$が誘起され、電流の流れが阻止されます。すなわち

$$V(t)-L\frac{\mathrm{d}I(t)}{\mathrm{dt}}=0 \tag{9-4-2}$$

です。印加電圧を$V(t)=V_0\sin\omega t$とすると、電流は

$$I(t)=\int_0^t\frac{\mathrm{d}I(t)}{\mathrm{d}t}\mathrm{d}t=\frac{1}{L}\int_0^t V(t)\mathrm{d}t=-\frac{V_0}{\omega L}\cos\omega t \tag{9-4-3}$$

となり、電流を$I(t)=(V_0/Z)\sin(\omega t+\delta)$とすると、インピーダンス$Z=\omega L$、初期位相$\delta=-\pi/2(-90^\circ)$です。電流の位相は電圧の位相よりも$\pi/2(90^\circ)$だけ遅れていることが示されます。特に位相が$\pm\pi/2$だけずれているときには消費電力はゼロとなり、インピーダンスはリアクタンスと呼ばれ、ギリシャ文字のχ（カイ）の大文字Xで表されます。

$$X_L=\omega L \tag{9-4-4}$$

は誘導性リアクタンス、あるいは、誘導抵抗と呼ばれ、単位は直流抵抗と同じΩ（オーム）です。インダクタンスを利用した回路は、高電圧の発生用として自動車エンジンの点火プラグや蛍光灯の放電開始に用いられています。

MEMO　インピーダンスZには、抵抗RとリアクタンスXを合わせた全ての抵抗成分が含まれています。

L回路での電圧、電流、電力

印加する電圧波形

$$V(\mathrm{t})=V_0\sin\omega t$$

回路方程式

$$V(t)-L\frac{\mathrm{d}I(t)}{\mathrm{d}t}=0$$

コイル電流が変化すると
変化を妨げるように
起電力が発生します。

電流波形

$$I(t)=\int_0^t\frac{\mathrm{d}I(t)}{\mathrm{d}t}\mathrm{d}t=\frac{1}{L}\int_0^t V(t)\mathrm{d}t$$
$$=-\frac{V_0}{\omega L}\cos\omega t=\frac{V_0}{Z}\sin(\omega t+\delta)$$

インピーダンス　$Z=\omega L$

位相　$\delta=-\pi/2$

誘導性リアクタンス X_L

$X_L=\omega L$　単位：Ω

$\omega=2\pi f$

（参考）R回路

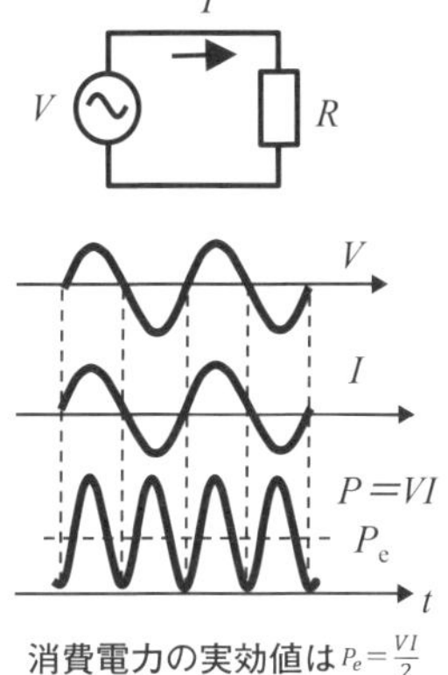

消費電力の実効値は$P_e=\frac{VI}{2}$

L回路

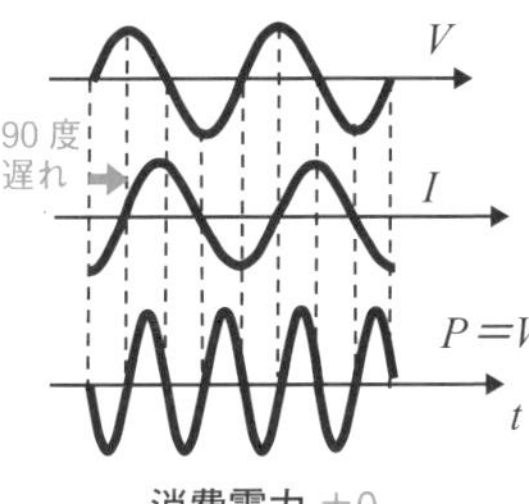

消費電力 ±0

電流の位相が1/4波長（90度）だけ遅れます。

高周波ほど、
リアクタンスが大きくなり、
ピーク電流は小さくなります。

電力の実効値はゼロです。

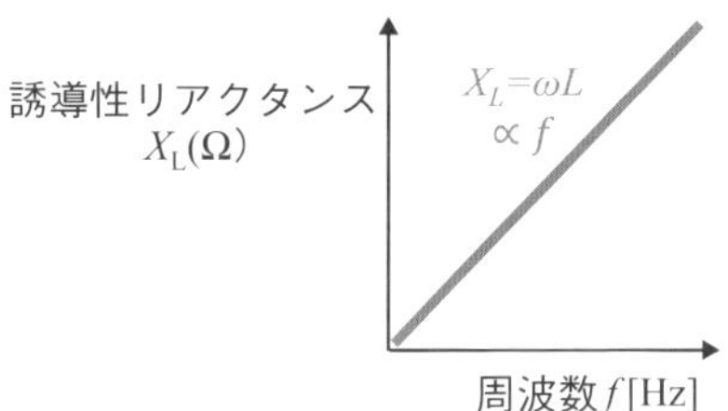

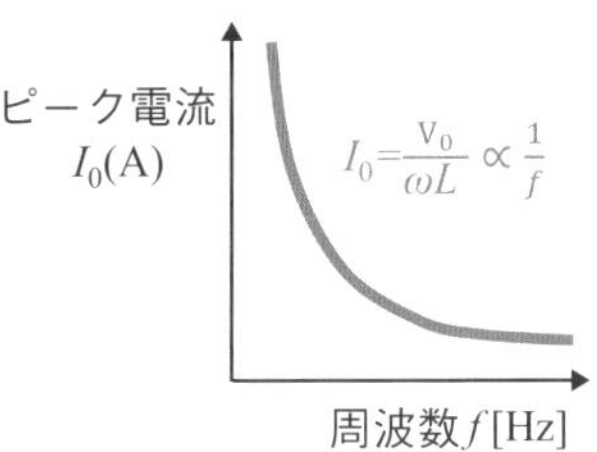

9-5 <変動電磁場編>

キャパシタンス回路

コイル（インダクタ）と同様に、コンデンサ（キャパシタ）では電力の消費はありませんが、コイルでは電流の位相が遅れ、コンデンサでは位相が進みます。

C回路

キャパシタのC回路に交流電圧$V(t)$を印加すると、電流$I(t)$の式は

$$V(t) - \frac{1}{C}\int I(t)\mathrm{d}t = 0 \tag{9-5-1}$$

です。印加電圧を$V(t)=V_0\sin\omega t$とすると、電流は上式を微分して

$$I(t) = C\frac{\mathrm{d}V(t)}{\mathrm{d}t} = \omega C V_0 \cos\omega t \tag{9-5-2}$$

となります。電流を$I(t)=(V_0/Z)\sin(\omega t+\delta)$とするとインピーダンス$Z=(1/\omega C)$、初期位相$\delta=\pi/2\,(90^\circ)$です。電流の位相は電圧の位相よりも$\pi/2\,(90^\circ)$だけ進んでいることが示されます。ここで、容量性リアクタンスは

$$X_\mathrm{C} = \frac{1}{\omega C} \tag{9-5-3}$$

と定義され、単位はΩ（オーム）です。電動機などの誘導性負荷の場合には、電流値の位相が電圧の位相よりも遅れるので、**9-7節**で述べる「力率」を改善するためには進相コンデンサ（進相キャパシタ）が用いられます。

一般に、交流回路でのインピーダンスZは、純抵抗成分のレジスタンス（抵抗）Rとエネルギーの消費がないリアクタンスX（カイ、英語のXではなく、ギリシャ文字の大文字です）との合成です。リアクタンスは疑似的な抵抗であり、コイルでの誘導性リアクタンス$X_\mathrm{L}\,(=\omega L)$と、キャパシタでの容量性リアクタンス$X_\mathrm{C}\,(=1/\omega C)$との合成抵抗です。各々の電圧に対する電流の応答の位相が異なり単純な和で示すことができません。それを理解するために、次節に述べる複素数表示が活用されています。

MEMO　交流に対する抵抗はインピーダンス（Z）ですが、その逆数はアドミタンス（$Y=1/Z$）と呼ばれており、流れやすさを示しています。

C回路での電圧V、電流I、電力P

印加する電圧波形

$V(t)=V_0\sin\omega t$

回路方程式

$V(t)-\frac{1}{C}\int I(t)dt = 0$

電流が変化すると電荷Qがコンデンサに蓄積し、電圧Q/Cが発生します。

電流波形

$$I(t)=C\frac{dV(t)}{dt}=\omega CV_0\cos\omega t$$
$$=\frac{V_0}{Z}\sin(\omega t+\delta)$$

インピーダンス　$Z=\frac{1}{\omega C}$

位相　$\delta=\pi/2$

（参考）R回路

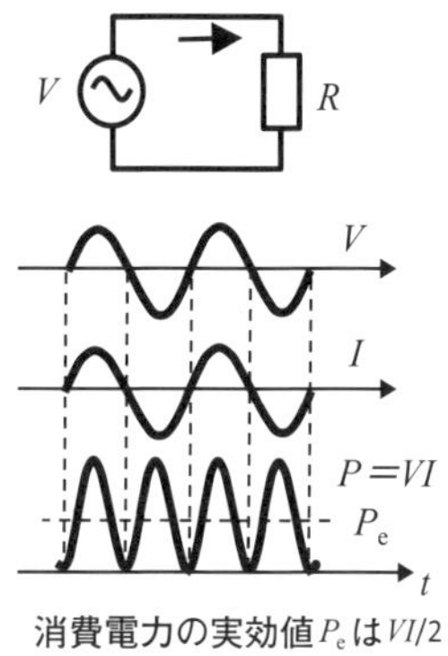

消費電力の実効値P_eは$VI/2$

C回路

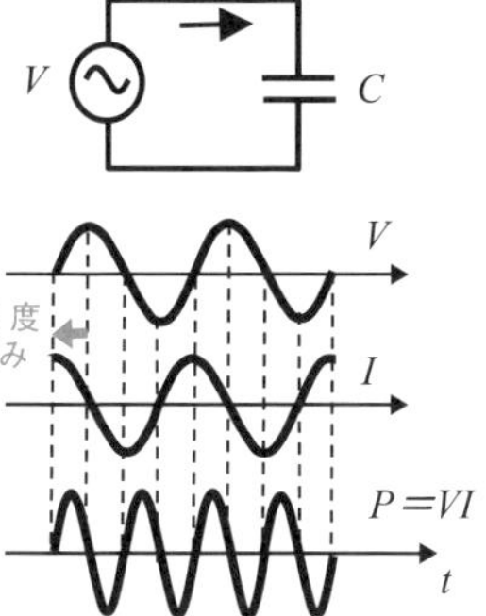

消費電力 ±0

容量性リアクタンス

$X_C=\frac{1}{\omega C}$　　単位：Ω

$\omega=2\pi f$

電流の位相が1 / 4波長（90度）だけ進みます。

高周波ほど、
リアクタンスが小さくなり、
ピーク電流は大きくなります。

電力の実効値はゼロです。

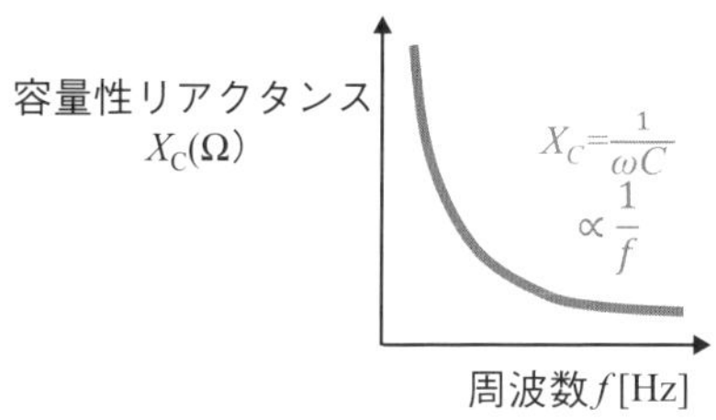

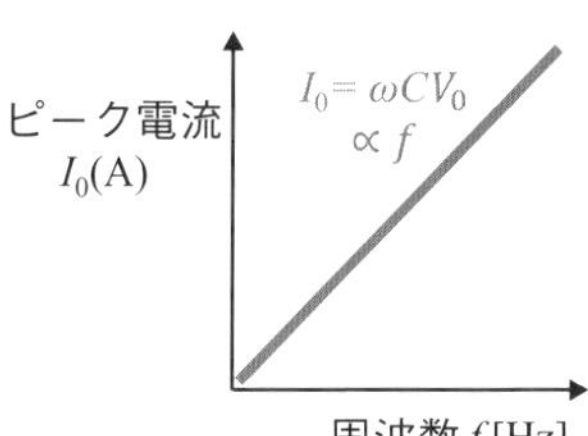

9-6 <変動電磁場編>

インピーダンスの複素表示

インピーダンスを複素数表示した場合に、実部がレジスタンス（抵抗）、虚部がリアクタンスです。

LCR回路

交流電源に自己インダクタンスL[H]のコイル、電気容量C[F]のキャパシタ、抵抗R[Ω]の抵抗器、を直列に接続した回路をLCR回路といいます（上図）。この回路に交流電圧$V(t)$を印加すると、電流$I(t)$の回路方程式は

$$V(t) - RI(t) - \frac{LdI(t)}{dt} - \frac{1}{C}\int I(t)dt = 0 \qquad (9\text{-}6\text{-}1)$$

です。虚数$i=\sqrt{-1}$を用いた複素数にこれの式を拡張して（複素計算法）$V=V_0e^{i\omega t}$とおき、複素振幅$\hat{I}$を導入して電流を　$I=\hat{I}e^{i\omega t}$とすると

$$\left(R + i\omega L + \frac{1}{i\omega C}\right)\hat{I} = V_0 \qquad (9\text{-}6\text{-}2)$$

となり、複素インピーダンスZ　は

$$\hat{Z} = \frac{V_0}{\hat{I}} = R + i(\omega L - \frac{1}{\omega C}) \qquad (9\text{-}6\text{-}3)$$

です。$\hat{Z}$の実数部分Rはレジスタンス（抵抗）であり、虚数部分ωL-$1/\omega C$はリアクタンスでエネルギーを消費しない疑似的な抵抗です。

インピーダンスと位相の遅れ

この回路のインピーダンスZ[Ω]と位相の遅れφは下図より

$$Z = \sqrt{R^2 + \left(\omega L - \frac{1}{\omega C}\right)^2} \quad 、\quad \tan\varphi = \left(\omega L - \frac{1}{\omega C}\right)/R \qquad (9\text{-}6\text{-}4)$$

となります。LCR回路のインピーダンスが最小になるのは、電源の角周波数ωが$\omega L=1/(\omega C)$のときであり、周波数は$f=1/(2\pi\sqrt{LC})$です。これはラジオやテレビの受信機の同調回路として利用されています。

MEMO　オイラーの公式 $e^{i\omega t} = \cos\omega t + i\sin\omega t$ を利用して、指数関数と三角関数を変換します。

LCRの交流回路

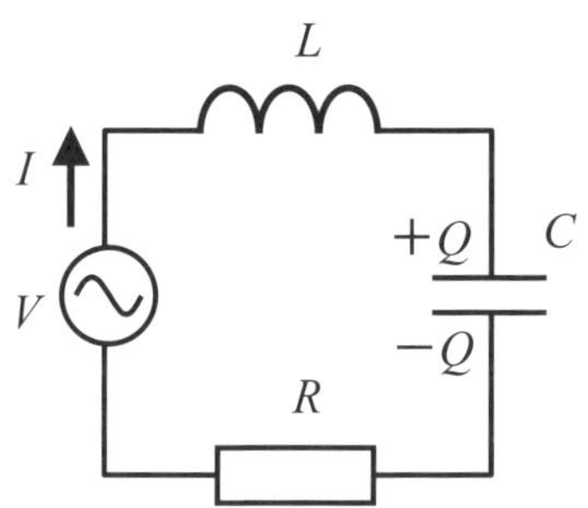

$$V(t) - RI(t) - \frac{\mathrm{Ld}I(t)}{\mathrm{dt}} - \frac{1}{C}\int I(t)\mathrm{dt} = 0$$

$$V = V_0 e^{i\omega t} \qquad I = \hat{I} e^{i\omega t}$$

電流の複素振幅

$$\left(R + i\omega L + \frac{1}{i\omega C}\right)\hat{I} = V_0$$

複素インピーダンス

$$\hat{Z} = \frac{V_0}{\hat{I}} = R + i\left(\omega L - \frac{1}{\omega C}\right)$$

インピーダンスZと位相の遅れφ

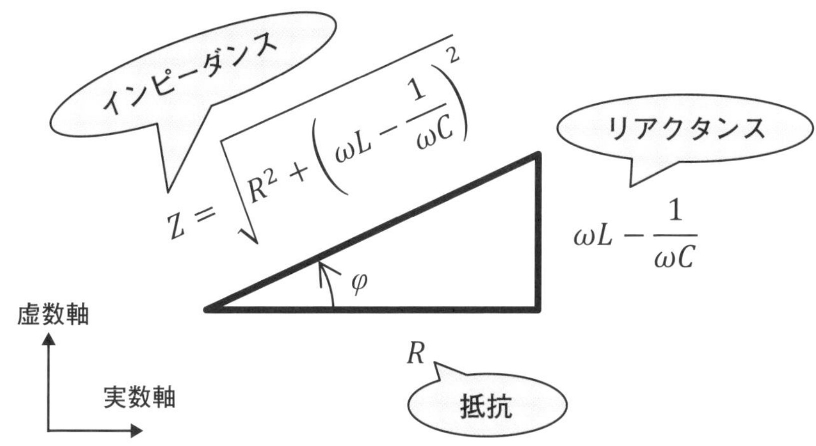

9-7 ＜変動電磁場編＞

力率と有効電力

電気設備機器にはコイルやコンデンサ素子が組み入れられており、実際の消費電力よりも容量（最大電圧、最大電流など）の大きな設備が必要になります。

力率

電圧V、電流Iはそれぞれの実効値V_e、I_eと位相差φを用いて、$V=\sqrt{2}V_e\sin\omega t$、$I=\sqrt{2}I_e\sin(\omega t-\varphi)$で表されるとき、電力の瞬時値$P=VI$は、三角関数の公式$\sin\alpha\cdot\sin\beta=-(1/2)\{\cos(\alpha+\beta)-\cos(\alpha-\beta)\}$を用いて

$$P=2V_eI_e\sin\omega t\cdot\sin(\omega t-\varphi)=V_eI_e\{\cos\varphi-\cos(2\omega t-\varphi)\} \quad (9\text{-}7\text{-}1)$$

と書け、周期Tまでの平均値$\langle P\rangle=(1/T)\int_0^T P\mathrm{d}t$は、

$$\langle P\rangle=\frac{V_eI_e}{T}\int_0^T\{\cos\varphi-\cos(2\omega t-\varphi)\}\mathrm{d}t=V_eI_e\cos\varphi \quad (9\text{-}7\text{-}2)$$

となります。この$\cos\varphi$を力率といいます。コイルやキャパシタに交流電流が流れていて抵抗のない場合には$\varphi=\pm\pi/2$であるので力積はゼロであり電力を消費していないことになります。抵抗Rを含めてのLCR回路ではリアクタンスをXとして

$$\text{力率}=\frac{R}{\sqrt{R^2+X^2}}, \quad X=\omega L-\frac{1}{\omega C} \quad (9\text{-}7\text{-}3)$$

となります。LRおよびCR回路での位相と力率の関係を**図**に示しました。

皮相電力と有効電力

電力V_eI_eは見かけの値であり、皮相電力と呼ばれ、単位はVA（ボルトアンペア）です。有効電力は$V_eI_e\cos\varphi$であり、無効電力は$V_eI_e\sin\varphi$で定義され、

(皮相電力)^2=(有効電力)^2+(無効電力)^2

有効電力=皮相電力×力率

です。交流機器の設備規模や価格は最大電圧と最大電流、すなわち、この両者の積としての皮相電力値で決まるので、力率を1に近づけることが重要となります。

MEMO　抵抗負荷である白熱照明器具は力率が100%ですが、蛍光灯にはコイルやコンデンサ素子が内蔵されており、力率は60～80%です。

力率と有効電力

交流回路の位相差と力率

（皮相電力）^{2}＝（有効電力）^{2}＋（無効電力）^{2}

$$力率 = \frac{有効電力}{皮相電力}$$

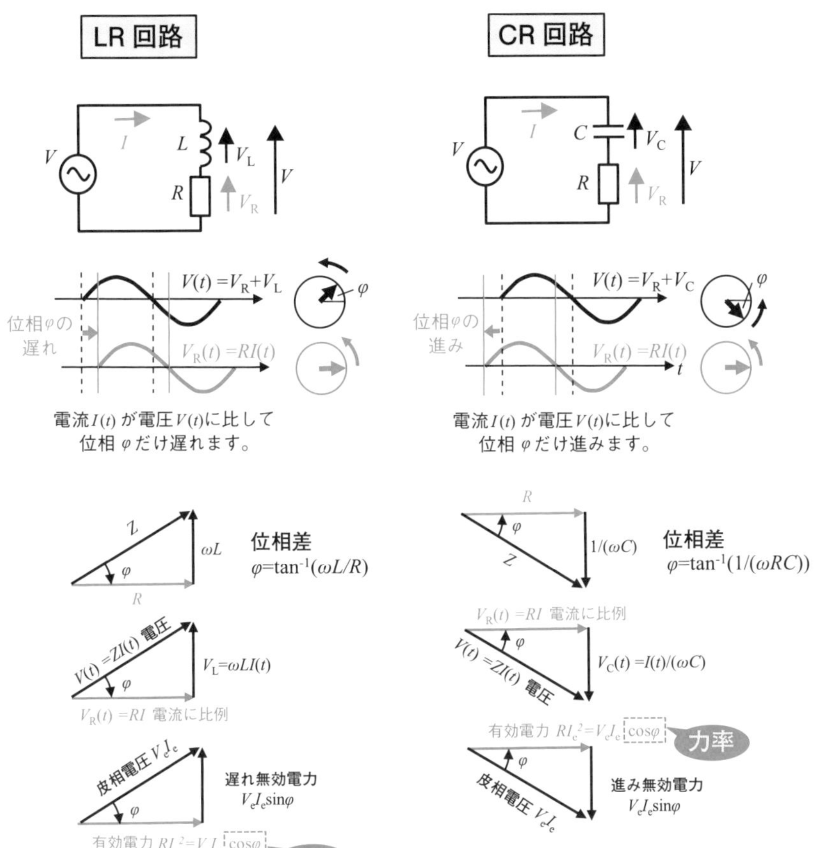

交流電力は電圧や電流の実効値 V_e, I_e で評価されます。

クイズ 4 択問題

答えは次々ページ

クイズ9.1　電線中の電子は超高速で動くのか？

家庭では100Vで数アンペアの電流が導線を通じてコンセントから電気機器まで送られます。この場合、導線内の自由電子はどれだけの速さでコンセントから電気機器まで動いているでしょうか。

① 3×10^8m/s　（光速）
② ～10^4m/s　（ロケット速度）
③ ～10m/s　（100m走世界記録）
④ ～10^{-4}m/s　（カタツムリの速度）

クイズ9.2　並列、直列、どの電球が暗い？

図のように、100Vで定格40Wと10Wの電球を組み合わせます。片方は直列に、他方は並列に100Vの電源につないだ場合、どの電球が最も暗いでしょうか？抵抗値は温度変化が無いとします。

A：40W　B：10W　C：40W　D：10W
直列　並列

① A　② B　③ C　④ D

COLUMN

国内電気の周波数は東西でなぜ違う!?

日本の電力の周波数は、静岡県の富士川と新潟県の糸魚川を境に東日本が50ヘルツ、西日本が60ヘルツです。送電の歴史は明治20年の直流送電に遡りますが、その後、需要の増大に伴って、電力損失の少ない高圧の交流送電に切り替えるときに、東京では東京電燈がドイツAEG社の50ヘルツ発電機を、大阪では大阪電燈がアメリカGE社の60ヘルツ発電機を採用したためです。1国で2つの周波数を利用しているのは日本だけです。災害時の大量電力の融通の障害になっています。仮に、周波数を統一するとすれば、高周波の方がトランス機器などの小型化のメリットがありますが、変更は現実的ではありません。

60Hz　50Hz

まとめのクイズ

問題は各節のまとめに対応／答えは次ページ

9-1 磁場B[T]中に面積S[m^2]の1回巻きのコイルが角速度ω[rad/s]で回転させます。t=0秒でコイル面と磁場とが直交するとき、コイルが貫通する磁束の時間変化はΦ_B=［　　　　[単位]］であり、誘導起電力はV=［　　　　[単位]］です。

9-2 三相交流の結線の仕方には、相電流と線電流が等しい［　　　　］と、相電圧と線間電圧が等しい［　　　　］とがあります。前者では、線間電圧は相電圧の［　　　　］倍であり、後者では、［　　　　］は［　　　　］の$\sqrt{3}$倍です。

9-3 交流電圧の実効値がV_eのとき、ピーク値V_mは［　　　　］です。これは$V(t)$を二乗して周期で積分し、それを周期で割るという［　　　　］の方法で求められます。

9-4 交流の周波数をf[Hz]とすると、角周波数ωは［　　　　[単位]］であり、インダクタンスL[H]のコイルのインピーダンスZは［　　　　[単位]］です。これは、［　　　　］とも呼ばれ、消費電力は［　　　　[単位]］です。

9-5 角周波数ωの交流に対して、キャパシタンスC[F]のコンデンサのインピーダンスZは［　　　　[単位]］であり、消費電力は［　　　　[単位]］です。

9-6 角周波数ωの交流でLCR回路でのリアクタンスXは［　　　　[単位]］であり、インピーダンスZは［　　　　[単位]］です。位相の遅れφは［　　　　］です。

9-7 純抵抗RとリアクタンスXの交流回路での力率$\cos\varphi$は［　　　　］です。皮相電量がV_eI_eのとき、無効電力は［　　　　］です。

第9章 回路と交流

クイズの答え

答え9.1　④

【解説】電流は水鉄砲の原理で、1個の電子が動けば遠くの電子に伝わります。ただし、衝突ではなくて電磁波の伝播として電流が伝わります。

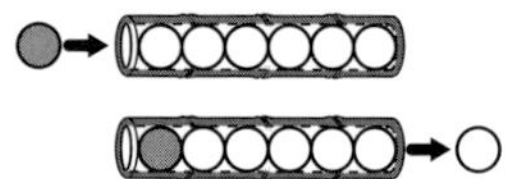

【参考】実際の速度は、たとえば、$I=\Delta Q/\Delta t=nevS$ から計算できます。断面積$S=1\mathrm{mm}^2$の銅線の最大許容電流は10Aであり、その10分の1の電流$I=$1Aを流したとき、銅の単位体積あたりの自由電子数nは$8\times10^{28}\mathrm{m}^{-3}$であり、電子1個の電気量の絶対値$e$は$1.6\times10^{-19}$Cなので、電子の速度は$v=I/(neS)\sim10^{-4}\mathrm{m/s}$ となります。

答え9.2　①

【解説】定格の電力P[W]の電球の抵抗R[Ω]は、電圧V=100Vで$R=V^2/P$より40W電球は250Ωで、10W電球は1000Ωです。直列回路では、全抵抗が1250Ωなので、100Vで電流は0.08A。したがって、$P=RI^2$より、A電球（250Ω電球）は1.6Wで、B電球（1000Ω電球）は6.4Wです。並列回路では定格の消費電力なので、消費電力の大きさは　A<B<D<Cとなり、明るさもこの順番になります。

答え　まとめ（満点20点、目標14点以上）

(9-1)　$\Phi_B=BS\cos\omega t$ [Wb]、$V=BS\omega\sin\omega t$ [V]

(9-2)　スター結線、デルタ結線、$\sqrt{3}$、線電流、相電流

(9-3)　$\sqrt{2}V_e$、二乗平均平方根（RMS）

(9-4)　$2\pi f$[rad/s]、ωL [Ω]、誘導性リアクタンス、0[W]

(9-5)　$1/(\omega C)$ [Ω]、0[W]

(9-6)　$L\omega-1/(\omega C)$ [Ω]、$\sqrt{R^2+X^2}$ [Ω]、$\tan^{-1}(R/Z)$

(9-7)　$R/\sqrt{R^2+X^2}$ 、$V_eI_e\sin\varphi$

第10章

＜電磁方程式編＞

マクスウェルの方程式

マクスウェルの式は、電磁気学の基本となる式です。第10章では、この基礎方程式の積分形を提示し、数学での発散定理や回転定理を用いて微分形に変換します。発散の演算子を含む電場と磁場の静的な方程式と、回転の演算子を含む電場と磁場の時間変動の方程式とにまとめられます。

図解入門
How-nual

10-1 ＜電磁方程式編＞

変位電流の導入

電流は閉回路を形成します。キャパシタを含む回路では、導線の伝導電流とキャパシタ内部の変位電流とで閉回路を作ります。

電磁気学の体系化

電磁現象は、クーロンの法則、ガウスの法則（磁束保存の法則）、アンペールの法則、そして、ファラデーの電磁誘導の法則が発見され、1864年にマクスウェル（英国）により４つの電磁方程式として体系化されました。ここで、マクスウェルの特記すべき功績が２つあり、変位電流の導入によりアンペールの法則を拡張したことと電磁波の存在を予言したことです（**上図**）。

キャパシタ内の変位電流の作る磁場

電流による磁場の生成は、電流Iを囲む閉曲線Cに沿っての磁場成分を周回線積分するアンペールの法則

$$\oint_C \boldsymbol{H} \cdot \mathrm{d}\boldsymbol{\ell} = \int_S \boldsymbol{j} \cdot \mathrm{d}\boldsymbol{S} = I \qquad (10\text{-}1\text{-}1)$$

で表されます。電流値Iは閉曲線Cで規定される任意の曲面Sでの面積分で与えられますが、回路の途中にキャパシタがある場合（**下図**）には、キャパシタの内部を通る曲面S_2での面積分はゼロであり、矛盾が生じます。電流がある場合には移動した電荷によりキャパシタ内の電場に時間変動が生じます。キャパシタの電荷をQ[C]、極板の面積をS[m^3]、とすると、電束密度はD[C/m^2] ＝$-Q/S$です。電流が流れるとキャパシタの電荷が減少するので、**図**での電流Iの向きを正として

$$I_\mathrm{d}(t) = -\frac{\mathrm{d}Q(t)}{\mathrm{d}t} = S\frac{\mathrm{d}D(t)}{\mathrm{d}t} \qquad (10\text{-}1\text{-}2)$$

であり、これを式（10-1-1）に加えることでアンペールの法則を拡張できます。この$I_\mathrm{d}(t)$[A]は変位電流（電束電流）と呼ばれます。

MEMO　変位電流（displacement current）は伝導電流と異なり、電荷の移動による電流ではなくて電束の時間変化による見かけの電流です。

電磁気学の体系化とマクスウェルの功績

電気に関するクーロンの法則（1785年）→ **電場に関するガウスの法則**

磁束保存の法則 → **磁場に関するガウスの法則**

アンペールの法則（1820年）→ **アンペール・マクスウェルの法則（1864年）**

変位電流を導入して拡張

ファラデーの電磁誘導の法則（1831年）

マクスウェルの方程式（1864年）

キャパシタ内の電流

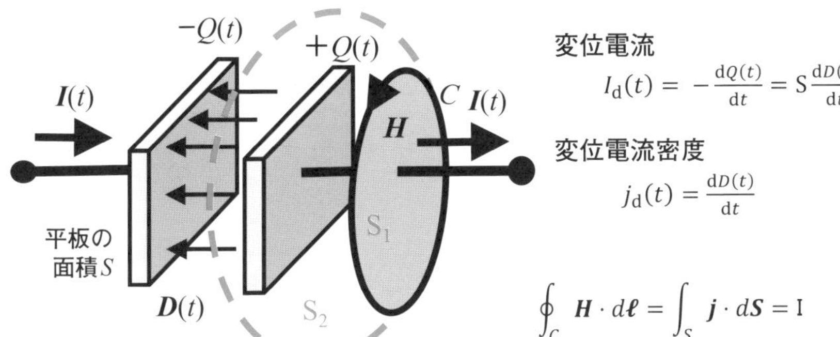

アンペールの法則の拡張

S_1 曲面での周回積分Cは伝導電流 $I(t)$ に比例

S_2 曲面での周回積分Cは電束密度 $D(t)$ の時間変化（変位電流）に比例

10-2 <電磁方程式編>

拡張されたアンペールの法則

電束の時間変化としての変位電流を導入したので、これをアンペールの法則に含めて磁場と電流の関係を一般化できます。

変位電流を含めた法則

変位電流密度$j_d(t,r)$は、前節の式（10-1-2）においてI_dを面積Sで割って

$$\boldsymbol{j}_{\mathrm{d}}(t,\boldsymbol{r}) = \frac{\partial \boldsymbol{D}(t,\boldsymbol{r})}{\partial t} \qquad (10\text{-}2\text{-}1)$$

で与えられます。電場Dは時間と空間座標の関数であり、上式の微分は時間に関する偏微分（空間座標を固定して時間だけで微分）です。

電流と磁界強度との関係はアンペールの法則としてまとめられていますが、伝導電流密度の他に電束密度の変化（変位電流）によっても磁場が生成されるとする拡張がなされました。この変位電流密度$\partial \boldsymbol{D}/\partial t$を導入しての一般化されたアンペールの法則（アンペール・マクスウェルの法則）は、電流密度を$\boldsymbol{j}$ [A/m²]、磁界強度を$\boldsymbol{H}$ [A/m] として、積分形と微分形は次のようになります（**上図**）。

$$\oint_C \boldsymbol{H}\cdot \mathrm{d}\boldsymbol{\ell} = \int_S \left(\boldsymbol{j} + \frac{\partial}{\partial t}\boldsymbol{D}\right)\cdot \mathrm{d}\boldsymbol{S} \qquad (10\text{-}2\text{-}2)$$

$$\nabla \times \boldsymbol{H} = \boldsymbol{j} + \frac{\partial}{\partial t}\boldsymbol{D} \qquad (10\text{-}2\text{-}3)$$

電荷保存則

拡張されたアンペールの法則から電荷の保存則を導くことができます（**下図**）。式（10-2-3）の両辺に発散（∇・）の演算を考え、ベクトル恒等式$\nabla\cdot\nabla\times\boldsymbol{H}=0$とガウスの法則$\nabla\cdot\boldsymbol{D}=\rho_e$ を用います。変位電流を導入したおかげで、

$$\partial \rho_{\mathrm{e}}/\partial t + \nabla\cdot \boldsymbol{j} = 0 \qquad (10\text{-}2\text{-}4)$$

となり、電荷保存則が得られます。

MEMO　静磁場と定常電流との関係（アンペールの法則）を時間変動の電磁場の関係式に拡張した式がアンペール・マクスウェルの法則です。

アンペールの法則の一般化

アンペールの法則

$$\oint_C \boldsymbol{H}\cdot d\boldsymbol{\ell} = \int_S \boldsymbol{j}\cdot d\boldsymbol{S}$$

一般化されたアンペールの法則

$$\oint_C \boldsymbol{H}\cdot d\boldsymbol{\ell} = \int_S \left(\boldsymbol{j} + \frac{\partial}{\partial t}\boldsymbol{D}\right)\cdot d\boldsymbol{S}$$　（積分形）

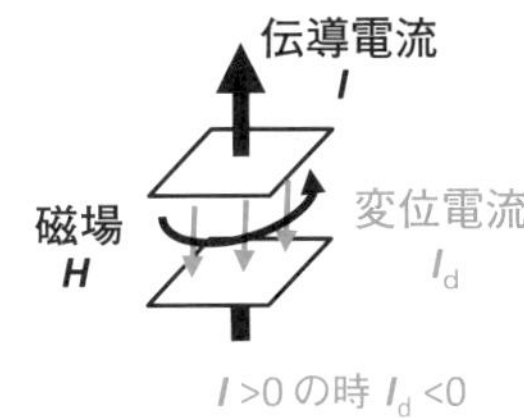

ストークスの回転定理

$$\oint_C \boldsymbol{H}\cdot d\boldsymbol{\ell} = \int_S (\nabla\times\boldsymbol{H})\cdot d\boldsymbol{S}$$　を用いて

$$\nabla\times\boldsymbol{H} = \boldsymbol{j} + \frac{\partial}{\partial t}\boldsymbol{D}$$　（微分形）

電荷保存の法則

一般化されたアンペールの法則

$$\nabla\times\boldsymbol{H} = \boldsymbol{j} + \frac{\partial}{\partial t}\boldsymbol{D}$$

$\nabla\cdot\boldsymbol{D} = \rho_e$（ガウスの法則）

$\nabla\cdot\nabla\times\boldsymbol{H} = 0$（恒等式）

$$\nabla\cdot\nabla\times\boldsymbol{H} = \nabla\cdot\boldsymbol{j} + \frac{\partial}{\partial t}\nabla\cdot\boldsymbol{D} = \nabla\cdot\boldsymbol{j} + \frac{\partial}{\partial t}\rho_e = 0$$

変動電流の電荷保存の法則

$$\boxed{\frac{\partial}{\partial t}\rho_e + \nabla\cdot\boldsymbol{j} = 0}$$

$$\rho_e = -ne$$
$$\boldsymbol{j} = \rho_e\boldsymbol{v}$$

定常電流の電荷保存の法則

$$\nabla\cdot\boldsymbol{j} = 0$$

【参考】
流体と同じ速度で動いている場合
密度変化は

$$\frac{D}{Dt}\rho_e \equiv \frac{\partial}{\partial t}\rho_e + \nabla\rho_e\cdot\boldsymbol{v} = -\rho_e\nabla\cdot\boldsymbol{v}$$

ここで連続の式（電荷保存則）を
使っています。
密度一定の流れ（非圧縮性流体）では
上式左辺=0より　$\nabla\cdot\boldsymbol{v} = 0$

10-3 <電磁方程式編>

マクスウェルの方程式の積分形①

電磁気に関するマクスウェルの方程式は４つの方程式で構成されており、本節では静電場および静磁場の２つのガウスの法則の積分形をまとめます。

電気に関するガウスの法則（クーロンの法則）

電束は電荷がある場所で発生・消滅し、それ以外の場所では電束は保存されます（**上図**）。これはクーロンの法則であり、電荷に関するガウスの法則でもあります。電荷から放射される電束は電荷量で定まるので、ある閉曲面Sの電束の出入りとその閉曲面内の体積Vでの電荷量との関係式は、電束密度$\boldsymbol{D}$[C/m^2] と電荷密度ρ_e[C/m^3] を用いて

$$\int_S \boldsymbol{D}\cdot \mathrm{d}\boldsymbol{S} = \int_V \rho_e \mathrm{d}V = Q \qquad (10\text{-}3\text{-}1)$$

と表されます。半径r[m] の球面Sの中心に電荷Q[C] がある最も簡単な場合には、球面の面積は$4\pi r^2$でありDの値は一様なので、$4\pi r^2 D = Q$の式が得られます。

磁気に関するガウスの法則（磁束保存の法則）

電気力線の法則と異なり、磁力線については湧き出しや吸い込みはありません（**下図**）。これは、電気に関しては正または負の単独の電荷が存在しますが、磁気に関してはＮ極またはＳ極としての単独の磁荷を取り出せないこと、すなわち、磁気単極子（モノポール）が無いことに相当しています。したがって、磁束の湧き出しや吸い込みが無くて磁束がそのまま保存されるとの法則として表されます。磁束密度$\boldsymbol{B}$[Wb/m^2] に関しては、任意の閉曲面Sに関して、その面素の法線方向への磁場の投影$\boldsymbol{B}\cdot\mathrm{d}\boldsymbol{S}$の面積分がゼロとして

$$\int_S \boldsymbol{B}\cdot \mathrm{d}\boldsymbol{S} = 0 \qquad (10\text{-}3\text{-}2)$$

が得られます。

MEMO　電場や磁場に関するガウスの法則は、任意の閉曲面に関する面積分で表され、電束や磁束の保存則に関連しています。

電気に関するガウスの法則（クーロンの法則）

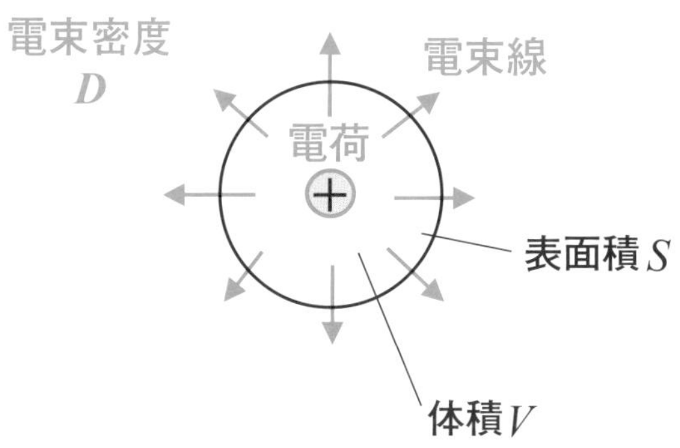

$$\int_S \boldsymbol{D} \cdot \mathrm{d}\boldsymbol{S} = \int_V \rho_e \mathrm{d}V$$

電束線の出入りの差は電荷から

磁気に関するガウスの法則（磁束保存の法則）

磁束密度
B
磁束線
表面積 S
体積 V

$$\int_S \boldsymbol{B} \cdot \mathrm{d}\boldsymbol{S} = 0$$

磁束線の出入りはゼロ

10-4 <電磁方程式編>

マクスウェルの方程式の積分形②

前節からの残りの方程式として、電場の時間変化が磁場を生成し、磁場の時間変化が電場を生成するという変動電磁場の２つの関係式についてまとめます。

アンペール・マクスウェルの法則

電流の磁気作用はエルステッドの法則として知られており、電流と磁界強度との数量的で一般的な関係はアンペールの法則としてまとめられました。通常の電流の他に変位電流（電束密度の時間変化）によっても磁場が生成されるとする拡張もなされました。この変位電流$\partial \boldsymbol{D}/\partial t$を導入しての一般化されたアンペールの法則（アンペール・マクスウェルの法則）は、任意の閉経路Cについての磁界強度を$\boldsymbol{H}$［A/m］の線積分と、閉経路で定められる任意の面についての電流密度$\boldsymbol{j}$［A/m^2］の面積分を用いて、

$$\oint_C \boldsymbol{H} \cdot \mathrm{d}\boldsymbol{\ell} = \int_S \left(\boldsymbol{j} + \frac{\partial}{\partial t}\boldsymbol{D}\right) \cdot \mathrm{d}\boldsymbol{S} \qquad (10\text{-}4\text{-}1)$$

となります（**上図**）。

ファラデーの電磁誘導の法則

磁束密度の時間変化$\partial \boldsymbol{B}/\partial t$により電場$\boldsymbol{E}$が生成されます。これはファラデーの電磁誘導の法則です。これを式（10-4-1）と同じような積分形で表すと、

$$\oint_C \boldsymbol{E} \cdot \mathrm{d}\boldsymbol{\ell} = \int_S \left(\frac{\partial}{\partial t}\boldsymbol{B}\right) \cdot \mathrm{d}\boldsymbol{S} \qquad (10\text{-}4\text{-}2)$$

となります（**下図**）。前節を含めての４つがマクスウェルの方程式ですが、一様な媒質中では、電束密度$\boldsymbol{D}$と電界強度$\boldsymbol{E}$との関係、および、磁束密度$\boldsymbol{B}$と磁界強度$\boldsymbol{H}$との関係は、誘電率ε、透磁率μを用いて、以下の式になります。

$$\boldsymbol{D} = \varepsilon \boldsymbol{E} \qquad (10\text{-}4\text{-}3)$$

$$\boldsymbol{B} = \mu \boldsymbol{H} \qquad (10\text{-}4\text{-}4)$$

MEMO　電場や磁場の時間変化の関係式として、アンペール・マクスウェルの法則とファラデーの電磁誘導の法則が用いられます。

アンペール・マクスウェルの法則

伝導電流による磁場

変位電流による磁場

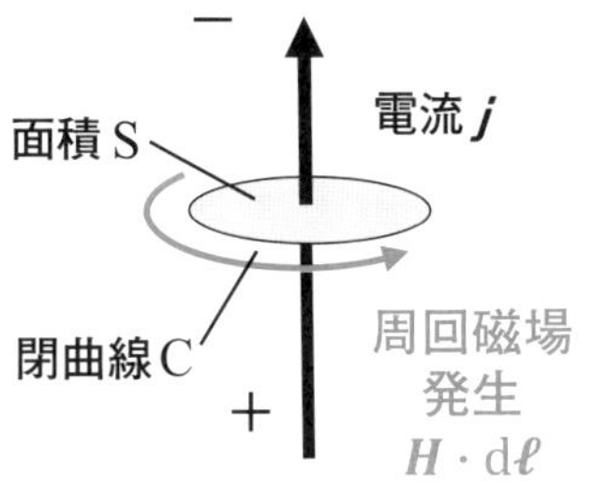

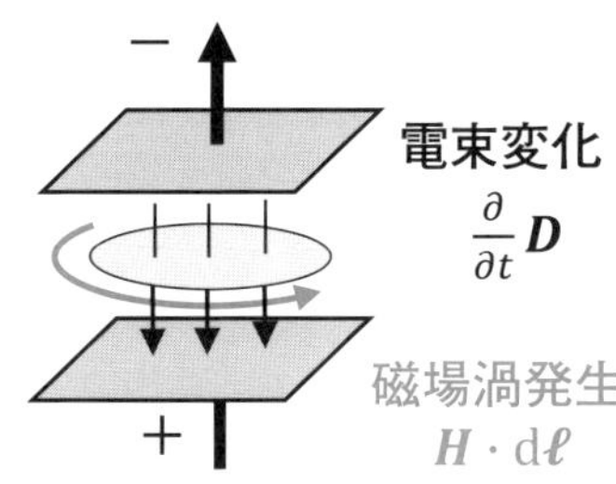

$$\oint_C \boldsymbol{H}\cdot d\boldsymbol{\ell} = \int_S \left(\boldsymbol{j} + \frac{\partial}{\partial t}\boldsymbol{D}\right)\cdot d\boldsymbol{S}$$

ファラデーの電磁誘導の法則

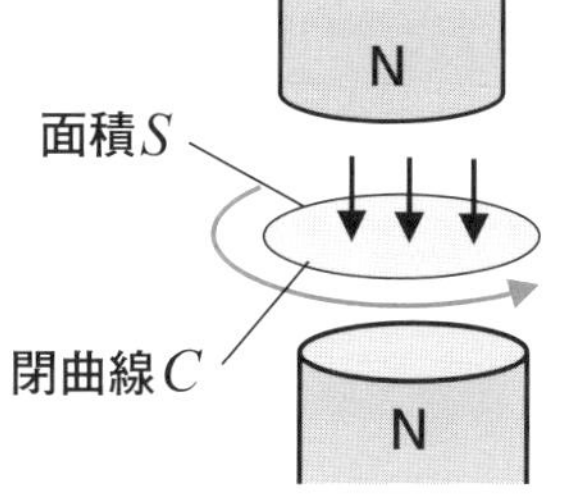

磁束変化

$\frac{\partial}{\partial t}\boldsymbol{B}$

周回電場発生

E　dℓ

$$\boldsymbol{D} = \varepsilon\boldsymbol{E}$$

$$\boldsymbol{B} = \mu\boldsymbol{H}$$

ε、μは、真空中ではε_0、μ_0 のスカラー量ですが、一般的にはテンソル量での表示が必要となります。

$$\oint_C \boldsymbol{E}\cdot d\boldsymbol{\ell} = \int_S \left(\frac{\partial}{\partial t}\boldsymbol{B}\right)\cdot d\boldsymbol{S}$$

10-5 ＜電磁方程式編＞

ガウスの発散定理

マクスウェルの方程式の積分形を微分形に変形するのに、2つの数学定理が利用されます。そのうちの1つガウスの発散定理を理解しましょう。

ガウスの発散定理（数学定理）

ベクトル解析では、ベクトル$\boldsymbol{A}$とナブラ演算子∇を用いて内積としての$\nabla\cdot\boldsymbol{A}$は発散（ダイバージェンス）と呼ばれ、div$\boldsymbol{A}$とも表記されます。ベクトル$\boldsymbol{A}$の湧き出しや吸い込みを意味しています。また、次節で説明する外積の$\nabla\times\boldsymbol{A}$は回転（ローテーション）と呼ばれ、rot$\boldsymbol{A}$とも書かれ、ベクトル$\boldsymbol{A}$の渦を表しています。

ベクトルの発散の体積積分に関しては、ガウスの発散定理があります。『閉曲面Sで囲まれた領域Vでのベクトル場$\boldsymbol{A}$の発散の体積積分は、閉曲面S上でのベクトル場$\boldsymbol{A}$の面積分に等しい』という定理であり、これを数式で表すと

$$\int_V \nabla\cdot\boldsymbol{A}\,\mathrm{d}V = \int_S \boldsymbol{A}\cdot\mathrm{d}\boldsymbol{S} \qquad (10\text{-}5\text{-}1)$$

です。直交座標で表示すると

$$\nabla\cdot\boldsymbol{A}=\begin{pmatrix}\dfrac{\partial}{\partial x}\\ \dfrac{\partial}{\partial y}\\ \dfrac{\partial}{\partial z}\end{pmatrix}\cdot\begin{pmatrix}A_{\mathrm{x}}\\ A_{\mathrm{y}}\\ A_{\mathrm{z}}\end{pmatrix}=\frac{\partial A_{\mathrm{x}}}{\partial x}+\frac{\partial A_{\mathrm{y}}}{\partial y}+\frac{\partial A_{\mathrm{z}}}{\partial z} \qquad (10\text{-}5\text{-}2)$$

となります。演算子divとは、どれだけのベクトル量が流出（または流入）されているかを示しています。数学的な証明は**上図**を参照してください。

発散の計算の意味

電場$\boldsymbol{E}$の場合、$\nabla\cdot\boldsymbol{E}>0$であれば電気力線が湧き出していることを、div$\boldsymbol{E}<0$であれば電気力線が吸い込まれていることを意味しています。式（10-5-1）の左辺はベクトルの流入・流出の体積積分であり、右辺は表面からのベクトル量の流入・流出を示しています。この両者が釣り合っていることを数学的に示しています。この発散定理により、積分形から微分形の法則が導かれます（**下図**）。

MEMO　カール・フリードリヒ・ガウス（ドイツ、1777年～1855年）は、数学、天文学、電磁気学など多くの業績を残しています。

ガウスの発散定理の意味

$$\int_V \mathrm{div}\boldsymbol{A}\mathrm{d}V = \int_S \boldsymbol{A}\cdot\mathrm{d}\boldsymbol{S}$$

x と $x+\Delta$x での面からの流出の差は

$$\Phi_{x+\Delta x} - \Phi_x = \left(\frac{\partial E_\mathrm{x}}{\partial x}\Delta x\right)\Delta y\Delta z$$

これは $\Phi_x = \Delta E_x(x,y,z)\Delta y\Delta z$

$\Phi_{x+\Delta x} = \Delta E_x(x+\Delta x,y,z)\Delta y\Delta z$ に留意して

テイラー展開　$\Delta E_x(x+\Delta x,y,z) \cong \Delta E_x(x,y,z) + \frac{\partial E_\mathrm{x}}{\partial x}\Delta x$ より得られます。

同様に、zx面、xy面についての流出する電場のスカラー量を評価して

$$\begin{aligned}\mathrm{d}\Phi &= \left(\frac{\partial E_\mathrm{x}}{\partial x}\Delta x\right)\Delta y\Delta z + \left(\frac{\partial E_\mathrm{y}}{\partial y}\Delta y\right)\Delta z\Delta x + \left(\frac{\partial E_\mathrm{z}}{\partial z}\Delta z\right)\Delta x\Delta y \\ &= \left(\frac{\partial E_\mathrm{x}}{\partial x} + \frac{\partial E_\mathrm{y}}{\partial y} + \frac{\partial E_\mathrm{z}}{\partial z}\right)\Delta x\Delta y\Delta z \quad = \nabla\cdot\boldsymbol{E}\ \ \Delta V\end{aligned}$$

この微小体積の流出流を足し合わせていくと、隣接の流出と流入がキャンセルして、最終的に周辺部分の面からの流出が残ります。
ガウスの発散定理の左辺が微小体積の積算としての体積積分であり、右辺が表面からの流出量を示しています。

ガウスの発散定理をガウスの法則に適用

電場のガウスの法則

$$\int_S \boldsymbol{D}\cdot\mathrm{d}\boldsymbol{S} = \int_V \rho_e \mathrm{d}V$$

voice

ガウスの発散定理

$$\int_\mathrm{V} \nabla\cdot\boldsymbol{D}\mathrm{dV} = \int_S \boldsymbol{D}\cdot\mathrm{d}\boldsymbol{S}$$

電場のガウスの法則（微分形）

$$\boxed{\nabla\cdot\boldsymbol{D} = \rho_e}$$

磁場のガウスの法則

$$\int_S \boldsymbol{B}\cdot\mathrm{d}\boldsymbol{S} = 0$$

ガウスの発散定理

$$\int_\mathrm{V} \nabla\cdot\boldsymbol{B}\mathrm{dV} = \int_S \boldsymbol{B}\cdot\mathrm{d}\boldsymbol{S}$$

磁場のガウスの法則（微分形）

$$\boxed{\nabla\cdot\boldsymbol{B} = 0}$$

10-6 <電磁方程式編>

ストークスの回転定理

重要なもう1つの重要な定理として、渦と周回線積分が関連するストークスの定理を理解しましょう。

ストークスの回転定理

ベクトル$\boldsymbol{A}$の渦を評価するのに、∇（ナブラ）演算子を用いて$\nabla\times\boldsymbol{A}$を計算します。回転（ローテーション）と呼ばれ、rot$\boldsymbol{A}$、curl$\boldsymbol{A}$とも書かれます。ベクトルの回転（ローテーション）の面積積分に関しては、ストークスの定理があります。『閉曲線Cを境界とする曲面S上でのベクトル場$\boldsymbol{A}$の回転の面積分は、閉曲線C上でのベクトル場$\boldsymbol{A}$の線積分に等しい』という定理です。

$$\int_S \nabla\times\boldsymbol{A}\cdot\mathrm{d}\boldsymbol{S}=\int_C \boldsymbol{A}\cdot\mathrm{d}\boldsymbol{\ell} \tag{10-6-1}$$

上式の意味を考えるのに、xy面での微小な四角形の面素での周回積分を考えます（**上図**）。この線積分は**右頁**に示したように$\nabla\times\boldsymbol{A}$の$z$軸に垂直な面での面積分になります。同様に$yz$面、$zx$面についても評価して、これを曲面$S$について総和をとると、式（10-6-1）の左辺となります。一方、小さな面素での周回線積分を足し合わせていくと、隣り合う線積分がキャンセルされ、周辺の寄与だけが残ります。これが式の右辺であり、渦の計算に相当します。

ストークスの回転定理とその適用

マクスウェルの方程式の中で、電場と磁場のガウスの法則は、ガウスの発散定理を用いて積分形を微分形に変換されました。

残りの2つの方程式としてのアンペール・マクスウェルの法則とファラデーの電磁誘導の法則は、上記のストークスの回転定理により、積分形から微分形に変換されます（**下図**）。周回線積分を、その周回曲線を境界とする任意の曲面に対しての面積分に変換できることを利用しています。

MEMO　ジョージ・ガブリエル・ストークス（1819年～1903年）はアイルランドの数学・物理学者であり、粘性流体の研究で有名です。

ストークスの回転定理の意味

$$\int_S \mathrm{rot}\boldsymbol{A}\cdot \mathrm{d}\boldsymbol{S} = \int_C \boldsymbol{A}\cdot \mathrm{d}\boldsymbol{\ell}$$

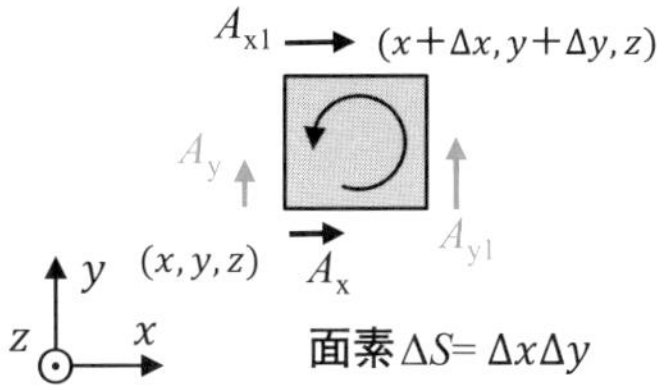

面素 $\Delta S = \Delta x \Delta y$

xy 座標で z 軸の周回積分を考えます。
反時計まわりを正として

$$\oint_{Ci} \boldsymbol{A}\cdot \mathrm{d}\boldsymbol{l} = A_x \Delta x + A_{y1}\Delta y - A_{x1}\Delta x - A_y \Delta y$$

テイラー展開を用いて

$$A_{y1} \cong A_y + \frac{\partial A_y}{\partial x}\Delta x + \cdots$$

$$A_{x1} \cong A_x + \frac{\partial A_x}{\partial y}\Delta y + \cdots$$ なので

$$\oint_{Ci} \boldsymbol{A}\cdot \mathrm{d}\boldsymbol{l} = \frac{\partial A_y}{\partial x}\Delta x \Delta y - \frac{\partial A_x}{\partial y}\Delta y \Delta x$$

$$= \left(\frac{\partial A_y}{\partial x} - \frac{\partial A_x}{\partial y}\right)\Delta x \Delta y = (\nabla \times \boldsymbol{A})_z \Delta S$$

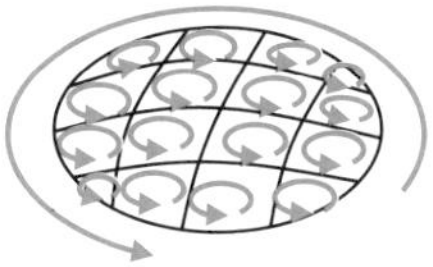

$$\oint_C \boldsymbol{A}\cdot \mathrm{d}\boldsymbol{l} = \lim_{N\to\infty}\left(\sum_{i=1}^{N}\oint_{C_i}\boldsymbol{A}\cdot \mathrm{d}\boldsymbol{l}\right) = \lim_{N\to\infty}\left(\sum_{i=1}^{N}(\nabla\times\boldsymbol{A})\cdot \Delta\boldsymbol{S}\right) = \int_S (\nabla\times\boldsymbol{A})\cdot \mathrm{d}\boldsymbol{S}$$

ストークスの回転定理の適用

アンペール・マクスウェルの法則

$$\oint_C \boldsymbol{H}\cdot \mathrm{d}\boldsymbol{\ell} = \int_S \left(\boldsymbol{j} + \frac{\partial}{\partial t}\boldsymbol{D}\right)\cdot \mathrm{dS}$$

ストークスの定理

$$\int_S \nabla\times\boldsymbol{H}\cdot \mathrm{d}\boldsymbol{S} = \int_C \boldsymbol{H}\cdot \mathrm{d}\boldsymbol{\ell}$$

$$\nabla\times\boldsymbol{H} = \boldsymbol{j} + \frac{\partial}{\partial t}\boldsymbol{D}$$

ファラデーの電磁誘導の法則

$$\oint_C \boldsymbol{E}\cdot \mathrm{d}\boldsymbol{\ell} = \int_S \left(\frac{\partial}{\partial t}\boldsymbol{B}\right)\cdot \mathrm{d}\boldsymbol{S}$$

ストークスの定理

$$\int_S \nabla\times\boldsymbol{E}\cdot \mathrm{d}\boldsymbol{S} = \int_C \boldsymbol{E}\cdot \mathrm{d}\boldsymbol{\ell}$$

$$\nabla\times\boldsymbol{E} = -\frac{\partial}{\partial t}\boldsymbol{B}$$

10-7 <電磁方程式編>

マクスウェルの方程式の微分形

マクスウェルの方程式の積分形は、前節までのガウスの発散定理とストークスの回転定理を用いて、局所方程式としての微分形に変形されます。

マクスウェルの方程式のまとめ

マクスウェルの方程式は４つの式で構成されており、**10-3節**と**10-4節**に述べた積分形から、以下の微分形に変形されます。

$$\nabla \cdot \boldsymbol{D} = \rho_{\mathrm{e}} \tag{10-7-1}$$

$$\nabla \cdot \boldsymbol{B} = 0 \tag{10-7-2}$$

$$\nabla \times \boldsymbol{H} = \boldsymbol{j} + \frac{\partial}{\partial t}\boldsymbol{D} \tag{10-7-3}$$

$$\nabla \times \boldsymbol{E} = -\frac{\partial}{\partial t}\boldsymbol{B} \tag{10-7-4}$$

上記２式の発散の式は、電気のガウスの法則（クーロンの法則）と磁気のガウスの法則（磁束保存の法則）に相当します。残りの２式の回転の式は、アンペール・マクスウェルの法則とファラデーの電磁誘導の法則に相当します。一様な媒質中では、誘電率ε、透磁率μを用いて以下の式で与えられます。

$$\boldsymbol{D} = \varepsilon \boldsymbol{E}, \qquad \boldsymbol{B} = \mu \boldsymbol{H} \tag{10-7-5}$$

基礎方程式と未知数

電磁場は$\boldsymbol{E}$（または$\boldsymbol{D}$）と$\boldsymbol{B}$（または$\boldsymbol{H}$）の２個×３成分＝6個の未知の成分により規定されます。一方、基礎方程式は電荷密度ρ_{e}と電流密度$\boldsymbol{j}$が与えられて、スカラー積の方程式（ガウスの法則）の２個とベクトル積の方程式（一般化アンペールおよび電磁誘導の法則）２個３成分との、合計８個の方程式ができ、２個の方程式が余分に思われます。実は、２個の発散の方程式は、ベクトルの時間変動方程式の６個の未知数の方程式の境界条件として用いられることになります。

MEMO　ミクロな基礎方程式には時間反転対称性があります。オームの法則やエントロピー増大などのマクロな法則では時間反転対称性は成り立ちません。

マクスウェルの方程式のまとめ

電場のガウスの法則

電束密度 $\boldsymbol{D}$

(電荷からの
電束線の発散)

電束線

電荷

$\nabla \cdot \boldsymbol{D} = \rho_e$

磁場のガウスの法則

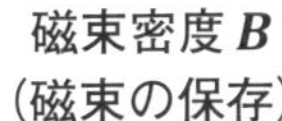

磁束密度 $\boldsymbol{B}$
(磁束の保存)

磁束線

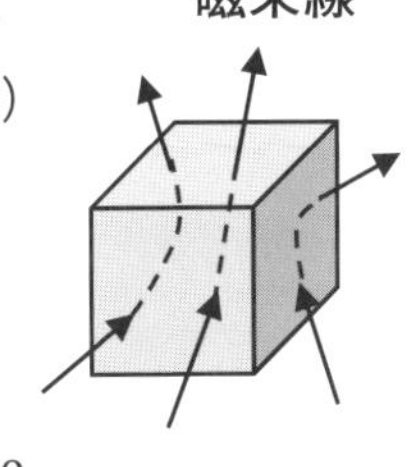

$\nabla \cdot \boldsymbol{B} = 0$

アンペール・マクスウェルの法則

電流 $\boldsymbol{j}$ または
電束密度変化 $\frac{\partial}{\partial t}\boldsymbol{D}$

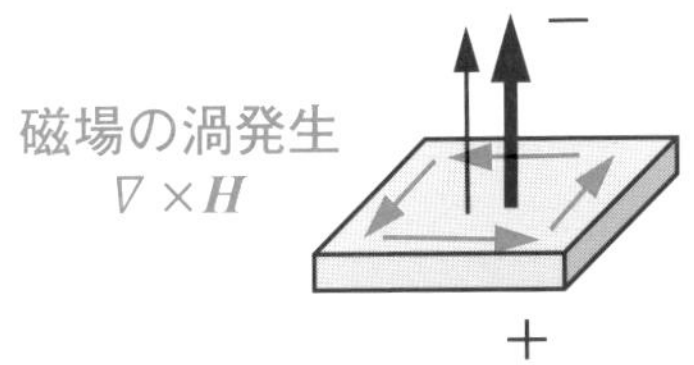

磁場の渦発生
$\nabla \times \boldsymbol{H}$

−
＋

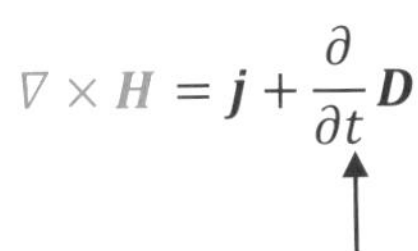

$$\nabla \times \boldsymbol{H} = \boldsymbol{j} + \frac{\partial}{\partial t}\boldsymbol{D}$$

電束密度変化は変位電流

ファラデーの法則

磁束密度変化

$-\frac{\partial}{\partial t}\boldsymbol{B}$

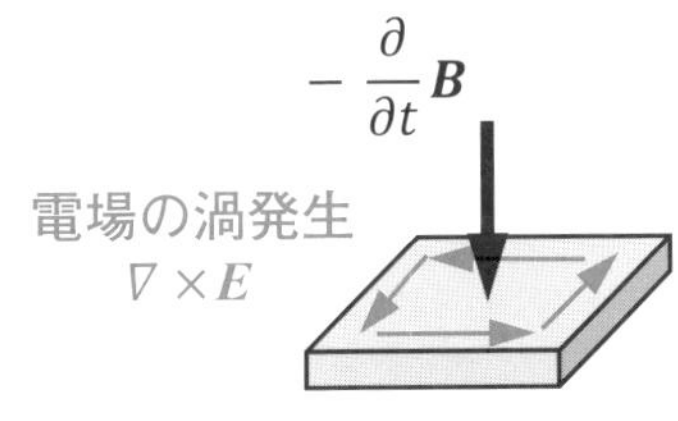

電場の渦発生
$\nabla \times \boldsymbol{E}$

$$\nabla \times \boldsymbol{E} = -\frac{\partial}{\partial t}\boldsymbol{B}$$

磁束密度変化は負の方向

クイズ 4 択問題

答えは次々ページ

クイズ10.1　モノポールのあるマクスウェルの方程式は？

磁気単極子（磁気モノポール）は現実には未確認ですが、存在すると仮定すると以下の4つのマクスウェルの方程式のどれをどのように変更すべきかを考えてみましょう。（複数選択可能）

① $\nabla \cdot \boldsymbol{D} = \rho_e$　② $\nabla \cdot \boldsymbol{B} = 0$　③ $\nabla \times \boldsymbol{H} = \boldsymbol{j} + \partial \boldsymbol{D}/\partial t$　④ $\nabla \times \boldsymbol{E} = -\partial \boldsymbol{B}/\partial t$

クイズ10.2　電場と磁場の時間反転対称性は？

空間座標rを$-r$におき換える操作を空間反転、時間座標tを$-t$におき換える操作を時間反転といいます。電荷密度$\rho(r,t)$が空間反転ならびに時間反転に対し不変であるとき、時間反転の操作により電場$\boldsymbol{E}(r,t)$と磁場$\boldsymbol{B}(r,t)$はどのように変換されるでしょうか？

① 電場が反転　② 磁場が反転　③ 電場と磁場が反転　④ 反転しない

【ヒント】マクスウェルの方程式をもとに考えてみましょう。

COLUMN

磁気モノポールは存在する!?

電場と磁場とを統一的に記述したマクスウェルの方程式は高い対称性を示していますが、電場と磁場との性質には違いがあります。電場は電荷により作られますが、磁場には対応する源（単極の磁荷、モノポール）がありません。磁場には電流がありますが、電場には相当する流れ（磁流）がありません。最近では、宇宙初期の大爆発（ビッグ・バン）の膨張する過程（相転移）で、点状の欠損としての磁気単極（モノポール）が作り出された可能性が指摘されています。私たちの身の回りにはありませんが、宇宙からやってくる宇宙線の中で見つかるかも知れません。現在もモノポール探しは続けられています。

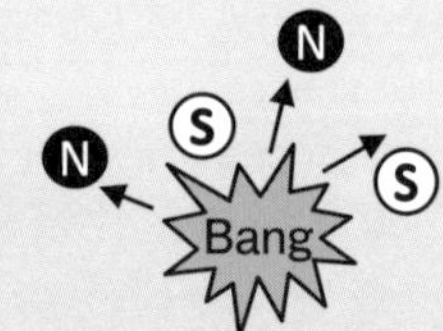

まとめのクイズ

問題は各節のまとめに対応／答えは次ページ

10-1 面積S[m^2] の平行平板キャパシタの電束密度$\boldsymbol{D}$[C/m^2] が変化するとき、変位電流は［$I_d=$　　[単位]］と定義できます。変位電流の導入により［人名］の法則が一般化されました。

10-2 電束密度$\boldsymbol{D}$[C/m^2] として、変位電流密度は［$\boldsymbol{j}_d=$　　[単位]］です。これを導入しての［人名］の法則は、［　　］の保存則に相当しています。

10-3 電場に関するガウスの法則の積分形は［　=　］であり、磁場に関するガウスの法則の積分形は［　=　］です。後者は［　　］の保存則に相当しています。

10-4 アンペール・マクスウェルの法則の積分形は［　=　］であり、ファラデーの電磁誘導の法則の積分形は［　=　］です。

10-5 ベクトル$\boldsymbol{A}$の$\nabla\cdot\boldsymbol{A}$は［　　］といいます。『閉曲面$S$で囲まれた領域$V$でのベクトル場$\boldsymbol{A}$の$\nabla\cdot\boldsymbol{A}$の体積積分は、閉曲面$S$上でのベクトル場$\boldsymbol{A}$の面積分に等しい』は［人名］の定理であり、数式では［　=　］と書けます。

10-6 ベクトル$\boldsymbol{A}$の$\nabla\times\boldsymbol{A}$は［　　］といいます。『閉曲線Cを境界とする曲面$S$上でのベクトル場$\boldsymbol{A}$の$\nabla\times\boldsymbol{A}$の面積分は、閉曲線C上でのベクトル場$\boldsymbol{A}$の線積分に等しい』は［人名］の定理であり、数式では［　=　］と書けます。

10-7 マクスウェルの方程式の微分形は、［　=　］、［　=　］、［　=　］、［　=　］です。

クイズの答え

答え10.1　② の右辺に磁荷密度を加える。④ の右辺に磁流密度項を加える。

【解説】磁荷密度ρ_mと磁流密度j_mを仮定して、

$$\nabla\cdot\boldsymbol{D}=\rho_e\ ,\quad \nabla\cdot\boldsymbol{B}=\rho_m\ ,\quad \nabla\times\boldsymbol{H}=\boldsymbol{j}+\partial\boldsymbol{D}/\partial t\ ,\quad \nabla\times\boldsymbol{E}=-\boldsymbol{j}_m-\partial\boldsymbol{B}/\partial t$$

とすると、電場と磁場とが対称になります（ディラックの理論）。変更した2つの式と、ベクトル恒等式　$\nabla\cdot\nabla\times\boldsymbol{E}=0$を用いて、磁荷の保存則$\partial\rho_m/\partial t+\nabla\cdot\boldsymbol{j}_m=0$も得られます。モノポールは宇宙のどこかにあるかもしれません。

答え10.2　②

【解説】電場に関するガウスの法則において、時間を反転させても電場$\boldsymbol{E}(r,t)$の符号は反転しません（空間反転では電場が反転します）。アンペールの法則の拡張により得られた電荷の保存則（10-2-4）式において、時間反転の操作をすると電流密度$\boldsymbol{j}(\mathrm{r,t})$の符号が反転します。したがって、電流から作られる磁場も反転します。ファラデーの電磁誘導の法則からも、磁場の時間反転が得られます。以上により、マクスウェル方程式自体の時間反転対称性が保たれます。ローレンツ力も対称性が保たれています。

【参考】一般的に、ミクロな系では時間変転対称性が成り立ちます。衝突による抵抗力を基礎としたマクロな多体系に対してのオームの法則では、時間変転対称性が成り立ちません。ちなみに、空間反転では電場が反転で磁場は不変であり、時間と空間の両方ともが反転のときには電場も磁場も反転します。

答え　まとめ（満点20点、目標14点以上）

(10-1) $\boldsymbol{I}_d=S\mathrm{d}\boldsymbol{D}(t)/\mathrm{d}t\,[\mathrm{A}]$、アンペール

(10-2) $\boldsymbol{j}_d=\partial\boldsymbol{D}/\partial t\,[\mathrm{A/m^2}]$、アンペール・マクスウェルの法則、電荷

(10-3) $\int_S\boldsymbol{D}\cdot\mathrm{d}\boldsymbol{S}=\int_V\rho_e\mathrm{d}V=Q$、$\int_S\boldsymbol{B}\cdot\mathrm{d}\boldsymbol{S}=0$、磁束

(10-4) $\oint_C\boldsymbol{H}\cdot\mathrm{d}\boldsymbol{\ell}=\int_S(\boldsymbol{j}+\partial\boldsymbol{D}/\partial t)\cdot\mathrm{d}\boldsymbol{S}$、$\oint_C\boldsymbol{E}\cdot\mathrm{d}\boldsymbol{\ell}=\int_S(\partial\boldsymbol{B}/\partial t)\cdot\mathrm{d}\boldsymbol{S}$

(10-5) 発散（ダンバージェンス）、ガウス、$\int_V\nabla\cdot\boldsymbol{A}\mathrm{d}V=\int_S\boldsymbol{A}\cdot\mathrm{d}\boldsymbol{S}$

(10-6) 回転（ローテーション）、ストークス、$\int_S\nabla\times\boldsymbol{A}\cdot\mathrm{d}\boldsymbol{S}=\int_C\boldsymbol{A}\cdot\mathrm{d}\boldsymbol{\ell}$

(10-7) $\nabla\cdot\boldsymbol{D}=\rho_e$、$\nabla\cdot\boldsymbol{B}=0$、$\nabla\times\boldsymbol{H}=\boldsymbol{j}+\partial\boldsymbol{D}/\partial t$、$\nabla\times\boldsymbol{E}=-\partial\boldsymbol{B}/\partial t$

＜電磁方程式編＞

電磁波

マクスウェルの式から光速で伝播する電磁波が存在することが予言されていました。第11章では、電磁波の波動方程式を導出し、エネルギーに関連する周波数で電磁波を分類します。電磁場のエネルギー保存について説明し、パラドックスとしての奇妙な電磁現象についても触れます。

11-1 <電磁方程式編>

電磁気の波動方程式

電荷を振動させるとそこに電流と磁場が生成され、電磁波が生成されて空間を伝播することになります。

波動方程式

真空場のマクスウェル方程式は、電荷密度ρ_eや電流密度$\boldsymbol{j}$をゼロとします。$\nabla\times\boldsymbol{E}$と$\nabla\times\boldsymbol{B}$の２つの式に回転（$\nabla\times$）の演算を施すと（**左頁**）、

$$\nabla\cdot\nabla\boldsymbol{E} = \frac{\partial}{\partial t}\nabla\times\boldsymbol{B} = \varepsilon_0\mu_0\frac{\partial^2}{\partial t^2}\boldsymbol{E} \tag{11-1-1a}$$

$$\nabla\cdot\nabla\boldsymbol{B} = -\varepsilon_0\mu_0\frac{\partial}{\partial t}\nabla\times\boldsymbol{E} = \varepsilon_0\mu_0\frac{\partial^2}{\partial t^2}\boldsymbol{B} \tag{11-1-1b}$$

となります。この方程式は、空間についての２階の偏微分が時間についての２階の偏微分に比例していることを示しており、電場および磁場の波の伝播を示す波動方程式です。空間と時間の比は速度に相当しますが、空間と時間の２階の偏微分の係数は、波の伝播速度の２乗に相当します。電磁波の場合には、光の速度の２乗（$c^2 = 1/\varepsilon_0\mu_0$）となります。

一次元平面波の例

特に、x方向に伝播する1次元平面波の場合には、$\boldsymbol{E}=(0,E_y(x,t),0)$、$\boldsymbol{B}=(0,0,Bz(x,t))$と簡単化でき、

$$\frac{1}{c^2}\frac{\partial^2}{\partial t^2}E_y = \frac{\partial^2}{\partial x^2}E_y \quad , \qquad \frac{1}{c^2}\frac{\partial^2}{\partial t^2}B_z = \frac{\partial^2}{\partial x^2}B_z \tag{11-1-2}$$

となります。この解は、位相速度を $\omega/k=c=E_0/B_0$ として

$$E_y = E_0\sin(kx\text{-}\omega t+\delta) \quad , \quad B_z = B_0\sin(kx\text{-}\omega t+\delta) \tag{11-1-3}$$

です。ここで、E_0とB_0は電場と磁場の波の振幅、kは波数、ωは角振動数、δは初期位相です。この進行波のイメージを**右頁**に図示しています。

MEMO 位相速度は ω/k、群速度は $d\omega/dk$ です。媒質中では位相速度が光速を超えることがありますが、情報伝達としての群速度は光速を超えることはありません。

電磁気の波動方程式

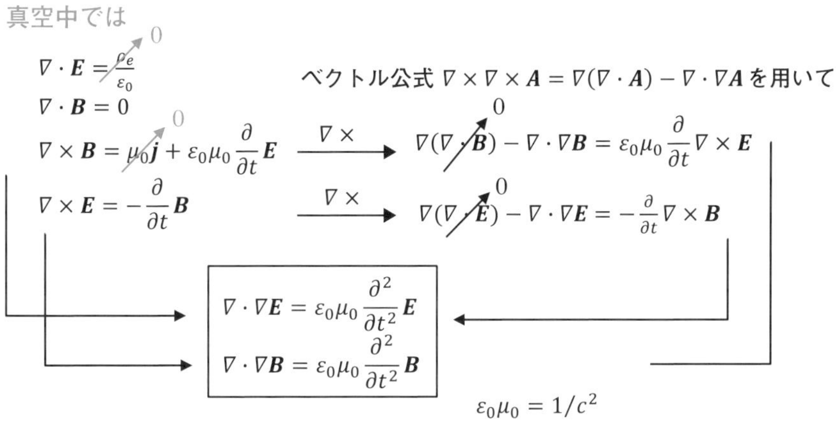

$$\frac{1}{c^2}\frac{\partial^2}{\partial t^2}f=\frac{\partial^2}{\partial x^2}f$$

これは波動方程式と呼ばれ、一般解は

$$f(x,t)=g(x-ct)+h(x+ct))$$

前進波　　後退波

一次元平面波の場合

$\boldsymbol{E}=(0, E_y(x,t), 0)$、$\boldsymbol{B}=(0, 0, B_z(x,t))$

$$\frac{1}{c^2}\frac{\partial^2}{\partial t^2}E_y=\frac{\partial^2}{\partial x^2}E_y\ ,\qquad \frac{1}{c^2}\frac{\partial^2}{\partial t^2}B_z=\frac{\partial^2}{\partial x^2}B_z$$

$$E_y=E_0\sin(kx-\omega t+\delta)\quad ,\qquad B_z=B_0\sin(kx-\omega t+\delta)$$

位相速度 $\dfrac{\omega}{k}=c=\dfrac{E_0}{B_0}$

y x z
電場の方向
E_y
平面波の進行
B_z
磁場の方向

11-2 <電磁方程式編>

電磁波の発生

現代社会では、情報通信分野での電磁波の幅広い活用がなされてきています。その電磁波の予言とヘルツによる実証実験についてまとめます。

電磁波の伝播

マクスウェルの方程式に示されたように、ある空間に磁場が生まれ変動すれば式（10-7-4）により電場が生成されます。生まれたその電場が変化すれば式（10-7-3）により磁場が生成されます。さらに、その磁場の変動によりまた電界が生まれます。このように連鎖して伝わる波が電磁波です（**上図**）。真空中では電磁波は光の速度で伝播します。電荷を上下に動かして電場の振動をつくり、電流が作られると磁場が発生して電磁波（横波）の波が伝わります。これは、水面に重りのボールを上下に振動させて水面波を伝播させるのに相当します。ただし、水面波には媒体が必要ですが、電磁波は真空中でも伝わります。場としての電磁場の波は、アインシュタインが予言し百年後の2015年に検出された重力場の波（重力波）に類似しています。

ヘルツによる実証実験

1864年にマクスウェルにより予言された電磁波は、1888年にドイツの物理学者ヘルツによりその存在が実験的に確認されました。

高電圧を発生するための誘導コイルの二次側に火花間隙により放電させます。ここから放射される電磁波を、共振器としての小さな間隙をもった金属の輪（ヘルツ共振器）で受けます。輪の向きを適切に選ぶことで間隙に火花が生じることから、電磁波が伝播していることが確かめられました（**下図**）。ヘルツはさらに金属製の放物面鏡を組合せて、電磁波の直進、反射、屈折、干渉などの実験を行い、電磁波が光と同じ性質をもっていることを確認しています。電磁波の中でも波長が数センチ以上の電波に対しては、基本的なアンテナとして半波長の構造でのダイポールアンテナやループアンテナが利用されています。

MEMO 電磁波を発見したハインリヒ・ルドルフ・ヘルツ（ドイツ、1857～1894年）にちなんで周波数のSI組立単位としてヘルツ［Hz］が用いられています。

磁場と電場の連鎖による電磁波の発生と侵攻のイメージ図

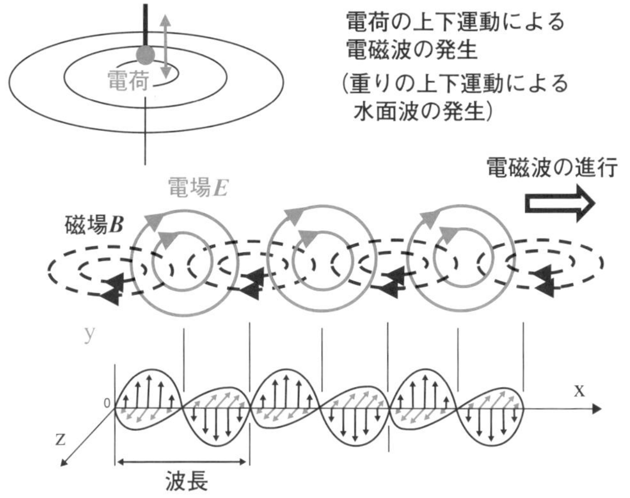

電磁波の確認

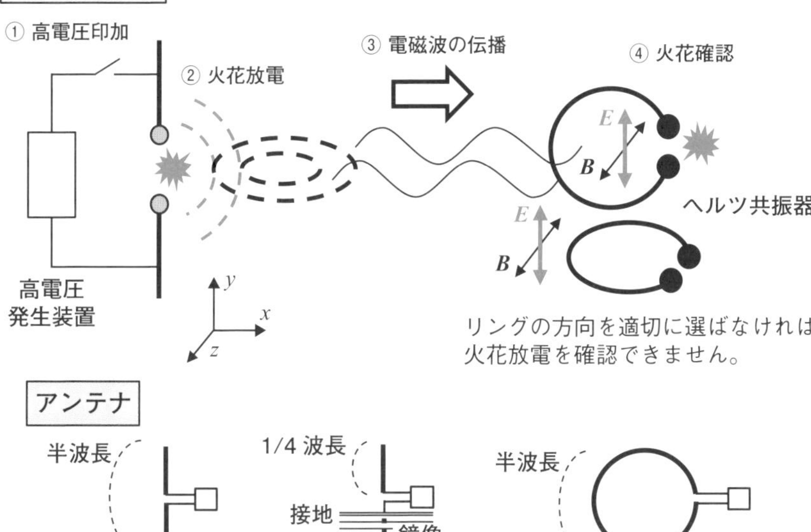

電磁波を周波数で分類する

いろいろな電磁波は、周波数（あるいは波長）で分類されています。周波数と波長の積が電磁波の位相速度であり、光速に相当します。

さまざまな電磁波

電磁波にはいろいろな種類があります。**角振動数**$\omega=2\pi f$（fは振動数［Hz］）と角波数$k=2\pi/\lambda$（λは波長［m］）で表される電磁波の位相速度cは一定（$c=\omega/k=\lambda f$）であり、この波長または**周波数**により電波、赤外線、可視光線、紫外線、X線、γ線に分類できます（**上図**）。ここで、波長の単位として1nm（ナノメートル）＝10^{-9}m、周波数の単位として1THz（テラヘルツ）＝10^{12}Hz＝10^{12}s^{-1}を用いています。電波は、超長波、長波、中波、短波、超短波、マイクロ波のように波長の長い波から短い波（周波数の小さい波から大きい波）に順に並べられます。たとえば、電子レンジの2.45GHz（ギガヘルツは10^9Hz）の電磁波は**マイクロ波**であり波長はおよそ12cmです。赤外線は波長領域750nm～1mm（400～3THz）であり赤外線ヒーターなどで使われています。可視光線は400～750nm（750～400THz）で太陽光の主要部でもあります。たとえば、緑色の光では波長はおよそ500nmであり、周波数は600THzです。

光は粒子か電磁波か？

光には、電磁波（光波）でもあり粒子（光子）でもあるという２重の性質があります（**下図**）。振動数ν（ギリシャ語のニュー）の１個の光子のエネルギーε（ギリシャ語のイプシロン）は$\varepsilon=h\nu=hc/\lambda$です。ここで、$h$はプランク定数（6.6$x$10^{-34}Js）、$c$は光の速度、$\lambda$（ギリシャ語のラムダ）は波長です。緑色の500nmの光では、$\nu=6\times10^{14}/s$なので、$\varepsilon=4\text{x}10^{-19}$J です。１個の電子を１ボルトで加速するエネルギーが1eV（電子ボルト）＝1.6x10^{-19}Jなので、これは2.5 eVに相当します。プランク定数は量子論を特徴づける重要な物理定数であり、キログラムの単位の定義に用いることが2019年に決定されています（**1-8節**）。

MEMO 「振動数」は物理的な振動運動や波動運動に対して用いられますが、特に波動に関しては工学分野で「周波数」が用いられます。

いろいろな電磁波

電磁波のエネルギーは周波数（または波長の逆数）に比例しています

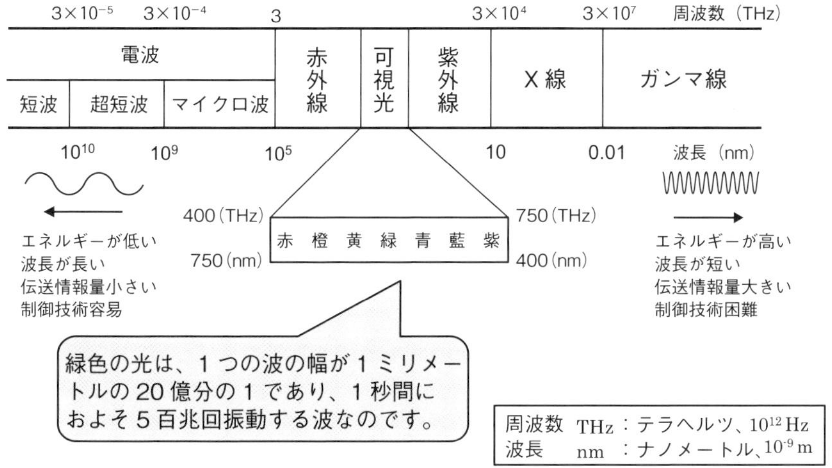

光の波と粒子の二重性

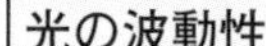

光の波動性　複スリットによる光の干渉実験
（波としての光 = 光波）
（ヤング）

光の粒子性　光電効果による電子の飛び出し
（粒子としての光 = 光子）
（アインシュタイン）

波と粒子の
二重性のイメージ

光子1個のエネルギー ε[J]

$$\varepsilon = h\nu = hc / \lambda$$

h プランク定数 (6.662606957x10^{-34}Js) 固定定義値
ν 周波数 (s^{-1}=Hz)
λ 波長 (m)
c 光の速度 (299,792,458m/s) 固定定義値

電磁波のエネルギー

電磁波は光の速度で伝播します。導線による電力は、導線の周囲の媒体中を電磁波として伝送されます。

電磁波のエネルギー保存

コンデンサ（キャパシタ）のエネルギーは $(1/2)CV^2$ であり、キャパシタの電場領域の体積で割って、電場エネルギー密度 u_E は式（4-6-3）のように $(1/2)\varepsilon_0 E^2$ でした。同様に、コイル（インダクタ）のエネルギーは $(1/2)LI^2$ であり、インダクタンスの磁場エネルギー密度 u_B は式（8-6-3）により $(1/2\mu_0)B^2$ でした。一般的に、電磁場のエネルギー密度 u は、2つの和となります。

$$u = u_E + u_B = \frac{\varepsilon_0}{2}E^2 + \frac{1}{2\mu_0}B^2 \qquad (11\text{-}4\text{-}1)$$

電磁場のエネルギー密度の流れは電場 $\boldsymbol{E}$ [V/m] と磁場 $\boldsymbol{H}$ [A/m] との外積で表され、ポインティングベクトル $\boldsymbol{S}$ [W/m²] と呼ばれます。

$$\boldsymbol{S} = \boldsymbol{E} \times \boldsymbol{H} \qquad (11\text{-}4\text{-}2)$$

このエネルギー密度の流れの発散を用いて、マクスウェルの方程式とベクトルの微分演算公式から、以下の電磁場のエネルギー保存則が得られます（**右頁**）。

$$\frac{\partial u}{\partial t} + \nabla \cdot \boldsymbol{S} = -\boldsymbol{E} \cdot \boldsymbol{j} \qquad (11\text{-}4\text{-}3)$$

左辺はエネルギー密度 u の時間変化とエネルギーの流れ $\boldsymbol{S}$ の湧き出しであり、右辺はジュール熱損失を示しています。

ポインティングベクトルの例

導体中の電流のエネルギーの流れについて考えます。周辺の電場 $\boldsymbol{E}$ は電流の方向であり、磁場 $\boldsymbol{H}$ は周回方向で、ポインティングベクトル $\boldsymbol{S}$ は中心に向かっています（**下図**）。ジュール熱損失は、このポインティングベクトルで補われています。

MEMO　ジョン・ヘンリー・ポインティング（1852年～1914年）はイギリスの物理学者です。Pointingではなくて Poynting vectorです。

電磁場のエネルギー保存

$$\nabla \cdot \boldsymbol{E} = \frac{\rho_e}{\varepsilon_0}$$
$$\nabla \cdot \boldsymbol{B} = 0$$
$$\nabla \times \boldsymbol{B} = \mu_0 \boldsymbol{j} + \varepsilon_0 \mu_0 \frac{\partial}{\partial t}\boldsymbol{E}$$
$$\nabla \times \boldsymbol{E} = -\frac{\partial}{\partial t}\boldsymbol{B}$$

$$\boldsymbol{B} \cdot (\nabla \times \boldsymbol{E}) = -\boldsymbol{B} \cdot \frac{\partial}{\partial t}\boldsymbol{B}$$
$$\boldsymbol{E} \cdot (\nabla \times \boldsymbol{B}) = \mu_0 \boldsymbol{E} \cdot \boldsymbol{j} + \varepsilon_0 \mu_0 \boldsymbol{E} \cdot \frac{\partial}{\partial t}\boldsymbol{E}$$

ベクトル公式 $\nabla \cdot (\boldsymbol{E} \times \boldsymbol{B}) = \boldsymbol{B} \cdot (\nabla \times \boldsymbol{E}) - \boldsymbol{E} \cdot (\nabla \times \boldsymbol{B})$ を用いて

$$\frac{1}{\mu_0}\nabla \cdot (\boldsymbol{E} \times \boldsymbol{B}) = -\boldsymbol{E} \cdot \boldsymbol{j} - \varepsilon_0 \boldsymbol{E} \cdot \frac{\partial}{\partial t}\boldsymbol{E} - \frac{1}{\mu_0}\boldsymbol{B} \cdot \frac{\partial}{\partial t}\boldsymbol{B}$$

$$-\frac{\partial u}{\partial t}$$

$u = u_{\mathrm{E}} + u_{\mathrm{B}} = \frac{\varepsilon_0}{2}\boldsymbol{E}^2 + \frac{1}{2\mu_0}\boldsymbol{B}^2$, $\boldsymbol{S} = \frac{1}{\mu_0}\boldsymbol{E} \times \boldsymbol{B} = \boldsymbol{E} \times \boldsymbol{H}$ として

ポインティング・ベクトル

$$\boxed{\frac{\partial u}{\partial t} + \nabla \cdot \boldsymbol{S} = -\boldsymbol{E} \cdot \boldsymbol{j}}$$

電磁エネルギー密度の時間変化

電磁エネルギー密度の流れの発散

ジュール熱損失

ポインティングベクトルの例

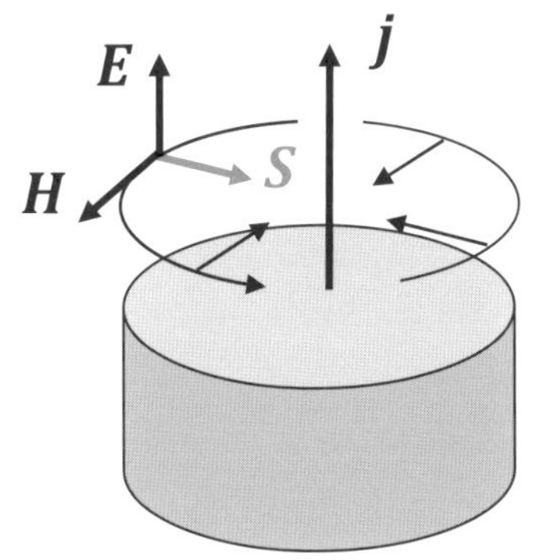

上方向の導体に電流を流す場合

導体内の電場$\boldsymbol{E}$も上方向
磁場強度$\boldsymbol{H}$は周回方向

ポインティングベクトル$\boldsymbol{S}$は中心方向

エネルギーは表面からポインティングベクトルとして流入

11-5 ＜電磁方程式編＞

スカラーポテンシャルとベクトルポテンシャル

静電場は3-4節で静電ポテンシャルにより記述しましたが、磁場を含めて電磁ポテンシャル（ベクトルAとスカラーϕ）を定義して、電磁場を統一的に記述します。

電場と磁場の表記

磁場に関しては、磁場のガウスの法則$\nabla \cdot \boldsymbol{B}=0$　と恒等式$\nabla \cdot (\nabla \times \boldsymbol{A}) \equiv 0$より

$$\boldsymbol{B} = \nabla \times \boldsymbol{A} \tag{11-5-1}$$

となるベクトルポテンシャル$\boldsymbol{A}$を定義できます。磁場$\boldsymbol{B}$に対して周回ベクトル$\boldsymbol{A}$を定義したこと相当します。ただし、$\boldsymbol{A}$は$\nabla \lambda$を加えることができる自由度があります。式（11-5-1）とファラデーの法則とを用いて、電場に関しては

$$\boldsymbol{E} = -\nabla\phi - \frac{\partial}{\partial t}\boldsymbol{A} \tag{11-5-2}$$

と定義できます（**上図**）。スカラーポテンシャルϕは$\phi - \partial\lambda/\partial t$と書き換え可能です。

ゲージ条件

上記の電磁ポテンシャル$\boldsymbol{A}$とϕを、アンペール・マクスウェルの法則と電場に関するガウスの法則とに組み入れて、方程式を作ることができます。電磁ポテンシャルにはもともと自由度がありましたので、条件（ゲージ条件）を加えることで一意的に定めることができます。クーロンゲージやローレンツゲージが用いられ、後者の場合には、時間と空間の４次元を扱うダランベール演算子□を用いてマクスウェルの方程式を２つの波動の式で表すことができます（**下図**）。

$$\Box \boldsymbol{A} = \mu_0 \boldsymbol{j} \quad , \quad \Box\phi = \frac{\rho_e}{\varepsilon_0} \tag{11-5-3}$$

量子電磁力学や相対論的電気力学ではこれらの式を用いて、ローレンツ変換が任意の慣性系（等速運動系）で同じ物理法則が成り立つこと（共変性の原理）が証明されてきています。

MEMO　観測可能な物理量を、電磁ポテンシャルのような数学的なゲージ関数で表します。条件を変えても物理方程式が不変である場合にゲージ不変と呼びます。

電磁ポテンシャル

磁場

磁場のガウスの法則

$$\nabla \cdot \boldsymbol{B} = 0$$

ベクトル恒等式を利用
$\nabla \cdot (\nabla \times \boldsymbol{A}) \equiv 0$

$$\boldsymbol{B} = \nabla \times \boldsymbol{A}$$

$\boldsymbol{A}$ ：ベクトルポテンシャル
$\boldsymbol{A} \to \boldsymbol{A} + \nabla\lambda$ でも可能
$\nabla \times \nabla\lambda \equiv 0$

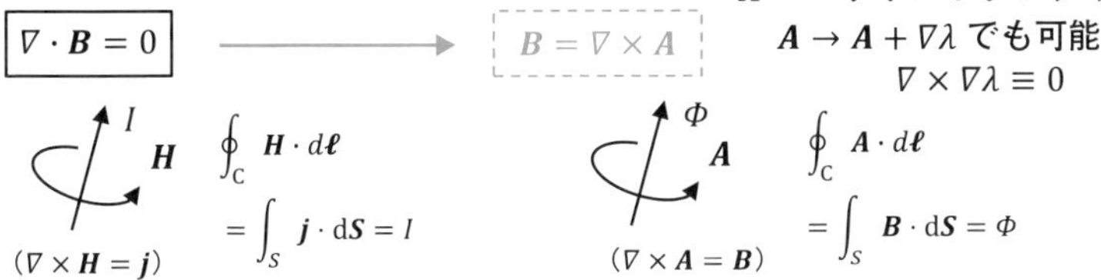

$$\oint_C \boldsymbol{H} \cdot d\boldsymbol{\ell} = \int_S \boldsymbol{j} \cdot \mathrm{d}\boldsymbol{S} = I$$

$(\nabla \times \boldsymbol{H} = \boldsymbol{j})$

$$\oint_C \boldsymbol{A} \cdot d\boldsymbol{\ell} = \int_S \boldsymbol{B} \cdot \mathrm{d}\boldsymbol{S} = \Phi$$

$(\nabla \times \boldsymbol{A} = \boldsymbol{B})$

静電場(限定)

$$\boldsymbol{E} = -\nabla\phi$$

ϕ：スカラーポテンシャル

変動電場

ファラデーの法則

$$\nabla \times \boldsymbol{E} = -\frac{\partial}{\partial t}\boldsymbol{B}$$

ベクトル恒等式を利用
$\nabla \times \nabla\phi \equiv 0$

$$\nabla \times (\boldsymbol{E} + \frac{\partial}{\partial t}\boldsymbol{A}) = 0$$

$$\boldsymbol{E} = -\nabla\phi - \frac{\partial}{\partial t}\boldsymbol{A}$$

$\phi \to \phi - \frac{\partial}{\partial t}\boldsymbol{\lambda}$
でも可能

ゲージ変換

アンペール・マクスウェルの法則

$$\nabla \times \boldsymbol{B} = \mu_0 \boldsymbol{j} + \varepsilon_0 \mu_0 \frac{\partial}{\partial t}\boldsymbol{E}$$

ベクトル公式を利用
$\nabla \times \nabla \times \boldsymbol{A} = \nabla(\nabla \cdot \boldsymbol{A}) - \nabla \cdot \nabla \boldsymbol{A}$

$$\nabla \times \nabla \times \boldsymbol{A} = \mu_0 \boldsymbol{j} - \frac{1}{c^2}\left(\frac{\partial}{\partial t}\nabla\phi + \frac{\partial^2}{\partial t^2}\boldsymbol{A}\right)$$

電場のガウスの法則

$$\nabla \cdot \boldsymbol{E} = \frac{\rho_e}{\varepsilon_0}$$

$$-\nabla \cdot \nabla\phi - \frac{\partial}{\partial t}\nabla \cdot \boldsymbol{A} = \frac{\rho_e}{\varepsilon_0}$$

$$-\nabla \cdot \nabla \boldsymbol{A} + \frac{1}{c^2}\frac{\partial^2}{\partial t^2}\boldsymbol{A} + \nabla\left(\nabla \cdot \boldsymbol{A} + \frac{1}{c^2}\frac{\partial}{\partial t}\phi\right) = \mu_0 \boldsymbol{j}$$

$$-\nabla \cdot \nabla\phi + \frac{1}{c^2}\frac{\partial^2}{\partial t^2}\phi - \frac{\partial}{\partial t}\left(\nabla \cdot \boldsymbol{A} + \frac{1}{c^2}\frac{\partial}{\partial t}\phi\right) = \frac{\rho_e}{\varepsilon_0}$$

ローレンツゲージ
$\nabla \cdot \boldsymbol{A} + \frac{1}{c^2}\frac{\partial}{\partial t}\phi = 0$

クーロンゲージ
$\nabla \cdot \boldsymbol{A} = 0$

マクスウェルの方程式

$$\Box \boldsymbol{A} = \mu_0 \boldsymbol{j}$$

$$\Box \phi = \frac{\rho_e}{\varepsilon_0}$$

$\Box \equiv \frac{1}{c^2}\frac{\partial^2}{\partial t^2} - \nabla \cdot \nabla$　ダランベール演算子
(ダランベルシアン)

11-6 <電磁方程式編>

ローレンツ変換

電磁波はガリレオ変換での絶対時間では理解できず、ローレンツ変換での時間の遅れと長さの縮みを考慮しての相対論的時間が必要となってきました。

電磁波とローレンツ変換

古典力学では、ガリレオ変換により速度の加法則が成り立ちます。しかし、電磁波の速度にはガリレオ変換を適用できず、位相速度（光速）一定の新しい変換（ローレンツ変換）が必要とされました（**上図**）。これは1887年のマイケルソン・モーレイの実験により、私たちの常識と異なり、光の速度は、どの慣性系（等速運動系）から見ても一定であることが検証されました。

ローレンツにしたがって、速度vで運動する物体は長さが$1/\gamma$倍（$\gamma>1$）に縮み、時間がのびると考えることができます。ここで、γ（ガンマ）値はローレンツ因子と呼ばれ、光速cを用いて以下の通りです。

$$\gamma = \frac{1}{\sqrt{1-(v/c)^2}} \qquad (1 \leqq \gamma < \infty) \qquad (11\text{-}6\text{-}1)$$

ローレンツ因子の導出

静止している座標系Sと速度vで等速運動している座標系S'を考えます。S'上で鉛直に高さLの部屋で電磁波をPからQに飛ばします。電磁波の速度はどの座標系から見ても一定です。時間の流れはSとS'では異なりtとt'とします。光速をcとして、$L=ct'$です。これをS座標系から見ると、長い距離を電磁波が飛んだことになり、$\sqrt{L^2+(vt)^2}=ct$です。この２つの式から$t'=t/\gamma$が導かれ、動いている系では時間はゆっくり進むことが示されます（**下図**）。

以上の考えにより、光の速度で動く系で光を見たときに、光は止まっておらず光速一定で動いているということの理解ができます。これは、次節の荷電粒子の運動と電磁場についてのパラドックスにも関連しています。

MEMO　アインシュタインの特殊相対性理論の歴史的な論文の題名は「運動する物体の電気力学」であり、電磁気学を発展させたものです。

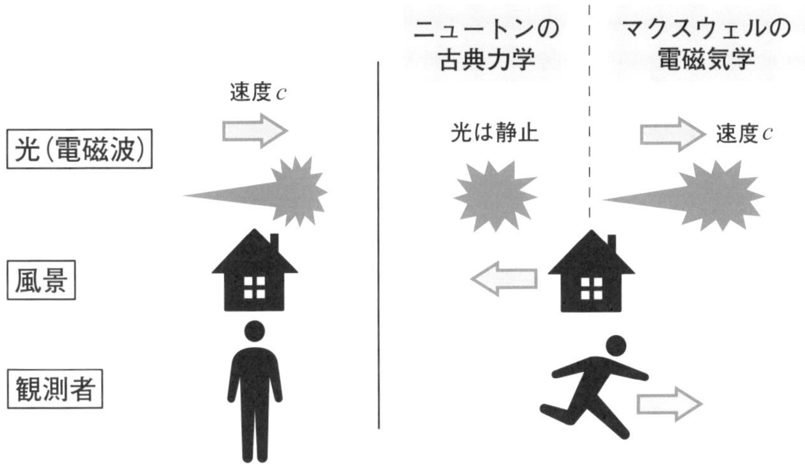
電磁波の伝播の不思議
ニュートンの
古典力学
マクスウェルの
電磁気学
速度 c
光(電磁波)
光は静止
速度 c
風景
観測者
光の速度 c で走ったと仮定して
観測する光は静止しているのか？
速度 c で飛んでいるのか？

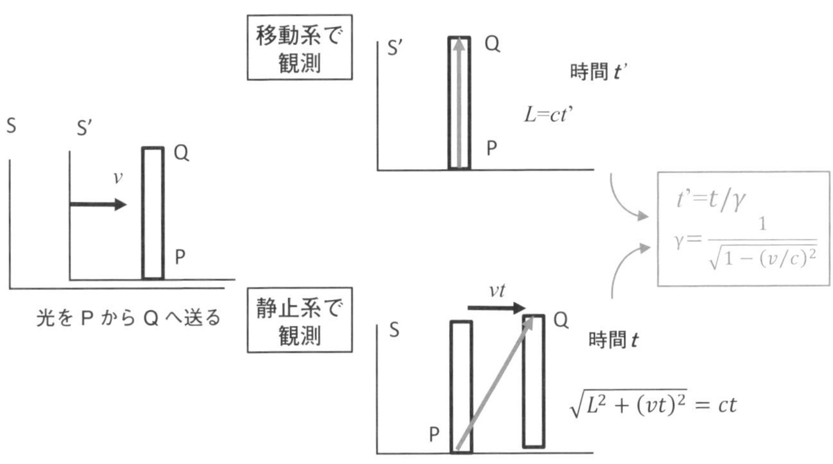
ローレンツ因子
移動系で
観測
S'
Q
時間 t'
L=ct'
P
S
S'
v
Q
P
光を P から Q へ送る
t'=t/γ
γ= 1/√(1−(v/c)²)
静止系で
観測
vt
S
Q
時間 t
√(L² + (vt)²) = ct
P

11-7 <電磁方程式編>

相対論的電磁力学

電磁気学は、磁気物性に関連して量子論的解釈へ、光や電磁波に関連して相対論的電磁力学へと発展してきました。

ローレンツ力のパラドックス

電流が流れている電線の内部では、正の電荷（原子核）は止まっており、負の電子が動いていますが、全体で中性なので電荷による外部への電場は発生しません。図のように、電流$\boldsymbol{I}$（$\boldsymbol{I}=\sigma\boldsymbol{v}$、線電荷密度$\sigma$、電子の速度$\boldsymbol{v}$）が流れている導線があり、導線の周りに磁場$\boldsymbol{B}$が生じていたとします。そこに電荷$q$の荷電粒子を外部に置いた場合は、この荷電粒子には磁場からの電磁力（ローレンツ力）は働きません。一方、速度$\boldsymbol{v}$で導体内電子と同じ方向に動いている人から見ると、電子は止まって見えますが、正電荷の原子核が速度vで逆に動いてみえて電流が流れており、磁場が発生して電磁力が働きます。静止系では外部荷電粒子に働く力はゼロですが、運動系では力はゼロではなくなり、矛盾してしまいます（**上図**）。

相対性理論による解釈

以上のローレンツ力のパラドックスは、特殊相対性理論で解決されています。物体が等速直線運動をしている場合には、相対的に運動方向に物体が縮んで見えます（ローレンツ収縮）。運動系から見ると、正電荷は運動しているので密度が高くなり、電子は静止しているので負電荷の密度が低くなるので、導線に対して半径方向の外向きの電場$\boldsymbol{E}'$が観測されることになります（**下図**）。これを静止系で見た場合には、導体内の電子間の距離は縮んで見えた状態で負電荷と正電荷との線電荷密度が同じとなっています。外部荷電粒子に加わる力は、この電場による電気力と磁場による磁気力とが相殺されて、静止系と同じように、力がゼロになります。

電磁気学は相対性理論や量子論に組み入れられて、現在までにさまざまな発展がなされてきています。

MEMO　慣性系（等速運動系）の「特殊相対性理論」は、重力をも含めた加速度運動系の「一般相対性理論」として展開されています。

電磁場のパラドックス

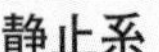

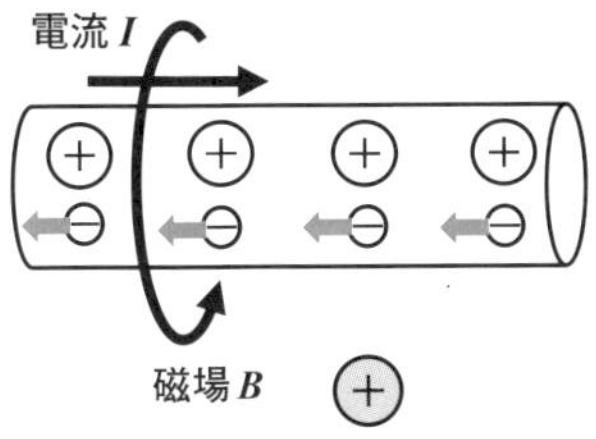

外部電荷 q

外部電荷 q は静止しているので
磁気力はゼロです。

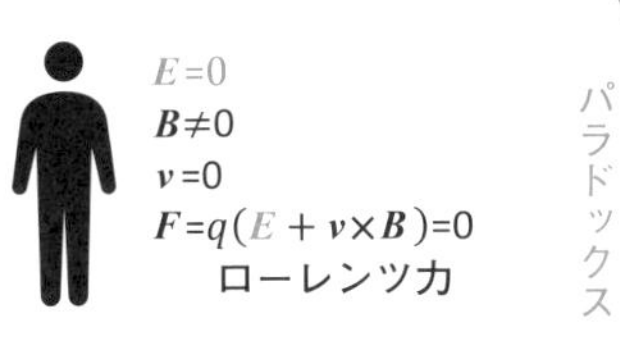

パラドックス

運動系
（非相対論）
×

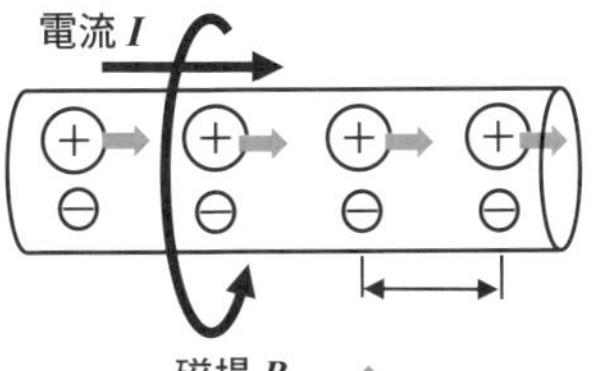

外部電荷 q は動いているので
磁気力はゼロではありません。

磁気力 qvB

電荷 q　速度 v

E=0
B≠0
v≠0
F=q(E + v×B) ≠ 0

相対性理論による解釈

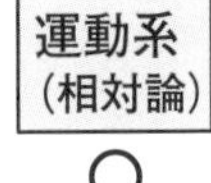

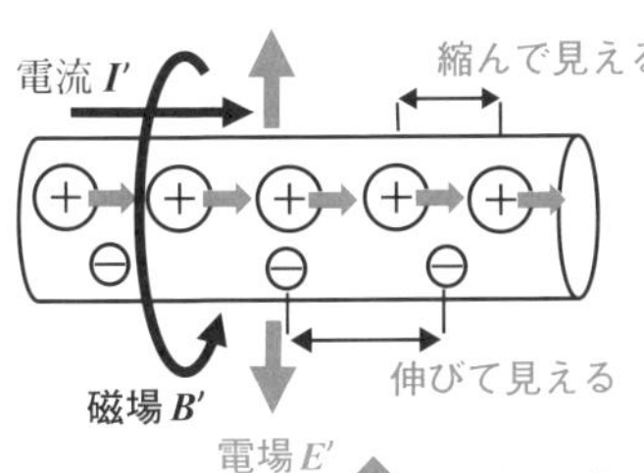

電場 E'

電子線密度 σ_e が減り、
イオン線密度 σ_i が増えて、
電場ができます。

$\sigma'_e=\sigma_e/\gamma<\sigma_e$
$\sigma'_i=\sigma_i\gamma>\sigma_i$
γ はローレンツ因子

磁気力と電気力が
釣り合って
電荷にかかる力は
ゼロになります。

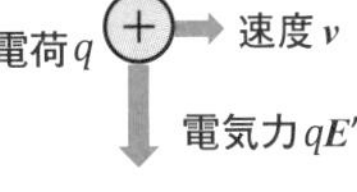

ローレンツ因子

$$\gamma = \frac{1}{\sqrt{1-\left(\frac{v}{c}\right)^2}}$$

$$E' = \gamma(E + v \times B)$$
$$B' = \gamma(B - (v/c^2) \times E)$$
$$F = q(E' + v \times B') = 0$$

クイズ4択問題

答えは次々ページ

クイズ11.1　携帯電話の伝播の波長は？

電波通信においては、低周波では障害物などの影響は受けにくく長距離通信が簡単に行えますが、高周波の方が多くの情報を速く伝えることができます。携帯電話の電波は800MHz帯や2GHz帯が用いられていますが、波長はおよそどの程度でしょうか？

① 0.1mm　② 1mm　③ 1cm　④ 10cm

クイズ11.2　レーザーポインターの電場と磁場は？

ビーム直径2mmで1mWのレーザーポインターがあります。この光のビームの電場強度および磁束密度はどの程度でしょうか？

(1) 電場強度

① 300μV/m　② 30mV/m　③ 3V/m　④ 300V/m

(2) 磁場強度

① 10nT　② 1μT　③ 100μT　④ 10mT

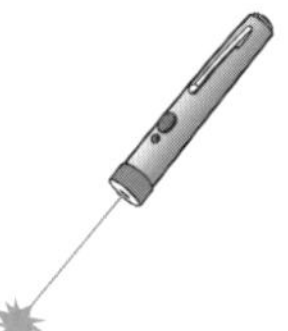

COLUMN

ひもと膜が重力と電磁力の違いを説明!?

宇宙では電磁力に比べ重力が支配的です。電磁力は双極性(＋と－、NとS)なので、遮蔽されて弱くなってしまうことや、電荷が表面に集中して大きな電荷とならないことにも関連しています。素粒子は「プランク長さ」のひもで表すことができ、そのひもが振動, 回転して粒子となっていると考えることができます。電磁力の交換子としての光子（フォトン）はスピン1の「開いたひも」であり、重力の重力子（グラビトン）はスピン2の「閉じたひも」です。膜宇宙での閉じたひもが余剰次元方向にその大半が逃げてしまっているため重力相互作用が小さいと考えられています。

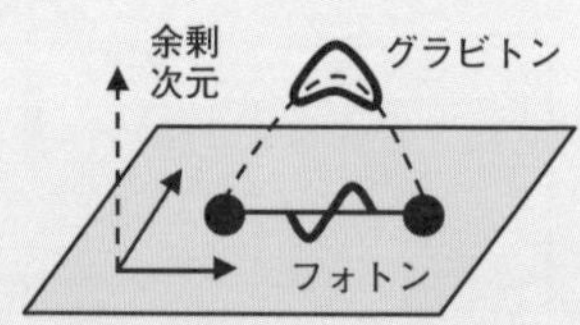

まとめのクイズ

問題は各節のまとめに対応／答えは次ページ

11-1 x方向に伝播する電磁波のy方向電場Eについての1次元の波動方程式は、Eの時間の2階微分が空間の2階微分に比例する関係式であり、位相速度が光速cなので［　=　］となります。この一般解の波形は［　　］で表されます。

11-2 電磁波の存在は［人名］により予言され、［人名］により実証されました。直径が電磁波の波長の［　　］の大きさのループアンテナが用いられましたが、モノポールアンテナでは波長の［　　］の長さのアンテナが用いられます。

11-3 電磁波のエネルギーは［　　］に比例します。光よりも低エネルギーの波は［　　］と呼ばれ、高い波は、順に［　　］、［　　］と呼ばれます。

11-4 電界$\boldsymbol{E}$、磁界$\boldsymbol{B}$の電磁波のエネルギー密度Uは［　　［単位］］です。電界$\boldsymbol{E}$、磁界$\boldsymbol{H}$の電磁波のエネルギーの流れは［$\boldsymbol{S}$=　　［単位］］と書かれます。これは［人名］ベクトルと呼ばれます。

11-5 ベクトルポテンシャルを$\boldsymbol{A}$、スカラーポテンシャルをΦとして、磁場は［$\boldsymbol{B}$=　　］、電場は［$\boldsymbol{E}$=　　］と記載されます。これらのポテンシャルには自由度がありますが、ゲージ条件として一般的に［人名］ゲージが用いられます。

11-6 ローレンツ因子をγ (≧1) として、速度vで運動する物体は長さが［　　］倍となり、経過時間が［　　］倍となります。ここで、［γ =　　］です。

11-7 導線に電流が流れて磁場が発生しても、外部の静止電荷には力が働きません。一方、導体中の電子の慣性座標系では正イオンが磁場をつくり、動いている外部電荷に力が加わります。このパラドックスは［　　理論］で理解できます。

第11章 電磁波

クイズの答え

答え11.1　④

【解説】電磁波の位相速度c、周波数ν、波長λの関係は、$c=\lambda\nu$なので、$\nu=10^9$Hz (1GHz)の場合には、$\lambda=c/\nu=3\times10^8/(3.14\times10^9)=0.1$m。

【参考】かつての携帯電話では、1/4波長の数センチのモノポールアンテナのついている機種もありました。現在は、板状の「逆F型アンテナ」などがスマホに組み入れられています。

答え11.2 (1) ④　(2) ②

【解説】1mJ/sのエネルギーの流れが断面積$\pi\times0.001^2=3.14\times10^{-6}$m^{2}を通過するのでエネルギー密度$u$の流れ$S$は$S=10^{-3}$[Js^{-1}]/(3.14 × 10^{-6}[m^2])= 3.18 × 10^2 [Js^{-1}m^{-2}]。

光速をc[m/s]とすると、$S=cu$,　$c=3\times10^8$[m/s]なので$u=S/c=1.0\times10^{-6}$ [J/m^3]。ここで、

$u=u_E+u_B=\varepsilon_0E^2/2+B^2/2\mu_0$　$c=1/\sqrt{\varepsilon_0\mu_0}=E/B$　なので、$u=\varepsilon_0E^2$。したがって、電場$E=\sqrt{1.0\times10^{-6}/8.85\times10^{-12}}$ $=3\times10^2$[V/m]。磁束密度は$B=E/c=3\times10^2/3\times10^8=10^{-6}$[T]

答え　まとめ（満点20点、目標14点以上）

(11-1) $(1/c^2)\partial^2E/\partial t^2=\partial^2E/\partial x^2$、正弦波

(11-2) マクスウェル、ヘルツ、半分、1/4

(11-3) 周波数、電波、X線、γ（ガンマ）線

(11-4) $\varepsilon_0E^2/2+B^2/(2\mu_0)$ [J/m^3]、$\boldsymbol{S}=\boldsymbol{E}\times\boldsymbol{H}$ [W/m^2]、ポインティング

(11-5) $\boldsymbol{B}=\nabla\times\boldsymbol{A}$、$\boldsymbol{E}=-\nabla\phi-\partial\boldsymbol{A}/\partial t$、ローレンツ

(11-6) $1/\gamma$、γ、$\gamma=1/\sqrt{1-(v/c)^2}$

(11-7) 特殊相対性理論

資料編

資料 1　本書で扱う物理量の記号

本書で使った電磁気学関連の重要な物理記号をまとめます。

物理記号	単位記号	読み方	MKSA 基本単位	物理量
I	A	アンペア	A	電流
Q	C	クーロン	A· s	電荷（電気量）
V	V＝J/C	ボルト	$kg \cdot m^2 \cdot s^{-3} \cdot A^{-1}$	電圧・電位
P	W＝V· A	ワット	$kg \cdot m^2 \cdot s^{-3}$	電力・放射束
R	Ω＝V/A	オーム	$kg \cdot m^2 \cdot s^{-3} \cdot A^{-2}$	電気抵抗
Z	Ω＝V/A	オーム	$kg \cdot m^2 \cdot s^{-3} \cdot A^{-2}$	インピーダンス
X	Ω＝V/A	オーム	$kg \cdot m^2 \cdot s^{-3} \cdot A^{-2}$	リアクタンス
G	S＝℧	ジーメンス	$kg^{-1} \cdot m^{-2} \cdot s^3 \cdot A^2$	コンダクタンス
Y	S＝℧	ジーメンス	$kg^{-1} \cdot m^{-2} \cdot s^3 \cdot A^2$	アドミタンス
B	S＝℧	ジーメンス	$kg^{-1} \cdot m^{-2} \cdot s^3 \cdot A^2$	サセプタンス
ρ	Ω· m	オーム・メートル	$kg \cdot m^3 \cdot s^{-3} \cdot A^{-2}$	電気抵抗率（抵抗率）
σ	S/m	ジーメンス毎メートル	$kg^{-1} \cdot m^{-3} \cdot s^3 \cdot A^2$	電気伝導度（導電率）
C	F＝C/V	ファラド	$kg^{-1} \cdot m^{-2} \cdot A^2 \cdot s^4$	キャパシタンス
L	H＝Wb/A	ヘンリー	$kg \cdot m^2 \cdot s^{-2} \cdot A^{-2}$	インダクタンス
ε	F/m	ファラド毎メートル	$kg^{-1} \cdot m^{-3} \cdot A^2 \cdot s^4$	誘電率
μ	H/m	ヘンリー毎メートル	$kg \cdot m \cdot s^{-2} \cdot A^{-2}$	透磁率
E	V/m	ボルト毎メートル	$kg \cdot m \cdot s^{-3} \cdot A^{-1}$	電場強度（電界強度）
D	C/m^2	クーロン毎平方メートル	$m^{-2} \cdot A \cdot s$	電束密度
ϕ	Wb＝V· s	ウェーバー	$kg \cdot m^2 \cdot s^{-2} \cdot A^{-1}$	磁束
B	$T=Wb/m^2$	テスラ	$kg \cdot s^{-2} \cdot A^{-1}$	磁束密度
H	A/m	アンペア毎メートル	$m^{-1} \cdot A$	磁場強度（磁界強度）
NI	A（AT）	アンペア回数	A	起磁力

資料2　電磁気学の基本法則（まとめ）

基礎方程式

電気に関するガウスの法則（クーロンの法則）

$$\nabla \cdot \boldsymbol{D} = \rho_e$$

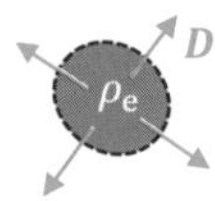

磁気に関するガウスの法則（磁束保存の法則）

$$\nabla \cdot \boldsymbol{B} = 0$$

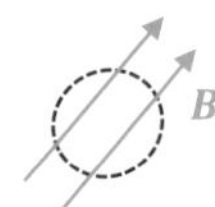

アンペール・マクスウェルの法則

$$\nabla \times \boldsymbol{H} = \boldsymbol{j} + \frac{\partial}{\partial t}\boldsymbol{D}$$

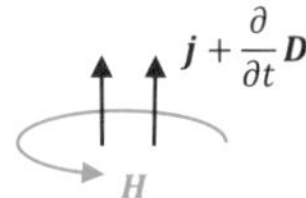

ファラデーの電磁誘導の法則

$$\nabla \times \boldsymbol{E} = -\frac{\partial}{\partial t}\boldsymbol{B}$$

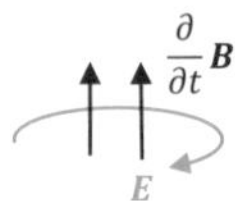

基礎電磁気力

ローレンツ力

$$\boldsymbol{F} = q(\boldsymbol{E} + \boldsymbol{v} \times \boldsymbol{B})$$

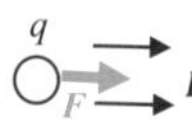

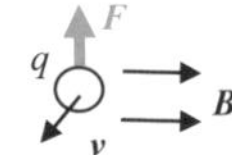

その他の法則

クーロンの法則
　（ローレンツ力と電場に関するガウスの法則）
ビオ・サバールの法則
　（アンペールの法則と磁場に関するガウスの法則）
レンツの法則
　（ファラデーの電磁誘導の法則）
フレミングの左手·右手の法則
　（左手の法則：磁気ローレンツ力、右手の法則：電磁誘導の法則）
電荷保存の法則
　（アンペール·マクスウェルの法則と電場に関するガウスの法則）
オームの法則
　（ローレンツ力とマクロな抵抗力）
キルヒホッフの法則
　（電流の法則：電荷保存の法則、電圧の法則：オームの法則）

参考文献

『楽しみながら学ぶ電磁気学入門』 山﨑耕造 著　共立出版（2017）

『楽しみながら学ぶ物理入門』 山﨑耕造 著　共立出版（2015）

『トコトンやさしい電気の本（第2版）』 山﨑耕造 著　日刊工業新聞社（2018）

『トコトンやさしい磁力の本』 山﨑耕造 著　日刊工業新聞社（2019）

『トコトンやさしい相対性理論の本』 山﨑耕造 著　日刊工業新聞社（2020）

『トコトンやさしい量子コンピュータの本』 山﨑耕造 著　日刊工業新聞社（2021）

『図解入門 よくわかる 電磁気の基本と仕組み』 潮秀樹 著　秀和システム（2006）

索引

INDEX

あ行

か行

さ行

た行

な行

は行

ま行

や行

ら行

わ行

著者紹介

山﨑 耕造（やまざき　こうぞう）

名古屋大学名誉教授、自然科学研究機構核融合科学研究所名誉教授、総合研究大学院大学名誉教授。

1949年 富山県生まれ。東京大学工学部卒業、東京大学大学院工学系研究科博士課程修了、工学博士。米国プリンストン大学客員研究員、名古屋大学プラズマ研究所助教授、核融合科学研究所教授、名古屋大学大学院工学研究科教授などを歴任。

おもな著書は、『トコトンやさしいプラズマの本』『トコトンやさしいエネルギーの本』『トコトンやさしい相対性理論の本』（日刊工業新聞社）、『エネルギーと環境の科学』『楽しみながら学ぶ物理入門』（共立出版）など。

●イラスト：箭内祐士

●校正：株式会社ぷれす

図解入門 よくわかる
最新 電磁気学の基本と仕組み

発行日	2023年 2月24日	第1版第1刷
	2024年 6月 5日	第1版第2刷

著　者　山﨑　耕造

発行者　斉藤　和邦

発行所　株式会社　秀和システム

〒135-0016
東京都江東区東陽2-4-2　新宮ビル2F
Tel 03-6264-3105（販売）Fax 03-6264-3094

印刷所　三松堂印刷株式会社　Printed in Japan

ISBN978-4-7980-6876-3 C0042